JACOB · DER BODEN

PROFESSOR DR. A. JACOB

DER BODEN

Kurzes Lehrbuch der Bodenkunde

4. erweiterte Auflage

1956

AKADEMIE-VERLAG · BERLIN

Erschienen im Akademie-Verlag GmbH., Berlin W 8, Mohrenstraße 39
Lizenz-Nr. 202 · 100/550/55
Gesamtherstellung: Druckhaus „Maxim Gorki", Altenburg
Bestell- und Verlags-Nr. 5019/4
Printed in Germany

VORWORT ZUR VIERTEN AUFLAGE

In dem Buche „Der Boden“ habe ich mich bemüht, ein allgemeinverständliches Bild vom Boden als der Grundlage allen Lebens zu vermitteln. Unter Verzicht auf Einzelheiten, die nur den Spezialisten auf Teilgebieten der Bodenkunde interessieren, wurde Wert darauf gelegt, die wissenschaftlichen Grundlagen der Bodenkunde im Zusammenhange darzustellen, und ferner zu zeigen, wie der Landwirt die Erkenntnisse der Bodenkunde zum besseren Verständnis und zur Vervollkommnung der in der Praxis üblichen Maßnahmen der Bodenbearbeitung und Bodenpflege verwerten kann.

Die im In- und Auslande erschienenen anerkennenden Besprechungen, vor allem auch die Tatsache, daß die dritte Auflage zwei Jahre nach Erscheinen bereits wieder vergriffen war, zeigen, daß diese Art der Darstellung günstig aufgenommen worden ist. Die Notwendigkeit einer Herausgabe der vierten Auflage ergab die Möglichkeit, die Darstellung unter Berücksichtigung der Entwicklung der letzten Jahre, insbesondere der Ergebnisse des 5. Kongresses der Internationalen Gesellschaft für Bodenkunde 1954 auf dem heutigen Stande der bodenkundlichen Wissenschaft zu erhalten.

Ich gebe mich der Hoffnung hin, daß auch die neue Auflage nicht nur den Kreisen willkommen sein wird, die sich mit der praktischen Land- und Forstwirtschaft befassen, sondern daß sie darüber hinaus auch das Interesse rein naturwissenschaftlich interessierter Leser finden wird.

Castrop-Rauxel, Dezember 1955.

A. Jacob

INHALT

VERZEICHNIS DER ABBILDUNGEN

I. DER BODEN ALS KRAFTQUELL DES LEBENS

1. Steigerung der Erträge und Erhaltung der Fruchtbarkeit des Bodens

Noch vor hundert Jahren befürchtete man, daß die landwirtschaftliche Erzeugung mit der damals einsetzenden raschen Vermehrung der Menschen in den Industrieländern Europas nicht Schritt halten könnte und daß zur Verhütung von Hungersnot der Zunahme der Bevölkerung Schranken gesetzt werden müßten. Diese Befürchtungen wurden widerlegt durch die Fortschritte, welche die Landwirtschaft der Anwendung wissenschaftlicher Methoden zu verdanken hat. Dank der Unterstützung durch die Wissenschaft gelang es nicht nur, die landwirtschaftliche Erzeugung auf Gebiete auszudehnen, die früher auf Grund ungünstiger Boden- und Klimaverhältnisse nicht in Frage kamen, sondern vor allem auch die Hektarerträge in außerordentlichem Maße zu steigern. Wenn heute in gewissen Teilen der Welt noch Hunger herrscht, so ist dies eine Folge der Kriege, wie überhaupt einer ungenügenden Organisation der Weltwirtschaft. An und für sich ist die Landwirtschaft der Welt in der Lage, der Menschheit trotz ihrer ständigen Zunahme ausreichende Nahrung zu gewähren, denn die Fortschritte der Wissenschaft, die zu einer Erhöhung der Erträge führten, werden bei weitem noch nicht überall in der Praxis ausgenutzt, so daß in dieser Hinsicht noch starke Reserven zu erschließen sind. Wenn nun aber auch verständlicherweise für die Landwirtschaft das Bestreben im Vordergrunde steht, möglichst hohe Erträge aus dem Boden herauszuwirtschaften, so dürfen wir darüber nicht aus dem Auge verlieren, daß wir dabei stets auch dafür Sorge tragen müssen, daß unser Boden die notwendigen hohen Ernten auf die Dauer erzeugen kann, daß also die Fruchtbarkeit unseres Bodens nicht durch fortgesetzten Raubbau gefährdet oder vernichtet werden darf.

Daß die Gefahr einer Vernichtung der Bodenfruchtbarkeit nicht nur in der Einbildung besteht, zeigen die geschichtlichen Beispiele vom Untergang großer Weltreiche, der in der Regel gerade nach Zeiten größter Blüte und Machtentfaltung eintrat und mit einer Vernichtung der landwirtschaftlichen Kultur in Zusammenhang stand. Es zeigen dies auch heute noch die Erfahrungen in vielen überseeischen und Kolonialländern, in denen die Ausbeutung des Bodens bereits jetzt zu Katastrophen größten Ausmaßes geführt hat, wie z. B. in Nordamerika zur Vernichtung weiter Landstrecken durch Erosion. Auch in der europäischen Forstwirtschaft sind durch die Kahlschlagwirtschaft Fehler begangen worden, die zu schweren Schädigungen des Bodens geführt haben.

Wenn wir der Gefahr einer Erschöpfung unseres Bodens auf die Dauer entgehen wollen, so müssen wir die Fehler, die anderswo gemacht worden sind, vermeiden. Wir dürfen bei der Bewirtschaftung unseres Landes nicht nur darauf sehen, daß der Boden eine reiche Ernte hergibt und aus ihm mit möglichst geringen Kosten möglichst hohe Erträge herausgewirtschaftet werden. Wir müssen vor allem auch die Wirkung unserer Bodennutzung auf den Boden selbst beachten. Die Erhaltung der Fruchtbarkeit des Bodens ist die erste Aufgabe, die sich der Land- und Forstwirt stellen muß, und eine Erhöhung der Erträge kann nur insoweit angestrebt werden, als sie nicht die Gesundheit des Bodens gefährdet. Eine Erfüllung dieser Forderung setzt eine genaue Kenntnis des Bodens voraus, ohne die der Landwirt die Wirkung seiner durch den landwirtschaftlichen Betrieb bedingten Eingriffe in den natürlichen Ablauf der Vorgänge im Boden weder genau verfolgen noch kontrollieren kann. Die grundlegende Wissenschaft, die der Land- und Forstwirt bei seinen Arbeiten heranziehen muß, ist daher die Lehre vom Boden, da sie ihm für die Erfüllung der Forderung, auch bei Erzielung höchster Erträge den Boden gesund zu erhalten, das Rüstzeug liefert.

2. Aufgabe und Arbeitsweise der Bodenkunde

Die *Bodenkunde* ist eine noch junge Wissenschaft. Sie hat sich erst seit einem halben Jahrhundert zu einem selbständigen Wissenszweige entwickelt. Wenn sich in früherer Zeit die Wissenschaft mit dem Boden beschäftigte, so geschah dies gewöhnlich von einem bestimmten Fachstandpunkt aus. Der Geologe und Mineraloge beschäftigte sich hauptsächlich mit der geologischen Entstehung des Bodens und mit seiner Zusammensetzung aus verschiedenen Mineralien und Gesteinen. Der Chemiker interessierte sich für den Gehalt des Bodens an bestimmten chemischen Elementen und für seine Verwendbarkeit im Sinne industrieller Fabrikationszwecke. Der Ingenieur betrachtete den Boden in seinen Eigenschaften als Untergrund für Straßen, Eisenbahnen, Kanäle, Baulichkeiten. Der Botaniker, der Zoologe und der Bakteriologe sahen im Boden den Standort für Pflanzen, Tiere und Mikroorganismen. Der Landwirt endlich fragte hauptsächlich danach, ob ein Boden leicht oder schwer zu bearbeiten sei und welche Kulturpflanzen am zweckmäßigsten auf ihm anzubauen wären.

Allen diesen verschiedenen Betrachtungsweisen war gemeinsam, daß sie den Boden als eine leblose Masse ansahen, nämlich als ein Gemisch von Gesteinstrümmern mit organischen Rückständen, die von der Zersetzung von Pflanzen- und Tierresten herrührten. Am ehesten noch hatte der Landwirt das Gefühl, daß der Boden kein totes Gestein sei. Als wichtig für die Fruchtbarkeit des Bodens sah er vor allem dessen organischen Teil an, schien ihm doch auf Grund der Humustheorie von *Thaer* der Humus der eigentliche Pflanzennährstoff zu sein. Einseitig war es auch, daß Landwirt wie Pflanzenphysiologe den mineralischen Teil des Bodens bis zur Mitte des 19. Jahrhunderts als belangreich nur in physikalischer Hinsicht, dagegen für die Pflanzenernährung als unwesentlich erachteten. Wie wichtig dieser mineralische Teil gerade für die Ernährung der Pflanze ist, wurde erst durch die Forschungen von *Liebig* gezeigt, die eine völlige Umwälzung in den Auffassungen vom Zusammenhang zwischen Boden und Pflanzenleben bewirkten. Einen weiteren bedeutenden Fortschritt brachte schließlich die Erkenntnis der Rolle, die der Bakterienwelt des Bodens zukommt.

Die früheren Untersuchungen, die den Boden von verschiedenen Standpunkten aus betrachteten, haben manches wertvolle Einzelergebnis gebracht; ein Gesamtbild vom Wesen des Bodens aber ließ sich auf Grund einseitiger Betrachtungsweisen nicht erschaffen. Solange man den Boden nur als das fertige Produkt einer Entwicklung, also als leblose Masse auffaßte, wurde man seinem Wesen, das doch gerade darin besteht, daß er die Brücke von der anorganischen zur organischen Welt, also Lebensträger ist, nicht gerecht; diesem Ziele kam man erst näher, als die Wissenschaft davon abging, ihn rein statisch als ein System mit gegebenen Eigenschaften anzusehen, und begann, die Dynamik der im Boden vor sich gehenden Prozesse in den Brennpunkt der Betrachtungen zu stellen und das Spiel der Kräfte zu erforschen, die mit dem Leben und Gedeihen der Pflanzen in Zusammenhang stehen. Nunmehr wurde es klar, daß es nicht genügen konnte, eine laboratoriumsmäßig hergerichtete Bodenprobe auf einzelne Eigenschaften zu untersuchen, sondern daß man die Dynamik des Bodens und vor allem die Beziehungen zwischen den Vorgängen im Boden und den Lebensvorgängen der auf ihm wachsenden Pflanzen am gewachsenen Erdreich ergründen mußte. Heute weiß man, daß man sich nicht darauf beschränken darf, lediglich die stoffliche Zusammensetzung des Bodens zu ermitteln, sondern daß man vor allem die Kräfte kennenlernen muß, die im Boden wirksam sind. Damit hat sich das Bedürfnis nach einer Betrachtungsweise ergeben, die den Boden in seiner Ganzheit erfaßt; denn wie man einen lebenden Organismus nicht in seine einzelnen Teile zerlegen und untersuchen kann, ohne das Leben zu vernichten, so kann man auch nicht das richtige Bild vom Wesen des Bodens als dem Träger des Lebens gewinnen, ohne daß man ihn in seiner Gesamtheit betrachtet. Es steht außer allem Zweifel, daß diese Forschungsrichtung unsere Kenntnis vom Boden sehr bereichert hat, insbesonders durch die exakte morphologische Beobachtung der Wirkungen der Vegetation, des Klimas und der im Boden lebenden Organismen. Man hat die Faktoren zu erfassen gesucht, welche die im Boden vor sich gehenden Veränderungen gesetzmäßig beherrschen, um ihn als das Ergebnis dieser Faktoren kennzeichnen zu können.

3. Definition des Begriffs „Boden"

Sowie ein totes Gestein in das Kraftfeld der Erdoberfläche gelangt, nimmt es die Energie der Sonnenstrahlung, des fließenden Wassers und des Windes, vor allem aber auch die chemische Energie des Wassers und der in ihm gelösten Stoffe auf und beginnt, sich unter dem Einfluß dieser Kräfte zu verändern. Alsbald schon pflegen sich auf ihm Lebewesen anzusiedeln, die in der

Lage sind, die Energie der Sonnenstrahlen dazu auszunutzen, daß sie unter Verwendung von Mineralstoffen, die sie aus dem Boden aufnehmen, organische Substanz aufbauen. Damit wird das bisher tote Gestein zu einer Zone, in der sich Lebensvorgänge abwickeln. Die Reste der auf ihm wachsenden Pflanzen erhöhen den Energiegehalt des Bodens ständig. Die zunächst nur in geringem Umfang gebildete organische Substanz gibt den Nährboden für eine immer üppiger werdende Mikroflora und Mikrofauna ab, die ihrerseits wieder in verstärktem Maße verändernd auf den Boden einwirkt. Im Verein mit den physikalischen und chemischen Einflüssen, die aus der Atmosphäre stammen, entfalten vor allem die biologischen Kräfte eine außerordentlich starke Wirkung.

Unter dem Einfluß all dieser Kräfte wird das Muttergestein, aus dem der Boden hervorgeht, zerkleinert und in ständig feinere Teilchen zerlegt, bis schließlich teilweise der kolloide Zustand erreicht wird, der sich dadurch auszeichnet, daß die Gesamtoberfläche aller Teilchen außerordentlich groß ist. Da Grenzflächen stets Gebiete mit besonderen energetischen Eigenschaften darstellen, ist damit die Möglichkeit gegeben, daß zwischen der Oberfläche des Bodens und der Umgebung Reaktionen aller Art eintreten. Wenn wir uns diesen Entwicklungsgang vor Augen halten, so verstehen wir, wie die Eigenschaften eines Bodens durch sein Muttergestein, seine Oberflächengestaltung und den Einfluß des Klimas und der auf ihn einwirkenden biologischen Bedingungen beherrscht werden. Die Gesetzmäßigkeiten bei der Bodenbildung allerdings genau zu erfassen, ist äußerst schwierig, da sich hier Prozesse abspielen, die man nicht nachahmen kann, so daß wir nicht die Probe auf das Exempel machen und einen Boden synthetisch darstellen können.

Dies führt dazu, daß wir bereits auf Schwierigkeiten stoßen, wenn wir den Begriff *„Boden"* genau definieren wollen. Zunächst scheint ja allgemein festzustehen, daß man unter „Boden" die oberste Schicht der Erdkruste versteht, die sich von dem darunterliegenden Gestein vor allem dadurch unterscheidet, daß sie in zerkleinertem Zustande vorliegt. Wenn wir jedoch aussagen wollen, wie weit sich der Boden bis in die Tiefe erstreckt und wo die Grenze zwischen Muttergestein und Boden anzunehmen sei, treten Schwierigkeiten auf, da sich die Notwendigkeit ergibt, genau festzusetzen, welches die charakteristischen Merkmale des Bodens im Gegensatz zum Muttergestein sind. Diese Schwierigkeit wird behoben, wenn wir uns die dynamische Auffassung des Bodens zu eigen machen und unter „Boden" denjenigen Teil der Erdkruste verstehen, der unter der Einwirkung der Kräfte von Sonne, Wärme, Wasser und Wind, sowie den biologischen Einflüssen von Pflanze, Tier und Mensch Veränderungen erlitten hat und ständig weiter erleidet. Von dieser allgemeinen Begriffsbestimmung ausgehend wird man dann nach Eigenschaften suchen, die den „Boden" morphologisch, physikalisch-chemisch und biologisch definieren, und so hat die Bodenkunde jetzt die folgende allgemeine Definition angenommen:

Der *Boden* besteht aus dem obersten Lager der Erdkruste, welches gewöhnlich ungeordnet ist und dessen Dicke von einem bloßen Häutchen bis zu mehreren Metern reichen kann. Von dem darunterliegenden Material unterscheidet sich der Boden in bezug auf Farbe, Struktur, Textur, physikalische Beschaffenheit, chemische Zusammensetzung, biologische Eigenschaften und Reaktion. Die Summe der Schichten, die den Boden ausmachen, nennt man das „Bodenprofil“, und der dynamischen Definition des Bodens entsprechend muß man stets dieses Bodenprofil zur Grundlage der Betrachtung machen, da es die Geschichte des Bodens widerspiegelt.

4. Die wissenschaftliche Erforschung der Dynamik des Bodens

Wenn man ein *Bodenprofil* dadurch freilegt, daß man einen Boden von der Erdoberfläche bis zum Muttergestein, also bis zur Grenze der Wirksamkeit der auf die Erdoberfläche einwirkenden Kräfte, aufgräbt, so bemerkt man in der Regel verschiedene Schichten (*Horizonte* genannt), die sich nach Farbe und Konsistenz unterscheiden. Bereits das morphologische Studium dieses Bodenprofils vermittelt Einblicke in die Gesetzmäßigkeiten der im Boden vor sich gehenden Prozesse.

Weitere Aufschlüsse gibt die *mechanische Bodenanalyse;* durch Aufklärung der Struktur und Textur des Bodens zeigt sie die Verteilung der festen Teilchen auf die verschiedenen Kornklassen an, die das Verhalten des Bodens bestimmt; denn von ihr hängen Verteilung, Größe und Gestalt der zwischen den Teilchen liegenden Hohlräume und damit Wasserhaushalt und Durchlüftung des Bodens ab. Struktur und Textur bestimmen auch die Bearbeitbarkeit des Bodens sowie seine Fähigkeit, unter dem Einfluß der Sonnenwärme eine höhere Temperatur zu erlangen.

Nähere Einblicke in die Natur der verschiedenen Horizonte des Bodenprofils gewährt die chemische Untersuchung. Ihr stellt sich der Boden als ein heterogenes, mehrphasiges System dar, bestehend aus festen Phasen — von denen besonders die Bodenkolloide wichtig sind —, aus Bodenlösung und aus Bodenluft, und ihr erwächst die Aufgabe, die Reaktionen zu erforschen, die in einem Boden auf Grund seiner chemischen Zusammensetzung unter dem Einfluß der Bodenbearbeitung, Düngung, des Pflanzenwachstums usw. zu erwarten sind.

Wichtig aber ist vor allem die Beobachtung des Auftretens biologischer Wirkungen in den verschiedenen Horizonten; denn der Boden ist zwar einerseits das Fundament, andererseits aber auch das Produkt der in ihm vor sich gehenden biologischen Prozesse, die sich von der Tätigkeit niedriger Organismen über das Pflanzenwachstum bis zu seiner Beeinflussung durch den Menschen erstrecken. Praktisch wichtig sind vor allem die Veränderungen, die durch die Tätigkeit des Menschen bewirkt werden, da diese besonders tief in die Eigenschaften des Bodens eingreifen.

Der Mensch ist für die Weiterentwicklung der Fruchtbarkeit des Bodens ausschlaggebend geworden, und so spiegelt diese die Geschichte der Menschheit in ihren Perioden des Aufschwunges und Verfalls wider. Wenn wir auch in die geologischen Prozesse der Verwitterung, als deren Ergebnis sich der

Boden in langen Zeiträumen unter dem Einfluß der natürlichen Umweltbedingungen gebildet hat, nicht eingreifen können, ist es doch unsere Pflicht, dafür zu sorgen, daß die biologische Beeinflussung des Bodens, die der Mensch durch Bodenbearbeitung und Ernteentzug bewirkt, den Boden nicht schädigt, sondern ihn vielmehr zielbewußt verbessert. Hauptaufgabe der Bodenkunde muß es daher sein, den Boden in seiner Eigenschaft als Kraftquell des Lebens zu erforschen und damit die Grundlagen dafür zu schaffen, daß der Mensch bei der Bewirtschaftung des Bodens Mittel ergreifen kann, um diesen Kraftquell vor dem Versiegen zu bewahren.

II. DIE VERWITTERUNG DER GESTEINE

1. *Zerkleinernde Wirkung von Temperaturschwankungen*

Wenn ein Gestein im Laufe der geologischen Entwicklung an die Oberfläche der Erde gelangt ist, so beginnen alsbald die in der Atmosphäre wirkenden Kräfte ihre Arbeit, und die *Verwitterung* setzt ein: unter dem Einfluß der Energien, denen es sich ausgesetzt findet, bildet sich das Gestein in Boden um.

Die erste Stufe der Bodenbildung ist die Zerkleinerung des ursprünglichen Gesteins. Ein Gestein, das sich z. B. nach einem vulkanischen Ausbruch in Form einer Schmelze auf der Erdoberfläche ausgebreitet hat und erstarrt ist, erwärmt sich tagsüber unter dem Einfluß der Sonnenbestrahlung und kühlt sich in der Nacht wieder ab. Eine Abkühlung, und zwar eine besonders rasche, erfolgt auch, wenn auf das erwärmte Gestein ein kalter Regen niedergeht. Bei der Erwärmung dehnt sich das Gestein jeweils aus, und bei der Abkühlung zieht es sich wieder zusammen, während die darunterliegenden Schichten unverändert bleiben: die Folge ist eine Abspaltung der obersten Schicht der Gesteinsmasse von den darunter befindlichen. Da die Gesteine überdies meistens aus verschiedenen Mineralien bestehen, die sich ungleich ausdehnen, sind auch die einzelnen Gesteinsbruchstücke der andauernden Beanspruchung durch Erhitzung und Abkühlung nicht gewachsen, so daß Spannungen auftreten, die endlich zu einem Zerbröckeln der Gesteinsmasse führen. Diese zerkleinernde Wirkung der Temperaturschwankungen zeigt sich um so stärker, je größer die Schwankungen sind und je rascher sie aufeinander folgen; neuerdings neigt man der Auffassung zu, daß man diese Wirkung nicht überschätzen darf.

2. *Zerkleinerung der Gesteine durch Frost*

In einem kalten Klima tritt zu der Wirkung des Temperaturenwechsels als Mittel zur Zerkleinerung der Gesteine die des Frostes hinzu. Wenn Wasser, das sich in den feinen Haarrissen eines Gesteins sammeln konnte, gefriert, so dehnt es sich um fast ein Zehntel seines Volumens aus und zersprengt dabei das Gestein oder erweitert zum mindesten die bereits vorhandenen Risse. Die Kraft, die hierbei auftritt, ist außerordentlich groß, so daß der Frost als ein besonders wirksames Mittel der Bodenbildung angesehen werden muß. Der Einfluß der Temperaturschwankungen ist daher besonders stark, wenn diese sich in der Nachbarschaft des Gefrierpunktes bewegen, so daß ein häufiger Wechsel zwischen Gefrieren und Wiederauftauen stattfindet. Aber auch das Auftreten sehr niedriger Temperaturen ist von Einfluß auf die Zerkleinerung des Bodens; denn je stärker der Frost ist, in desto tiefere Schichten erstreckt sich seine Wirkung.

3. Die Wirkung des bewegten Wassers

Als ein wirksames Mittel zur Zerkleinerung von Gesteinen erweist sich die *bewegende Kraft des Wassers.* Ein Felsblock, der in einen Gebirgsbach stürzt, wird von der Wasserströmung vorwärtsgetrieben; dabei schleifen sich seine Kanten durch Druck, Stoß und Reibung allmählich ab, und er zerfällt in kleinere Blöcke, die sich ebenfalls abrunden und das sogenannte „Geröll" bilden. Auch von der Fläche, über welche der Transport erfolgt, werden durch Schleifwirkung Teilchen abgetrennt. Bei fortdauernder Bewegung durch das Wasser schleifen sich die Gesteinsstücke gegenseitig ab wie in einer Kugelmühle, und je weiter sich der Fluß von seiner Quelle entfernt, desto mehr schreitet die Zertrümmerung fort: aus dem Geröll wird Kies, aus dem Kies ein immer feinerer Sand nebst einer Masse von Teilchen kolloidaler Größe. Das Fortschreiten der Zerkleinerung kann man leicht verfolgen, wenn man die Größe der von einem Gewässer mitgeführten Teilchen vergleicht: im Oberlauf bilden große Gesteinstrümmer die Hauptmasse; weiterhin herrschen Geröll und Sand vor, während im Unterlauf schließlich feiner Sand überwiegt.

4. Bodenbildung durch den Wind

Ähnlich wie das bewegte Wasser kann auch der *Wind* eine sehr energische zerkleinernde Wirkung auf das Gestein ausüben. Er treibt kleine Sandteilchen über das Gestein hinweg und bearbeitet die Oberfläche wie ein Sandstrahlgebläse; diese Schleifwirkung erzeugt wiederum feine Teilchen, die von dem betreffenden Gestein stammen.

5. Physikalische und chemische Verwitterung

Das Ergebnis der *physikalischen Verwitterung* ist noch nicht „Boden", sondern lediglich zerkleinertes Muttergestein. Da aber die physikalischen Kräfte die Gesamtoberfläche der Bodenteilchen vergrößern und auf diese Weise größere Angriffsflächen für die einwirkenden chemischen Kräfte schaffen, arbeiten sie der *chemischen Verwitterung,* also der Veränderung des Bodenmaterials in seiner Zusammensetzung, vor. In einem gemäßigten oder kälteren Klima ist die mechanische Verwitterung besonders wichtig für die Bodenbildung, weil die aufteilende Wirkung des Frostes hier sehr stark in Erscheinung tritt; in einem tropischen Klima tritt dagegen die chemische Verwitterung in den Vordergrund, weil die herrschenden höheren Temperaturen die Geschwindigkeit der chemischen Reaktionen wesentlich fördern.

6. *Auflösung von Gesteinen durch Wasser*

Das wichtigste Mittel der chemischen Verwitterung ist das Wasser. Die Intensität der chemischen Verwitterung ist daher unter sonst gleichen Verhältnissen in Gebieten mit reichlichen Niederschlägen stärker als in niederschlagsarmen Gegenden. Die *chemische Wirkung*, welche das *Wasser* neben der mechanischen auf das Muttergestein ausübt, beruht darauf, daß es aus ihm gewisse Bestandteile herauslöst. Die bodenbildenden Gesteine sind normalerweise Silikate von Aluminium, Eisen und Magnesium, die gewöhnlich außerdem einen Gehalt an Kalium, Natrium, Calcium und anderen Elementen aufweisen. Diese Silikate sind im allgemeinen äußerst schwer löslich; wenn sie aber mit Wasser in Berührung kommen, so gehen gewisse, wenn auch unendlich kleine Mengen ihrer Bestandteile in Lösung, bis ein Gleichgewicht zwischen dem in der Lösung befindlichen Teil und dem festen Rückstand erreicht ist. Wenn die Lösung nun versickert oder abläuft, wird das Gleichgewicht gestört, und beim abermaligen Einwirken von Wasser wird neues Gestein zersetzt, bis das Gleichgewicht sich wieder neu eingestellt hat. Eine merkliche Auflösung tritt aber nur in den verhältnismäßig seltenen Fällen ein, in denen ein Boden leichtlösliche Stoffe, wie z. B. Salze der Alkalien, aufweist.

Die auflösende Wirkung des Wassers wird dadurch verstärkt, daß es im Boden in der Regel nicht rein vorliegt, sondern als Lösung verschiedener Stoffe, hauptsächlich des Sauerstoffs und der Kohlensäure. Durch den Gehalt an solchen Stoffen wird die Fähigkeit des Wassers, auf die Gesteine chemisch einzuwirken, beträchtlich erhöht.

7. *Der Kohlensäuregehalt der Bodenlösung*

Vor allem ist es die im Wasser gelöste Kohlensäure, die bei der Auflösung vieler Gesteine sehr stark mitwirkt. So verwandelt der Kohlensäuregehalt der Bodenlösung die Carbonate von Kalk und Magnesia, die an sich unlöslich sind, in Bicarbonate, die sich verhältnismäßig leicht auflösen lassen. Auf diese Weise gehen ständig beträchtliche Mengen kohlensauren Kalkes und kohlensaurer Magnesia in Lösung, so daß selbst aus kalkreichen Gesteinen infolge starker Auswaschung der Kalkbestandteile kalkarme Böden entstehen können. Auch Eisen wird auf dieselbe Art durch kohlensäurehaltiges Wasser in Lösung gebracht. Nach erfolgter Oxydation scheidet sich jedoch das fortgeführte Eisen als Eisenoxydhydrat wieder aus.

8. *Der Sauerstoffgehalt des Bodenwassers*

Auch der Sauerstoffgehalt der im Bodenwasser gelösten Luft kann in Richtung einer Erhöhung der Lösungskraft des Wassers wirken. So werden unlösliche Sulfide, die im Boden enthalten sind, zu löslichen Sulfaten oxydiert. Ähnlichen Umwandlungen unterliegt auch der Schwefelgehalt der im Boden enthaltenen organischen Stoffe, wie z. B. der Eiweißverbindungen in Substanzen, die von verwesenden Pflanzen- und Tierorganismen herstammen. Aus den letzteren wird der Schwefel im Gange der Zersetzung durch Einwirkung von Bakterien in Form von Schwefelwasserstoff abgespalten, und dieser unterliegt der Oxydation. Aus den bei der Oxydation gebildeten Sulfaten entsteht durch Hydrolyse neben Eisenoxydhydrat freie Schwefelsäure, die ihrerseits wieder die Bodenmineralien sehr energisch angreift.

9. Zersetzung der Silikate

Bei dem weitaus größten Teil der Bodenbestandteile, nämlich den Aluminiumsilikaten aller Art, kommt eine direkte, lösende Wirkung des Wassers nur wenig in Frage. Bei der chemischen Zersetzung der Silikate handelt es sich vielmehr um eine Hydrolyse, die unter der Einwirkung der Wasserstoffionen der Bodenlösung vor sich geht. Dieser hydrolytische Effekt wird dadurch verstärkt, daß infolge des Gehalts an Kohlensäure sowie an sauren organischen Substanzen der Gehalt der Bodenlösung an wirksamen Wasserstoffionen bedeutend höher ist, als es in reinem Wasser der Fall sein würde. Infolge der stärkeren Konzentration ihrer elektrischen Ladung wirken die Wasserstoffionen an der Oberfläche der Kristallgitter der Silikate verdrängend auf die dort vorhandenen anderen Kationen ein, wodurch sie Alkalien und Erdalkalien in Lösung bringen. Das Gefüge der Oberfläche wird durch diesen Eingriff gelockert, und die leichtbeweglichen Wasserstoffionen können nunmehr auch aus den tiefer liegenden Schichten des Kristalls Kationen herauslösen oder sie ersetzen. Findet aber ein Ersatz der Kationen durch die viel kleineren Wasserstoffionen statt, so erleidet der Kristall in seinem Bau eine Einbuße an Stabilität; er zerfällt und bietet der *Hydrolyse* neue Angriffsmöglichkeiten. Schließlich zersetzt sich, wenn das Gitter zerstört ist, das Aluminiumsilikat zu Aluminium- bzw. Eisenhydroxyd und Kieselsäure, die beide in kolloidaler Form als Sole in Lösung gehen.

10. Wiederausfällung gelöster Stoffe

Die Auflösung von Stoffen aus dem Boden ist oft von einer Wiederausfällung derselben begleitet, so daß der Gesamtvorgang der chemischen Verwitterung ein kompliziertes System von Lösungs-, Zersetzungs- und Fällungsreaktionen zwischen den verschiedenen festen — vor allem kolloidalen — und flüssigen Bestandteilen des Bodens darstellt. Sole bzw. Lösungen von Aluminiumhydroxyd und von Kieselsäure ergeben, wenn sie aufeinandertreffen, als Ausfällung ein *gemengtes Gel* (1). Diese Gele, die beim Altern teilweise wieder eine Gitterstruktur annehmen, gleichen in vieler Hinsicht den kolloidalen Tonmineralien des Bodens.

Aus Lösungen von Bicarbonat können sich, wenn Gelegenheit zum Entweichen von Kohlensäure gegeben ist, wieder Carbonate ausscheiden, was vielfach zur Bildung von Konkretionen im Boden führt.

Die Wiederausscheidung von gelösten Stoffen findet vor allem dann statt, wenn der Boden der Austrocknung unterliegt. So finden wir häufig in Böden, in denen der Grundwasserstand zurückgegangen ist, Ausscheidungen von braunem Eisenoxyd.

Für die Art der Verwitterung eines Bodens ist daher nicht nur die Menge der Niederschläge, die das Auflösen der Bodensubstanzen begünstigt, von Bedeutung, sondern auch die Verteilung derselben, weil die Wiederausscheidung gelöster Stoffe im Boden, die zur Ausbildung typischer Horizonte führt, dadurch gefördert wird, daß niederschlagsreiche Zeiten mit trockenen abwechseln.

11. Die biologische Verwitterung

Sowie ein Gestein begonnen hat, unter dem Einfluß der physikalischen und chemischen Verwitterung in Boden überzugehen, hat sich damit die Möglichkeit der Bildung einer Vegetation auf dem betreffenden Boden ergeben. Wir sehen an Felsen im Gebirge, wie verwitterte Stellen sich zunächst mit *Flechten* bedecken, einer Symbiose von Algen und Pilzen. Die von den Flechten ausgeschiedenen Polyhydroxy-polycarbonsäuren bilden mit Metallen wasserlösliche Komplexe (Chelate) und auf diese Weise werden Nährstoffe aufgeschlossen. Mit dem Einsetzen der Vegetation tritt zu der physikalischen und chemischen die biologische Art der Verwitterung hinzu, die sehr stark auf den Boden einwirkt. Die *Wurzeln* der Pflanzen dringen in die feinen Spalten des Bodens ein und üben, indem sie sich beim Weiterwachsen verdicken, einen gewaltigen *Druck* aus, der zu einer Zerkleinerung des Bodens führt. Überdies scheiden die Pflanzen durch ihre Wurzeln in Form von Kohlensäure beträchtliche Mengen *H-Ionen* aus, die auf die mit den Wurzeln in innige Berührung kommenden Bodenteilchen einwirken. Nach dem Absterben der Vegetation verbleibt die organische Pflanzensubstanz auf oder in dem Boden und wird zersetzt. Hierbei bilden sich einerseits verschiedene organische Säuren, wie *Fulvosäuren* und *Huminsäuren*, die zersetzend auf den Boden einwirken; andererseits aber entsteht durch Oxydation des Schwefelgehaltes der Pflanzenmasse Schwefelsäure, die besonders stark lösend wirken kann (2).

Die *Humussubstanz* verleiht dem Boden eine dunklere Färbung. Auch dies ist von Einfluß auf die Verwitterung, da hierdurch die Erwärmung des Bodens begünstigt und die Geschwindigkeit der chemischen Reaktionen somit erhöht wird. Außerdem wird der Boden durch den Humus aufgelockert, so daß die Luft ihn durchdringen kann, was wiederum das Gedeihen einer reichentwikkelten, aus allerlei Bakterien, Pilzen usw. bestehenden Mikroflora fördert. Diese *Kleinlebewesen* verarbeiten die organische Substanz des Bodens zusammen mit mineralischen Bestandteilen, bilden neue Eiweißsubstanz und verbessern die physikalischen und chemischen Eigenschaften des Bodens im Sinne eines Zustandes, den man als „Bodengare“ bezeichnet. Zu den biologischen Hilfskräften der Bodenbildung gehören ferner der *Regenwurm*, der vor allem die Durchmischung des Bodens mit dem aufliegenden Humus besorgen hilft (3), die pflanzenfressenden Tiere, deren Ausscheidungen eine Düngewirkung hervorrufen, und endlich auch — als ein äußerst wichtiger Faktor — der Mensch, der als Landwirt durch Maßnahmen der Bodenpflege einschneidend in die Bodenbildung eingreift.

12. Chemische Wirkung von Humus auf die Verwitterung

Durch den Humusgehalt wird auch das Auflösungsvermögen des Bodenwassers für die Bodenmineralien verändert. Die Kieselsäure der Mineralien wird verhältnismäßig am leichtesten durch reines Wasser gelöst; ein Humusgehalt des Wassers vermindert die Löslichkeit. Eisenoxyd und Aluminiumoxyd wiederum sind unlöslich in reinem Wasser, werden aber kolloidal gelöst, sobald das Wasser Humusstoffe enthält. Die basischen Bestandteile des Bodens — wie Kalk und Kali — sind in beiden Fällen relativ leicht löslich.

Hieraus folgt, daß aus einem Boden, der mit einem von organischen Stoffen freien Wasser ausgewaschen wird, außer den Basen auch die Kieselsäure allmählich verschwindet, so daß nur Eisenoxyd und Tonerde zurückbleiben. Die Auswaschung durch humushaltiges Wasser, bei der die Auflösung von Kieselsäure gehemmt, die Ausspülung von Eisenoxyd und Tonerde dagegen gefördert wird, endet jedoch in der Bildung von kieselsäurereichen, aber relativ eisenoxyd- und tonerdearmen Böden. Den ersteren Typ der Verwitterung hat man als *allitisch*, den zweiten als *siallitisch* bezeichnet (4).

III. UMLAGERUNG DER BÖDEN

1. Abtrag durch die Schwerkraft

Der Verwitterungsprozeß würde, nachdem die Verwitterung bis zu einer gewissen Bodentiefe fortgeschritten ist, sein Ende erreichen, wenn nicht Kräfte auftreten würden, welche die Oberflächenschicht der Erde ständig erneuern und auf diese Weise ebenso wie die Verwitterung zur Bodenbildung beitragen, da sie neue Oberflächenschichten bilden, die dann ihrerseits wieder der Verwitterung unterliegen.

Die Verwitterungsprodukte der Gesteine verbleiben nur insoweit am Orte ihres Entstehens, als dies mit den auf sie einwirkenden Kräften vereinbar ist. Diese Kräfte sind die Schwerkraft, die Kraft des bewegten Wassers oder Eises und die Kräfte des Windes.

Diese Kräfte suchen zunächst die Höhenunterschiede der Erdoberfläche auszugleichen. Die Kräfte des Abtrages wirken um so stärker, je größer die Höhenunterschiede sind; der Abtrag erfolgt daher besonders energisch im Hochgebirge, im Mittelgebirge wird er schwächer, in der Ebene findet er kaum noch statt. Nachdem die durch die Verwitterung ihres Zusammenhanges beraubten Gesteine gelockert sind, gleiten sie, sowie ein gewisser Neigungswinkel überschritten wird, den Abhang hinab. Dieser Neigungswinkel ist von der Gesteinsart abhängig. Am Fuße des Abhangs sammeln sich die abgestürzten Gesteinsblöcke in Form von Schuttkegeln oder Schutthalden an (Colluvium). Ist der Neigungswinkel geringer, so können sie auch als Gehängeschutt auf dem Hang liegenbleiben.

2. Einwirkung des Wassers

Die Wirkung der Schwerkraft wird durch die Wirkung des Wassers noch verstärkt. Das Wasser wirkt zunächst als Schmiermittel zur Verminderung der Reibung und erleichtert dadurch das Abgleiten der festen Massen auf einer schiefen Ebene. An Hängen setzt das Wasser der Niederschläge oder der Schneeschmelze ferner durch seine lebendige Kraft kleine Bodenteile in Bewegung und bringt dadurch feinerdige Bodenteile von höheren in tiefere Lagen. Durch diese Abspülung verarmt der Boden der Höhen, da nur die groben Bestandteile, vielfach nur Quarzsand, zurückbleiben. Bei dieser Abspülung spielt auch die vorherrschende Windrichtung eine Rolle, da sie von Einfluß auf die Kraft ist, mit welcher der Regen auf das Gestein auftrifft. Die Abspülung steigert sich, wenn das abfließende Wasser sehr salzarm ist, so daß die abgespülten Teile nicht ausflocken. Salzarm ist das Regenwasser, wie auch das Schmelzwasser des Schnees sowie der Gletscher.

Ein sehr wichtiges Transportmittel für die Bodenteilchen ist das fließende Wasser, welches die Gesteinstrümmer je nach seiner Geschwindigkeit und Menge auch auf größere Entfernungen wegführt. Mit verminderter Geschwindigkeit des Wassers erfolgt eine Ablagerung der mitgeführten Teile. Auch bei Überschwemmungen erfolgen Ablagerungen, da der Strom, wenn er über sein Bett hinaustritt, seine Geschwindigkeit auf den seichten Stellen stark vermindert; es kommt dann zur Bildung von Auen. Wenn sich im Fluß selbst infolge von Geschwindigkeitsänderungen Wirbel bilden, so erfolgt die Ablagerung von Sandbänken. Solche Sand- oder Kiesbänke können sich auch bilden, wenn Gebirgsflüsse in die Ebene eintreten oder in ein stehendes Gewässer einmünden.

3. Umlagerung durch Eisbewegung

Von erheblicher Bedeutung für die Gestaltung der Erdoberfläche ist die Bewegung des Eises. Die Geologie erklärt heute die Entstehung der diluvialen Böden durch das Auftreten verschiedener Eiszeiten, in denen weite Gebiete von ungeheuren Eismassen begraben wurden. Über das Zustandekommen dieser Eiszeiten ist man sich noch nicht einig, man denkt z. B. an eine Schwankung der Erdachse oder an eine Häufung von Sonnenflecken.

Nach Norddeutschland führte das Eis Gesteinsmaterial aus Skandinavien und Finnland, das mit dem Eis fächerartig nach Süden vordrang. Durch die Bewegung des Eises wurde dieses Material weitgehend zerrieben, und zwar treten sowohl Schluff und Ton auf, wie auch reichlich Sand, Kies und Geröll, bis zu großen Blöcken. Man hat bei Tiefbohrungen festgestellt, daß erst bei 100 bis 200 Meter Tiefe die untere Grenze der eiszeitlichen Ablagerungen erreicht wurde.

Die Geologen rechnen mit dem Auftreten von mehreren Eiszeiten, von denen insbesondere die Elster- und Saale-Eiszeit, die etwa 100000 Jahre zurückliegen, und die Weichsel-Eiszeit, deren Alter auf 20000 Jahre geschätzt wird, zu erwähnen sind. In Süddeutschland unterscheidet man die Günz-, Mindel-, Riß- und Würm-Eiszeit. Bodenkundlich ist das Auftreten dieser verschiedenen Eiszeiten insofern von Bedeutung, als durch das verschiedene Alter der Böden sich verschiedene Bodentypen als vorherrschend ergeben haben. An vielen Stellen ragen durch die diluviale Oberfläche noch Gesteine früherer Perioden hindurch. Vor allem treten tertiäre Schichten immer häufiger auf, je mehr wir uns dem Rande der Vereisung nähern. Das Eis breitete mit einer von Norden nach Süden abnehmenden Mächtigkeit seine Grundmoräne über der Landschaft aus. Im Eis der Gletscher waren gewaltige Schuttmassen enthalten, die teils von benachbarten Hängen auf die Gletscher gestürzt waren, z. T. aber auch von dem Eis bei seiner Bewegung von dem Boden abgetragen worden sind.

Man nahm ursprünglich an, daß die Grundmoräne als schlammartige Masse an der Unterseite des Gletschers mitgeschleppt würde. Inzwischen hat man aber beobachtet, daß der ganze Gletscher bis zu einer Höhe von mehreren hundert Metern mit Schutt durchsetzt ist, meist in Form von Schmutzbändern, die der Schichtung des Gletschers entsprechen. Wenn aus dem so entstehenden Gemenge die Eismassen allmählich abschmolzen oder verdunsteten, dann legte sich Schmutzband auf Schmutzband. Als Geschiebemergel haben wir dann ein kalkhaltiges Gemenge vor uns, das aus Ton, Sand und Steinen besteht. Die Grundmoräne ist in verschiedenen Formen zur Ablagerung gelangt; dementsprechend unterscheidet man zwei verschiedene Formen der Grundmoränenlandschaft. Die erste ist die Grundmoränenebene, eine nur flach gewölbte Landschaft; wahrscheinlich ist das Eis in diesen Gebieten als sogenanntes Toteis langsam abgeschmolzen oder verdunstet. Wie Beobachtungen in Sibirien zeigen, herrscht in derartigen Eisgebieten eine sehr große Lufttrockenheit, so daß die Verdunstung eine sehr große Rolle spielt. Die zweite Form der Grundmoräne ist die kuppige Grundmoränenlandschaft. Es handelt sich hier um eine Randerscheinung des Inlandeises, die sich an die Endmoräne anschließt oder diese vertritt. In manchen Fällen mag es sich auch um eine unregelmäßige Aufstauchung von Grundmoräne durch die Bewegung des Gletschers handeln. In anderen Fällen hat das Eis beim Vorrücken und Abschmelzen Hügel aufgeschichtet und diese dann beim letzten Vorrücken mit Grundmoräne überkleidet.

Die primären, also am Ort ihrer Ablagerung verbliebenen Moränenböden werden bodenkundlich als Geschiebeböden bezeichnet. Man unterscheidet von diesen verschiedene Arten. An erster Stelle zu nennen ist der Geschiebemergel. Dieser besteht aus einer regellosen Mischung von gröbstem, grobem und feinem Gesteinsmaterial. Es sind in ihm alle Übergänge von einem tonigen, fetten Mergel bis zu mageren Sanden und Kiesen vorhanden. Da das Eis ein ausgedehntes Gelände mit Kalkgestein durchwandert hat, ist auch der Geschiebemergel sehr kalkreich. Die frische Grundmoräne ist fast stets durch einen Gehalt von 10—20% Calciumcarbonat ausgezeichnet. Ihr Nährstoffgehalt ist meist gut bis sehr gut. Der hohe Fruchtbarkeitszustand wird aber an der Oberfläche durch Auswaschung verringert. Durch Verwitterung und Auslaugung des Kalkes sowie durch Oxydation des Eisens entsteht aus dem Geschiebemergel eine weitere Bodenart, der Geschiebelehm. Vor allem bei den Böden des Altdiluviums ist der Kalk bis auf eine Tiefe von 10—20 m durch Auswaschung entfernt. Wenn durch Schmelzwasser die tonigen Bestandteile entfernt sind, bildet sich dann eine dritte Bodenart aus, die Geschiebesande.

Wenn an der Stirn des Gletschers genauso viel Eis abschmilzt, wie der Gletscher nachschiebt, so kommt es am Ende des Gletschers zur Anreicherung des mitgeführten Schuttes und zur Bildung eines Endmoränenwalles. Diese Endmoränen liegen an der Grenze zwischen der kuppigen Grundmoränenlandschaft und den ebenen Sanderflächen. Während durch die Schmelzwässer die feinen Bestandteile des Grundmoränenmaterials hinausgespült wurden, häuften sich die zurückgebliebenen größeren Gesteinsstücke zu Wällen auf, den sogenannten Blockpackungen. Dieses Strömen von Schmelzwasser fand aber nicht überall statt, und so findet man auch Endmoränen, aus denen das feine Material nicht ausgespült worden ist, sowie alle möglichen Übergänge zwischen dieser Form und den reinen Blockpackungen.

Die Endmoräne stellt die normale Ablagerungsform des Gletscherschuttes dar, wenn der Gletscher eine längere Zeit stationär ist. Sie kann in zwei Formen auftreten. Die erste dieser Formen ist die Aufschüttungsmoräne. Diese ist aus mehr oder weniger ungeschichteten Bildungen zusammengesetzt, die häufig in eine regellose Blockpackung übergehen. Das Material für die Endmoräne stammt aus der Grundmoräne, z. T. sind aber die sandigen und tonigen Bestandteile weggeschwemmt. Die zweite Form ist die der Staumoräne, bei der ohne Ablagerung von neuem Gletscherschutt lediglich eine Aufstauchung und Zusammenschiebung der vor den Gletschern liegenden Schichten stattgefunden hat. In der Regel treten Kombinationen beider Formen der Endmoräne auf. Die Endmoränen sind stets zu größeren Zügen und Bogen zusammengeschlossen. Charakteristisch für die Endmoränen sind das Auftreten von Blockwällen, die Aneinanderreihung von konvex nach dem eisfreien Gebiet gekrümmten Bogenzügen und der Unterschied zwischen der kuppigen Grundmoränenlandschaft hinter der Moräne und der flachen Sanderebene vor ihr. Bei dem anderen Typ der Endmoräne, nämlich der Staumoräne, sind riesige Schollen der unter dem Gletscher liegenden Gesteine dachziegelförmig übereinandergestapelt worden. In den Wäldern der Moränenlandschaft sind kleinere und größere erratische Blöcke verstreut. Wenn wir einen Einschlag machen, sehen wir den gelben oder grauen sandigen Lehm mit kleineren und größeren Geschieben gespickt.

Häufig bilden sich Hügel, die in der Richtung der Eisbewegung liegen; sie treten fast immer in Schwärmen auf. Es sind dies Lehmkuppen, Schildberge genannt, die aus sandigen Einsenkungen herausragen. Ihr Kern besteht vielfach aus gestörten fluvioglacialen Schichten von Sanden und Kiesen. Man erklärt sich ihre Entstehung durch eine Übersättigung des Eises mit Grundmoräne. Eine weitere typische Form von Geländeerhöhungen sind die Wallberge oder Öser, die sich wie Eisenbahndämme durch die Ebene ziehen. Während der Bewegung des Gletschereises bilden sich in ihm Spalten, und zwar sowohl quer wie längs zur Bewegungsrichtung. Wenn die Schmelzwässer der Gletscher nun einen Ausweg bergabwärts suchen, sind diese Spalten der gegebene Weg, auf dem das Vorland erreicht werden kann. Fließen in diesen Spalten die Schmelzwasser durch schuttbeladenes Eis, so nehmen sie Schlamm, Sand und Kies mit und lagern diese bei zeitweiser Abnahme der Fließgeschwindigkeit im Innern des Gletschers wieder in Form von Sandbänken ab. Nach dem Abschmelzen des Gletschers bleiben diese Anhäufungen von Geröll und Sand dammartig als Schuttbänke in der Landschaft zurück.

Während die unmittelbar durch das Eis transportierten Schuttmengen in Form von Grundmoräne oder Endmoräne auftreten, sind die Sander mächtige

Komplexe fluvioglacialer Natur, die unter Vermittlung der Schmelzwässer aus der Endmoräne ausgeschwemmt und im Vorfeld des Gletschers abgelagert worden sind. Unmittelbar vor den Moränenzügen entstehen so die Sanderebenen, mit oft großer Ausdehnung. Hier wurden je nach der Strömungsgeschwindigkeit Kies und Sand in wechselnden Schichten abgesetzt. Je weiter vom Gletscher die Ablagerung erfolgt, desto feinkörniger wird das Material; erst in weiterer Entfernung setzt sich der Ton ab. Wo ein Sander ansetzt, ist gewöhnlich eine Einbuchtung des Eisrandes vorhanden.

Das Ausgangsmaterial für die fluvioglacialen Bildungen ist zwar der Geschiebemergel, vielfach sind sie aber mit Sand und Ton der Tertiärformation vermischt. Sie zeichnen sich dann durch einen höheren Gehalt an Glimmer und Quarz sowie Beimengungen von zerriebener Braunkohle aus, ihr Kalkgehalt ist aber geringer. Je mehr wir uns dem Südrande der Vereisung nähern, desto häufiger ist dieses gemengte Diluvium. Oft sind diese Ablagerungen kuppelförmig aufgebaut, wobei vielfach der Lehm durch die Sanddecke hindurchragt. Eine ausgedehnte Oberflächenverbreitung hat der Deckton, der zum oberen Diluvium zu rechnen ist. Vielfach überkleidet der Deckton gerade die höchsten Kuppen, während er in den Tälern nicht vorhanden ist.

Nach Überschreiten der Ostsee mußten sich die Gletscher in Norddeutschland bergauf bewegen. Beim Abschmelzen der Gletscher mußten daher die Schmelzwässer versuchen, vor dem Eisrande nach Osten oder Westen abzufließen. So kam es zur Bildung der sogenannten Urstromtäler, welche die Massen der Schmelzwässer nach Westen in die Nordsee ableiteten. Über die Urstromtäler bestehen allerdings neuerdings erhebliche Zweifel. In diesen Tälern, in denen das Schmelzwasser abgeflossen ist, wurde sein Ablauf häufig gehemmt, und es bildeten sich Staubecken. In diesen Becken lagerten sich Schwebestoffe ab, die je nach der Jahreszeit von verschiedener Art waren. Im Sommer, zur Zeit der stärksten Schmelze, lagerte sich ein gröberes Material ab, da die Wasserbewegung die feineren Teile weiterführte; im Winter schied sich eine dunklere feinkörnige Tonlage ab. Diese Bändertöne können wie eine Art Jahresringe dazu dienen, um die Zeitdauer der Ablagerung festzustellen.

Durch die gleichzeitig erodierende Wirkung der Schmelzwässer erhielt das Gelände auch ein neues Relief, es bildete sich eine Talfurche mit Nebentälern. Durch diese Furchung entstand der Gegensatz zwischen Hochflächendiluvium, das vorwiegend aus Geschiebe mit Decksanden besteht, und dem fluvioglacialen Taldiluvium, das durch Dünen unterbrochen ist.

Innerhalb der großen Talniederungen treten oft scharf gegeneinander abgegrenzte Talsandterrassen auf. Zu ihrer Erklärung wird angenommen, daß sich der Sand in Stauseen des Urstromtales abgesetzt hat. Mit dem Zurückweichen des Eisrandes ergaben sich neue Möglichkeiten für ein Abfließen des Wassers, und der Stausee sank auf ein tieferes Niveau, wenn durch Freiwerden von Pässen ein Abzug für das Wasser geschaffen wurde. Auf diese Weise kam es zur Ausbildung von Terrassen. Bodenkundlich ist hinsichtlich der Talsande zu bemerken, daß sie frei von Steinen und gleichkörnig sind. Sie sind arm an

Silikaten und daher wenig fruchtbar, es sei denn, daß der Untergrund für die Pflanzenwurzeln erreichbar ist oder daß nährstoffhaltiges Grundwasser in nicht zu großer Tiefe ansteht. Die Talsande geben der Landschaft einen sehr eintönigen Charakter, wie er für große Gebiete der Mark Brandenburg typisch ist.

4. Umlagerung durch Wind

Außer den durch das Wasser bedingten sekundären Bodenbildungen sind noch die durch den Wind verursachten zu erwähnen. Weit verbreitet sind in den diluvialen Sandgebieten die Dünen. Die Dünen sind durch den Wind verursachte Anhäufungen von Sand. Sie müssen zu einer Zeit gebildet sein, als nach dem Abschmelzen des Eises der Boden noch nicht von Pflanzenwuchs bedeckt war, also vor dem nach der Eiszeit erfolgten Nachrücken der Vegetation. Die Dünen liegen meist in den großen Urstromtälern, weil hier aus den Schmelzwasserablagerungen genügend viel gleichmäßiger feinkörniger Sand zur Verfügung stand. Die Dünen haben oft eine nach Westen offene Parabelform, da die Westwinde vorherrschen. Sie sind Sandwälle, mit steiler Böschung auf der Leeseite, doch ist ihre Form meist durch spätere Einebnung verwischt. In den echten Dünen fehlen Steine, die Dünen bestehen fast nur aus feinem Sand mit sehr wenig Ton. Der Dünenboden ist in der Regel trocken und nährstoffarm.

Eine weit wertvollere Bodenart, die ebenfalls durch den Wind gebildet worden ist, ist der Löß. Die Entstehung des Lößgürtels, der sich durch Deutschland erstreckt, wird heute als äolische Bildung der Eiszeit erklärt. Das Ursprungsmaterial für den Löß ist nach dieser Theorie der Gletscherschlamm der soeben vom Eis verlassenen Gebiete. Früher hielt man Löß für eine Ablagerung aus Wasser. Daß der Löß sich unter Wasser in Staubecken abgelagert haben könne, ist aber wegen seiner lockeren Struktur ausgeschlossen, ferner spricht für seine äolische Ablagerung der Umstand, daß Löß regelmäßig an den im Windschatten gelegenen Hängen aufliegt. Löß ist ein gelblicher, staubartiger, meist kalkhaltiger feiner Boden, der schichtungslos gelagert ist. Er neigt zur senkrechten Abspaltung und bildet Steilwände. Die Korngrößenverteilung und chemische Zusammensetzung ist in fast allen Lößgebieten völlig gleich, sei es, daß es sich um Löß aus Mitteldeutschland oder aus China handelt. 50–65% der Korngrößen besteht aus der Fraktion von 0,05 bis 0,02 mm, ferner 8–40% aus Feinsand von 0,1 bis 0,05 mm. Man nimmt an, daß von der Eiszone kalte Winde ausstrahlten, die vor dem Eisrande den Staub aus den vegetationsfreien Gletscherablagerungen ausbliesen, der sich dann im Vorfelde in größerer Entfernung wieder ablagerte. Die Ablagerungen von Löß bildeten am Südrande des norddeutschen Flachlandes einen Lößgürtel. Hier tritt vielfach das Untergrundgestein so nahe an die Oberfläche, daß es die Gestaltung der Landschaft bedingt und daß der Löß nur als eine Deckschicht oder als Lößschleier darübergelegt ist (im nördlichen Teile des Landes Sachsen in der Umgebung von Halle und in der Magdeburger Börde). Kennzeichnend ist die flachwellige Oberfläche. Der Lößboden ist sehr fruchtbar und wird in der Regel landwirtschaftlich genutzt. Für Wald ist der Löß zu wertvoll; außerdem tritt Wald auch deswegen auf Löß nicht auf, weil der Löß und die darunterliegenden Kiesschichten sehr wasserdurchlässig sind. Diese Gebiete sind daher auch sehr arm an Quellen. Der Löß ist eine kalkhaltige feinsandige Bildung. Infolge seines geringen Tongehaltes hat er nur eine geringe Plastizität. Dank seiner Feinkörnigkeit aber hat er doch einen bedeutenden Zusammenhang. Der Mangel an Ton verleiht dem Lößboden eine lockere poröse Struktur. Er weist fast immer einen gewissen Gehalt an Calciumcarbonat auf, nämlich 2–20%, soweit dieser ihm nicht durch Auswaschung genommen worden ist. Wenn der Löß seinen Kalkgehalt verloren hat, geht er in Lößlehm über.

Eine Abart des Löß sind die Flottlehme und Flottsande, die ein Gemenge von Löß und Flugsand darstellen.

IV. DAS BODENPROFIL

1. Die Morphologie des Bodens

Wesentliche Fortschritte konnte die Bodenkunde machen, als sie sich nicht mehr auf eine Untersuchung von Bodenproben im Laboratorium beschränkte, sondern dazu überging, den gewachsenen Boden in natürlicher Lagerung im Freilande zu betrachten. Die Prozesse, die den Boden formen, sind von der Gestaltung des Bodens abhängig und spiegeln sich daher auch in seiner äußeren Erscheinung wider. Die morphologische Betrachtung wird deshalb bei der Untersuchung eines Bodens stets die erste Aufgabe des Bodenkundlers sein, da sie dem geschulten Auge einen Einblick in die physikalisch-chemischen und biologischen Verhältnisse des Bodens und damit gleichzeitig auch in seine Bildungsweise vermittelt.

Durch das Wasser werden Bodenteilchen nicht nur in horizontaler Richtung weggeführt, sondern bei dessen Eindringen in den Boden auch in vertikaler Richtung, so daß beim Versickern der Feuchtigkeit eine gewisse Trennung der verschiedenen Bestandteile des Bodens erfolgt. Dies erkennen wir, wenn wir einen Boden so tief ausgraben, daß wir das Muttergestein erreichen, aus dem er sich gebildet hat. Beim Ausheben einer solchen Grube bemerken wir in der Regel, daß sich an ihren Wänden Schichten von verschiedener Farbe, verschiedener Festigkeit und verschiedenen chemischen Eigenschaften abzeichnen. Diese Schichten bezeichnet man als Bodenhorizonte. Verfolgen wir diese Boden*horizonte* bis zu dem darunterliegenden Muttergestein, so ergibt ihre Gesamtheit das Boden*profil*, welches ein Bild von der Entstehung des betreffenden Bodens vermittelt.

Da bei der *Bodenbildung* das Klima, die Natur des Muttergesteins, die auf dem Boden anstehende Vegetation sowie die Topographie des Bodens von Einfluß sind, ist zu erwarten, daß diese Faktoren sich auch in der Gestalt des Bodenprofils widerspiegeln.

2. Einfluß des Klimas auf die Profilgestaltung

Das Klima übt seinen Einfluß bei der Profilbildung hauptsächlich durch die Zufuhr von Feuchtigkeit aus, da das Wasser der Niederschläge gewisse Bestandteile des Bodens aus den oberen Horizonten auswäscht und nach unten spült. Hinsichtlich der Menge der Feuchtigkeit, die durch die Niederschläge auf den

Boden gelangt, sind drei Fälle zu unterscheiden: der erste ist der, daß die Niederschläge die Verdunstung aus dem Boden ständig übertreffen; im zweiten Falle überwiegt die Verdunstung über die Niederschläge; im dritten Falle liegt zu gewissen Jahreszeiten ein Überwiegen der Niederschläge, zu anderen Jahreszeiten ein Überwiegen der Verdunstung vor.

In dem ersten Falle, einem ständigen Überwiegen der Niederschläge, wird im Boden eine Bewegung der Feuchtigkeit von oben nach unten erfolgen. Die auf den Boden auftreffende Feuchtigkeit ist zunächst reines Wasser, das unter Umständen einen aus der Atmosphäre stammenden geringen Gehalt an Kohlensäure und Sauerstoff sowie an Stickstoffverbindungen aufweist. Beim Durchsickern durch den Boden sättigt sich dieses Wasser mit den löslichen Bestandteilen der obersten Bodenschichten, führt diese in die Tiefe und gibt ihnen somit Gelegenheit, mit Stoffen zu reagieren, die in den darunterliegenden Schichten enthalten sind. Man bezeichnet die obere Schicht als *Eluvial-Horizont A*, die darunterliegende Schicht als *Illuvial-Horizont B:* Das Bodenprofil besteht in diesem Falle aus drei Horizonten: dem Eluvial-Horizont A, dem Illuvial-Horizont B und dem Horizont des unveränderten Muttergesteins C.

In dem zweiten Falle, dem Überwiegen der Verdunstung über die Niederschläge, wird die aufsteigende Bewegung der Feuchtigkeit im Boden die Abwärtsbewegung, welche durch die Niederschläge veranlaßt wird, übertreffen. Die Niederschläge können nur wenig in den Boden eindringen, da sie durch die Verdunstung alsbald wieder nach oben geführt werden. Die aufsteigende Flüssigkeit ist jedoch in diesem Falle nicht reines Wasser, das lösend auf die durchwanderten Bodenschichten einwirkt, sondern eine bereits mit den löslichen Stoffen der durchflossenen Schichten gesättigte Lösung, welche die obersten Bodenschichten anreichert. Es bilden sich also nicht zwei Horizonte, aus deren oberem eine Auswaschung in den darunterliegenden erfolgt ist, sondern es wird nur ein ziemlich gleichmäßig umgewandelter Horizont A, der auf dem Muttergestein aufliegt, gebildet. Bei dieser Art der Verwitterung wird die Ackerkrume nicht in ihren obersten Schichten an löslichen Bestandteilen verarmen, sondern ihr Gehalt wird gleichbleiben oder sich sogar von unten nach oben erhöhen.

Der dritte Fall, der in der Natur am häufigsten anzutreffen ist, wird ein Profil erzeugen, das eine Mittelstellung zwischen der ersten und der zweiten Art einnimmt und sich je nach den Umständen mehr der ersten oder der zweiten Form nähert.

Um eine genauere Auswertung der morphologischen Betrachtung des Bodenprofils zu ermöglichen, pflegt man die einzelnen Horizonte gewöhnlich noch zu unterteilen. So unterscheidet man z. B. bei den Waldböden zusätzlich einen oberen Horizont H oder A^0, der aus der dem Boden aufliegenden Humusschicht besteht; die Horizonte A und B werden vielfach noch in die Horizonte A^1, A^2 bzw. B^1, B^2 usw. unterteilt.

Wenn der Grundwasserspiegel schwankt, so treten in seiner Nähe abwechselnd oxydierende und reduzierende Bedingungen auf, die zur Ausbildung eines

Gleyhorizontes „G“ führen. Dieser Horizont ist von bläulich-grauer Farbe, in ihm sind braune Ausscheidungen von Eisen- und Manganoxyden zu erkennen.

3. Zusammenhänge zwischen Muttergestein und Profilgestaltung

Nächst dem Klima ist die Art des *Muttergesteins von Einfluß auf die Profilgestaltung.* Böden, bei denen das Muttergestein den Charakter des Bodens vorherrschend beeinflußt, bezeichnet man nach *Glinka* als *endodynamomorph,* im Gegensatz zu den ektodynamomorphen Böden, bei denen äußere Einflüsse wie z. B. das Klima den Bodencharakter vorherrschend bestimmen. Zu den endodynamomorphen Böden gehören insbesondere die *Humuscarbonatböden,* bei denen der Bodencharakter ausschlaggebend durch den Kalkgehalt des Muttergesteins beherrscht wird. Ganz allgemein wird das Muttergestein je nach seiner Durchlässigkeit die Ausbildung der durch das Klima bedingten Profile mehr oder weniger begünstigen. Auch seine chemische Zusammensetzung ist von Einfluß auf die Profilbildung, da z. B. ein armes Muttergestein bei Auswaschung sehr rasch eine deutliche Horizontbildung erkennen läßt, während ein Reichtum des Muttergesteins an basischen Bestandteilen, die der Auswaschung unterliegen, die Profilbildung weniger deutlich in Erscheinung treten läßt.

4. Bedeutung der Vegetation für die Profilgestaltung

Die Vegetation, die den Boden bedeckt, ist für die Ausbildung des Bodenprofils in mehrfacher Hinsicht von Bedeutung. Sie steht zunächst mit dem Wasserhaushalt des Bodens in Wechselbeziehung, da sie den Boden vor der Wirkung der aufprallenden Niederschläge schützt und auf der anderen Seite Wasser aus tieferen Bodenschichten zur Verdunstung bringt, das also nicht den Boden bis zur Oberfläche durchwandert und dabei Veränderungen im Profil bewirkt. Ferner bringt die Vegetation organische Substanz in den Boden, deren Zersetzungsprodukte je nach der Zusammensetzung der Pflanzen eine unterschiedliche Wirkung auf die Profilgestaltung des Bodens ausüben. So bildet sich — je nachdem, ob die Rückstände der Pflanzen basenreich oder basenarm sind — saurer oder milder Humus; der Einfluß des einen oder des anderen bewirkt eine verschiedene Ausbildung des Bodenprofils. Die Bildung von *Heideböden* und von *Moorböden* ist zu einem wesentlichen Teile dadurch bedingt, daß bestimmte Pflanzenarten dort den Vegetationstyp bestimmen.

5. Topographische Beeinflussung der Profilgestaltung

Schließlich kann auch der *Einfluß der Oberflächengestaltung* der ausschlaggebende Faktor für die Gestaltung des Bodenprofils werden. So ist die Ausbildung von *Skelettböden* sowie von *verstümmelten Profilen* ein Beispiel dafür, daß die Lage des Geländes an einem Abhang die Bodenbildung in eine ganz andere Richtung zu lenken vermag, als es der Fall ist, wenn sie in ebener Lage ungestört erfolgen kann.

6. *Kennzeichen der verschiedenen Bodenhorizonte*

Für die Unterscheidung der einzelnen Horizonte des Bodenprofils ist ein besonders wichtiges Merkmal die *Farbe*. Es treten in den Profilen Farben auf, die von Hellgrau auf der einen Seite über Braun bis Rot auf der anderen Seite schwanken. Die Färbung ist oft typisch für bestimmte Horizonte. So entsteht infolge Auslaugung von Eisen durch sauren Humus die *ausgebleichte Schicht* in Podsolböden. Rote Farbe zeigt an, daß besondere Arten des Muttergesteins für die Ausbildung bestimmter Horizonte maßgebend waren. Auch Beimischungen lassen sich vielfach aus der Färbung erkennen. Das Auftreten rostfarbener Streifen oder graublauer Horizonte weist auf stauende Nässe oder auf Undurchlässigkeit hin.

Nächst der Farbe sind vielfach Unterschiede in der Textur für die einzelnen Horizonte des Bodenprofils kennzeichnend. Man muß daher bei der Betrachtung des Profils darauf achten, ob sandige, lehmige oder tonige Horizonte vorliegen, zunächst durch Beobachtung im freien Felde, gegebenenfalls aber auch durch Nachprüfung im Laboratorium mittels der mechanischen Bodenanalyse.

Auch die Struktur der einzelnen Horizonte ist zu beachten. Dies gilt sowohl für die *Makrostruktur*, die angibt, ob der Boden körnig, säulenförmig oder nußförmig ist, wie auch für die *Mikrostruktur*, welche die Art der *Krümelung* und die Porosität im Boden anzeigt. Durch Abklopfen des Profils lassen sich in den verschiedenen Horizonten die Veränderungen im Grade der Verdichtung feststellen.

Zu empfehlen ist eine Betrachtung des Bodens mit der Lupe, da man dabei näheren Aufschluß über die mineralogische Zusammensetzung des Bodens erhalten kann. Bei den Diluvialböden erkennt man auf diese Weise charakteristische Körner von glasartigem oder milchweißem Quarz. Die Feldspatkörner haben eine matte, hellrosa Färbung. Augit und Hornblende bilden dunkelgrüne Körner. Glimmer tritt in glänzenden kleinen Blättchen auf. Die Sandkörner sind aber nicht immer blanke Mineralkörner, sondern häufig sind sie mit Überzügen versehen. Diese Überzüge können von schmutziger Farbe sein; sie bestehen dann aus Humus und Ton, und es handelt sich um einen in Verlehmung begriffenen nährstoffreichen Boden. Häufig kommen auch Überzüge von brauner Farbe vor. Ein solcher Boden ist weniger nährstoffreich, aber immerhin bedeutend besser als ein Boden mit blanken Körnern.

7. *Das Bodenprofil als Grundlage der Betrachtung des Bodens*

Wenn wir die Verhältnisse in einem Boden richtig überschauen wollen, dürfen wir uns nie darauf beschränken, die Oberkrume zu untersuchen, sondern müssen bei der Untersuchung stets das Gesamtprofil zugrunde legen, da dieses gewissermaßen das unteilbare Individuum des Bodens darstellt. Allerdings finden wir die Bodenprofile nicht immer vollständig ausgebildet. So kann es z. B. an Hängen vorkommen, daß in dem Maße, wie das Muttergestein verwittert, der Boden durch *Erosion* abgetragen wird, so daß neues Muttergestein zutage tritt und der weiteren Bodenbildung unterliegt. Es kann auch vorkommen, daß von einem bereits gebildeten Boden gewisse Horizonte bei plötzlichen Regengüssen durch Erosion abgespült werden und daß auf diese Weise das Profil verstümmelt wird. Nach *Kuron* neigen vor allem Schluffböden und Tonböden zur Erosion, während gröbere Sande auf Grund ihres besseren Aufnahmevermögens und der Schwere ihrer Körner besser gegen Erosion geschützt sind. Mit *verstümmelten Profilen* haben wir endlich fast immer auf landwirtschaftlich genutzten Böden zu rechnen, da hier infolge der Bodenbearbeitung — insbesondere des Pflügens — die oberste Schicht nicht in der ungestörten, natürlichen Lage verblieben ist, sondern Umwälzungen erfahren hat. Wenn wir ein reifes, vollständiges Bodenprofil suchen, so wird sich die Aussicht, dergleichen zu finden, in unserem Klima am ehesten in einem ebenen oder schwach welligen Gelände bieten, das unter natürlicher Vegetation steht und sich seit möglichst langer Zeit in diesem Zustande befunden hat. Die Betrachtung des Profils ermöglicht es auch, festzustellen, ob verschiedene Bodenarten übereinandergelagert sind. Es ist für die Beurteilung eines Bodens sehr wichtig, ob z. B. ein Sandboden im Untergrund Lehm führt oder nicht, denn dies ist auf seinen Wasserhaushalt von größtem Einfluß. Auch auf das Auftreten von Kiesschichten, ebenso von Mergelschichten im Untergrund ist zu achten, da sie die Standortverhältnisse wesentlich beeinflussen. Sogenannte „mehretagige" Böden trifft man häufig an, wenn z. B. eine mergelartige Schicht der Grundmoräne von Dünensand bedeckt ist oder wenn Talsand auf einem anders gearteten Untergrund aufliegt. Diese durch die geologische Entstehung bedingten Bodenschichten darf man nicht mit der durch die Entwicklung des Bodenprofils unter dem Einfluß der klimatischen Bedingungen des Muttergesteins, der Vegetation usw., erfolgenden Ausbildung von Bodenhorizonten verwechseln.

8. Die Tiefe des Profils

Aus dem Profil des Bodens läßt sich zunächst einmal erkennen, wie tief der Boden ist, welche Menge Boden je Hektar also für die Ernährung der Pflanzen überhaupt zur Verfügung steht. Jede Pflanzenart verlangt, wenn sie den höchsten Grad ihrer Ausbildung erreichen soll, ein hinsichtlich Breite und Tiefe bestimmtes Boden-Mindestvolumen. Eine gute Wurzelausbildung ist die Grundlage einer guten Entwicklung der ganzen Pflanze. Nur wenn die Wurzel sich ungehindert auszubreiten vermag, können sich die oberirdischen Pflanzenteile in aller Üppigkeit entfalten; eine Beschränkung des Wurzelwachstums hemmt dagegen gleichzeitig die Entwicklung der oberirdischen Teile der Pflanze. Das Profil eines Bodens kann so flach sein, daß die Pflanzenwurzeln nur auf eine dünne Bodenschicht angewiesen sind, oder es kann tiefgründig sein, so daß den Wurzeln eine bedeutend mächtigere Zone zur Verfügung steht, aus der sie Nährstoffe und Wasser entnehmen können. Um eine Bodenuntersuchung richtig auswerten zu können, ist es daher eine unerläßliche Vorbedingung, daß man feststellt, welche Bodenmenge den Pflanzen zur Verfügung steht; denn eine flache Wurzelzone wird trotz hohem Nährstoffgehalt die Pflanzen nicht so gut versorgen wie eine mächtigere Wurzelzone, auch wenn der Nährstoffgehalt weniger hoch ist. Die tatsächlich *durchwurzelte Schicht* ist allerdings nicht immer identisch mit der dem Muttergestein aufliegenden Bodenschicht, die ihrer physikalischen Beschaffenheit nach den Wurzeln zugänglich sein könnte.

Auch Einflüsse chemischer Natur, z. B. Säureerscheinungen oder Sauerstoffmangel infolge stauender Nässe, die durch das Grundwasser hervorgerufen wird, können die Wurzeln an der Ausdehnung hindern. Die Grundwasserverhältnisse sind daher von wesentlichem Einfluß auf die Ausgestaltung des Bodenprofils.

Was die Ansprüche der Pflanzen an die Tiefe des Bodens anbetrifft, so bezeichnet man z. B. das Getreide als *Flachwurzler,* weil der größte Teil des Wurzelsystems in den obersten Schichten der Ackerkrume liegt. Aber auch beim Getreide geht ein Teil der Wurzeln unter günstigen Verhältnissen ziemlich tief, und zwar hat man beim Winterroggen mit dem Ende des Schossens Wurzeltiefen bis zu 2 m, bei der Gerste bis zu 2½ m beobachtet. Diese *Wurzeltiefen,* die man in besonders angestellten Versuchen erzielte, wurden aber unter Verhältnissen erreicht, die einer Tiefenausdehnung der Wurzeln besonders günstig waren. Im freien Lande dürfte bei Winterroggen und Hafer eine Wurzeltiefe von 70 cm nur selten überschritten werden, während die Gerste noch flacher wurzelt.

Während Getreide wegen seiner Faserwurzeln noch auf flachgründigem Boden anbaufähig ist, verlangen Pflanzen mit Pfahlwurzeln — wie Hülsenfrüchte, Rotklee, Raps — wenigstens mitteltiefe Böden. Pflanzen mit starken Pfahlwurzeln wie die Zuckerrübe geben nur auf tiefgründigem Boden noch gute Erträge.

Die *Wurzeln* der Leguminosen dringen im allgemeinen *tiefer* in den Boden ein. Insbesondere hat die Luzerne ein sehr großes Tiefenstreben. Auch Erbsen und Lupinen schließen den Boden bis in große Tiefen auf, während die Pferdebohne weniger tief geht. Der Rotklee ist an geringe Bodentiefen anpassungsfähiger als die Luzerne. Vor allem im ersten Jahre geht er nur wenig tief, während er im zweiten Jahre auch die tieferen Schichten des Bodens erfaßt.

Die Kartoffeln breiten ihr Wurzelsystem hauptsächlich in den oberen Bodenschichten aus. Die Rüben verlangen dagegen wiederum einen tiefergründigen Boden.

Von den Bäumen verlangen Eiche und Buche einen tiefen Boden, während die Fichte flach wurzelt. Empfindlich gegen den das Tiefenstreben begrenzenden Ortstein sind vor allem die Obstbäume.

Die Bewurzelung ist nicht gleichmäßig über die ganze Tiefe verteilt, bis zu der die Wurzeln sich erstrecken; in den häufigsten Fällen liegt vielmehr die hauptsächlichste Ausstrahlung der Wurzeln von Einzelpflanzen bei etwa ⅓ bis ½ der größten Wurzeltiefe. Sowohl oberhalb wie unterhalb dieser Zone sind anscheinend die physikalischen und chemischen Bedingungen der Ausbreitung der Wurzeln weniger günstig.

9. Bildung von Ausscheidungen und Ortstein

An der Grenze zwischen dem A- und B-Horizont beobachtet man vielfach das Auftreten von *Ortstein.* Man erklärt sich dessen Entstehung in der Weise, daß saurer Rohhumus in der Oberschicht als Schutzkolloid gewisse Bodenbestandteile kolloidal zerteilt. Beim Austrocknen der oberen Bodenschichten und dem Zurückweichen des Wassers in größere Tiefen ballen sich diese kolloidalen Massen zusammen, und es entstehen Niederschläge von Aluminium-, Eisen- und Kalkhumat. Hierbei spielen wahrscheinlich auch kapillarelektrische Erscheinungen beim Durchtritt der kolloidalen Bodenlösung durch die dichteren Schichten mit. Das Auftreten von Ausscheidungen von kohlensaurem Kalk (Wiesenkalk) wird auf die Einwirkung von Bakterien zurückgeführt.

Eine ähnliche Erscheinung wie die Bildung von Ortstein liegt in der Ausbildung der *Pflugsohle* vor, die dann erfolgt, wenn der Boden stets in gleicher Tiefe gepflügt und stets mit gleich tief wurzelnden Pflanzen bebaut wird. Der Boden wird in dieser Tiefe verdichtet und wirkt dann auf feine Bodenteilchen, die aus der obersten Schicht abgeschlämmt werden, als Filter, welches sie festlegt.

Wenn der Wurzelraum der Pflanze nach der Tiefe zu durch undurchlässige Schichten wie Pflugsohle oder Ortstein, durch einen zu hohen Grundwasserspiegel oder das Auftreten chemisch ungünstiger Horizonte begrenzt wird, so daß die natürliche Tiefenausdehnung der Wurzeln gehemmt ist, wird die Ertragsfähigkeit des Bodens entweder allgemein oder wenigstens für bestimmte Pflanzen beeinträchtigt.

10. Profilausbildung bei verschiedenen Bodentypen

Außer den Anhaltspunkten, welche die Mächtigkeit der Durchwurzelungszone, das Auftreten von Verdichtungen und die den Humusgehalt anzeigende Färbung des Bodens für die Beurteilung der Bodenfruchtbarkeit liefern, vermag das Bodenprofil allgemeine Aufschlüsse über die Art der Bodenbildung zu vermitteln. So zeigt die Ausbildung der verschiedenen Profiltypen an, ob es sich z. B. um einen *Steppenboden* — eine Schwarzerde — handelt, der im allgemeinen als basenreich anzusehen ist, oder um einen *Waldboden,* der der Auswaschung stärker unterliegt und deshalb nährstoffärmer ist. Im letzteren Falle gibt vor allem das Auftreten von *Bleichsand,* das durch die Bildung von Humussäure verursacht wird, bzw. die Stärke der Bleichsandschicht beachtenswerte Winke für die landwirtschaftliche Behandlung des Bodens.

Auch das Auftreten von Übergängen zwischen den verschiedenen Typen von Bodenprofilen ist aufschlußreich. Wenn sich nämlich die Bedingungen, unter denen sich ein Bodenprofil gebildet hat, im späteren Verlauf der Entwicklung ändern, so *degradiert* der betreffende Boden, d. h. er schlägt eine andere Entwicklungsrichtung ein, die dann in seinem Profil zum Ausdruck kommt. So wird sich z. B. ein Schwarzerdeboden, der sich im Gebiet eines Trockenklimas gebildet hat, einem Waldbodenprofil annähern, wenn das Klima niederschlagsreicher wird und damit auch die Vegetation sich ändert. Auch der Landwirt, der den Wald rodet und sich ständig bemüht, dem Boden durch Bearbeitung eine Struktur zu verleihen, die das Gedeihen von Feldfrüchten oder Gräsern gestattet, ihm also den Charakter eines Steppenbodens aufzudrücken, wirkt umgestaltend auf den Bodentyp ein.

11. Entwicklungsstufen der Böden

Je nach dem Grade der Ausbildung des Bodenprofils unterscheidet man verschiedene Entwicklungsstufen eines Bodens und bezeichnet ihn als jung, reif oder alt. Diese Art der Bezeichnung gilt lediglich für den Entwicklungsgrad des Bodens und darf nicht als Hinweis auf das geologische Alter des Muttergesteins, aus dem er entstanden ist, aufgefaßt werden.

Ein Boden kann noch völlig unentwickelt sein und überhaupt kein Profil zeigen; dies findet man vielfach bei Dünensanden, bei Geröllböden oder Alluvialböden. Ein Boden kann schwach entwickelt sein; in diesem Falle beginnt eine Profilentwicklung aufzutreten, der Boden ist aber noch sehr arm an Feinerde, so daß kein deutliches Profil zu erkennen ist. Gut entwickelte Böden haben die Profilbildung erreicht, ohne daß aber bei ihnen im oberen Horizont erhebliche Verluste an Basen, sowie an Tonerde, Eisenoxyd, Phosphorsäure oder Kieselsäure auftreten. Der Höhepunkt der Bodenbildung ist erreicht bei den reifen Böden; hier stehen die tonbildenden Kräfte der Verwitterung im Gleichgewicht mit den Auswaschungsverlusten, und solange kein Eingriff erfolgt, bleibt ein solcher Boden in seinem augenblicklichen Fruchtbarkeitszustande erhalten. Wenn sich ein Boden über das natürliche Maß entwickelt hat, so wird er als überreif, entartet oder degradiert bezeichnet. Ein solcher Fall tritt ein z. B. bei falscher Holzartenzusammensetzung des Waldbestandes oder infolge von Waldweide oder Streuentnahme, welche die Entwicklung des Bodens in eine unnatürliche Richtung lenkt.

Kubiena (6) schlägt vor, zur genaueren Charakterisierung der Entwicklungsstufe der Böden die mikroskopische Betrachtung heranzuziehen. Er unterscheidet folgende Entwicklungsstufen:

1. die Prodromalstufe, das Stadium der ersten Besiedlung der nackten Gesteinsflächen durch Algen, Diatomeen, Pilzfäden, Flechten. Hier beginnt bereits die Humusbildung.

2. die juvenile Stufe. Es treten Hornmilben auf; infolge physikalischer Verwitterung entstehen Gesteinstrümmer. Das Bodenleben entwickelt sich allmählich, es bildet sich Humus, der mit der Mineralsubstanz des Bodens mehr und mehr vermischt wird; Bodenkrümel koprogenen Ursprungs treten auf. Auch die chemische Verwitterung setzt ein, auf kalkreichen Gesteinen durch Lösungsprozesse, auf kalkarmen, silikatreichen Gesteinen durch Bildung von Ton und Eisenoxydhydrat. Beispiel: die Bildung von Protorendzina.

3. die Reifestufe ist durch Tonanreicherung und Bildung von Ton-Humus-Aggregaten gekennzeichnet. Der hohlraumreiche Boden erreicht hier seine bio-

logisch leistungsfähigste Form, wie z. B. in der Mullrendzina, dem Tschernosem, der eutrophen Braunerde.

4a. Beginnende Alterungsstufe. Die biologischen Bedingungen sind noch günstig, es beginnt jedoch eine Abnahme der Nährstoffe durch Auswaschung, eine Verschlämmung und Verschlechterung der Struktur, ein Nachlassen der Intensität des Bodenlebens und der Humusbildung.

Beispiel: podsolige Braunerde, stark degradierter Tschernosem.

4b. Die Alterungsstufe kennzeichnet sich durch Versäuerung des Bodens oder Nährstoffarmut, Abnahme des Bodenlebens, Verlust der Fähigkeit zur Mullbildung, Durchschlämmung und Verdichtung des Bodens.

Beispiele: gebleichte Braunlehme, Podsole, Hochmoortorfe.

4c. Die extreme Alterungsstufe führt zur Ortsteinbildung und Entwicklung mächtiger steriler Humusdecken.

Juvenile Böden sind flachgründig und zeigen ein AC-Profil, reife Böden auf Silikatgestein haben im humiden Klima ein ABC-Profil, aber ohne daß andere Nährstoffe wandern als Calciumcarbonat. Bei gealterten Böden wird das Profil stärker differenziert und immer stärkere Nährstoffwanderungen treten auf.

Das Altern ist aber keine allgemeine Erscheinung. Es gibt Standorte, auf denen die Bodenbildung mit dem Reifestadium abschließt. So bleibt der Steppenboden auf der Höhe seiner Leistungsfähigkeit, solange der Mensch nicht eingreift. Die günstigen Braunerden zeigen unter Laubwald kaum Alterungserscheinungen.

Die Bezeichnung „Altern“ ist dahin zu verstehen, daß die Entwicklung einen unharmonischen Verlauf nimmt. So ist in einem Silikatverwitterungsboden die Tonanreicherung zunächst günstig, sie wird aber im Übermaß schädlich. Ebenso kann die Bildung von Auflagehumus zunächst günstig sein, da sie das Bodenprofil vertieft; sie wirkt aber ungünstig, wenn die entstehenden sauren Sole stark peptisierend wirken, so daß in den obersten Schichten nur steriler Sand zurückbleibt.

Beispiel: primäre Podsole.

Seit man neuerdings dazu übergegangen ist, eine deutliche Grenze zwischen den Begriffen der Verwitterung, Umlagerung und Profilbildung der Böden zu ziehen, hat man auch festgestellt, daß es von großem Einfluß auf die Bodenbildung ist, wie oft das Material eines Bodens diesen Zyklus der Bodenbildung bereits durchgemacht hat, d. h. wie oft sich in früheren Perioden der Erdgeschichte das betreffende Material bereits zu einem Boden entwickelt hat, dann wieder überdeckt worden ist und später wiederum an die Erdoberfläche gelangte, um der Bodenbildung zu unterliegen.

V. TEXTUR UND STRUKTUR DER BÖDEN

1. *Die Bestimmung der Größenklassen der Bodenteilchen*

Wie die Betrachtung einer Bodenprobe in der Regel zeigt, sind die Teilchen, aus denen sich der Boden zusammensetzt, von verschiedener Größe; es finden sich größere Steine, Kies, Sand und schließlich kleine und kleinste Teilchen bis zu kolloidaler Größenordnung hinab. Es ist offenbar, daß der Aufbau des Bodens aus Teilchen verschiedener Größe, den man als seine *mechanische Zusammensetzung* bezeichnet, sowohl für die physikalischen wie für die chemischen und biologischen Eigenschaften des Bodens von größter Bedeutung sein muß.

Die morphologische Betrachtung des Bodenprofils kann wertvolle Einblicke in die Eigenschaften eines Bodens gewähren; sie reicht aber nicht aus, um das Verhalten eines Bodens zu beurteilen, sondern bedarf noch der Ergänzung durch physikalisch-chemische Untersuchungen im Laboratorium.

Die mechanische Zusammensetzung des Bodens sucht man durch die *mechanische Bodenanalyse* zu ermitteln, welche die Anteile der einzelnen *Korngrößen* an der Gesamtmenge der festen Bodensubstanz bestimmt. Man unterscheidet dabei nach Festsetzung der Internationalen Bodenkundlichen Gesellschaft die folgenden *Fraktionen:*

Steine	mit einem Durchmesser von über 20 mm,
Kies	mit einem Durchmesser von 20 bis 2 mm,
Grobsand	mit einem Durchmesser von 2 bis 0,2 mm,
Feinsand	mit einem Durchmesser von 0,2 bis 0,02 mm,
Schluff	mit einem Durchmesser von 0,02 bis 0,002 mm,
Ton	mit einem Durchmesser von $< 0{,}002$ mm.

„*Ton*" wird bei der chemischen Bodenanalyse als die nach der Größenklasse bestimmte feinste Fraktion definiert, ohne daß dabei auf die chemische Zusammensetzung Bezug genommen wird. Während man die gröberen Fraktionen durch Absieben mit Sieben von bestimmter Lochgröße ermittelt, werden die feineren Fraktionen durch ihre Fallgeschwindigkeit in Wasser nach dem *Stokes*schen *Gesetz* berechnet, nach welchem die Fallgeschwindigkeit der 2. Potenz des Radius proportional ist. Das *Stokes*sche Gesetz lautet:

$$v = \frac{2\,g\,r^2\,(s-d)}{9\,\eta}$$

worin

r = Radius des Teilchens,
s = spezifisches Gewicht des Teilchens,
d = spezifisches Gewicht der Flüssigkeit,
g = Erdbeschleunigung,
η = Reibungskoeffizient der Flüssigkeit

ist. Das *Stokes*sche Gesetz gilt allerdings nur für die Fallgeschwindigkeit von kugelförmigen Teilchen, und da die Gestalt der feinen Bodenteilchen nicht die von Kugeln ist, kann es streng genommen nicht zur Berechnung der wirklichen Größe der einzelnen Fraktionen des Bodens herangezogen werden. Man hat daher vorgeschlagen, bei der Einteilung der Fraktionen nicht die doch unsicheren Größenklassen anzuführen, sondern die experimentell bestimmten Fallgeschwindigkeiten. Direkte Messungen der Größe der einzelnen Teilchen, die von *A. Jacob* und *H. Loofmann* (7) mit dem Elektronenmikroskop durchgeführt wurden, haben jedoch ergeben, daß die Abweichungen der mittleren Teilchengröße von dem *Stokes*schen Gesetz nur gering sind, daß also z. B. die Bodenteilchen, deren Durchmesser man nach diesem Gesetz auf Grund ihrer Fallgeschwindigkeit zu 0,3, 0,6, 1,0 μ berechnet hat, dieser Größenordnung tatsächlich auch angehören; um so mehr gilt dies natürlich für die Teilchen von mehr als 2 μ Durchmesser.

Die Einteilung des Bodens in die verschiedenen Fraktionen, zu der man bei der mechanischen Bodenanalyse gelangt, ist mehr oder weniger willkürlich; denn es ist nicht anzunehmen, daß mit den Teilchengrenzen die Eigenschaften der Fraktionen sich sprunghaft ändern, sondern es ist vielmehr damit zu rechnen, daß die Veränderung kontinuierlich geschieht. Man hat daher auch Apparate angegeben, bei denen die Änderung der Konzentration einer sich absetzenden Säule einer Bodenaufschwemmung durch kontinuierliche Messung der Trübung registriert wird, bei denen also keine willkürliche Unterteilung in einzelne Korngrößenklassen erfolgt.

2. Einfluß der Textur auf die Eigenschaften der Böden

Jede der Korngrößenklassen, die bei der mechanischen Analyse des Bodens unterschieden werden, beeinflußt die Eigenschaften des Bodens in anderer Richtung. Der Gehalt an *Steinen* und Kies ist im allgemeinen ungünstig für den Boden; denn er verringert — was bei der Berechnung des Nährstoffgehalts von steinigen Gebirgsböden unbedingt zu berücksichtigen ist — die Menge der in der Ackerkrume enthaltenen Feinerde, die als Wurzelraum für die Pflanzen dient, und erschwert außerdem die Bodenbearbeitung. Steinböden sind bei lockerer Lagerung sehr durchlässig für Wasser und Luft und daher meist trocken. Die Tatsache, daß die Wasserableitung aus dem Boden durch den Steingehalt verbessert wird, kann aber auch von Vorteil sein, da der Boden sich dann rascher erwärmt. Zur rascheren Erwärmung trägt vielfach auch die gute

Wärmeleitfähigkeit der Steine bei; besonders gilt dies von den dunkel gefärbten Schiefern der Weinbergböden.

Der *Kies* wirkt im allgemeinen ungünstig, da er das Wasserhaltungsvermögen des Bodens beeinträchtigt. Stellen mit kiesigem Untergrund sind vielfach als Brandstellen in Feldern wahrzunehmen.

Sandgehalt im Boden bewirkt ebenfalls eine Vergrößerung der Hohlräume, was einen vermehrten Wasserabfluß und eine stärkere Durchlüftung und raschere Erwärmung des Bodens zur Folge hat, so daß im Frühjahr die Vegetation zeitiger beginnt. Alle diese Umstände können vorteilhaft sein, können sich aber auch nachteilig auswirken; es hängt dies ganz davon ab, in welchem Verhältnis der Sandgehalt des Bodens zu seinem Gehalt an feineren Bestandteilen steht. Ein Nachteil eines hohen Gehaltes an Sand ist es, daß durch ihn der Nährstoffgehalt des Bodens herabgesetzt wird, weil der Sand die Gesamtoberfläche der Bodenteilchen verringert. Günstig für das Pflanzenwachstum ist wiederum die durch den Sand bewirkte Auflockerung; diese erleichtert den Wurzeln das Durchdringen des Bodens und hilft der Pflanze, Energie zu sparen.

Ganz entgegengesetzt in seiner Wirkung ist der *Ton*gehalt des Bodens. *Tonböden* sind schwer bearbeitbar und setzen den sie durchdringenden Pflanzenwurzeln größeren Widerstand entgegen. Ein hoher Gehalt an feinen kolloidalen Teilchen macht den Boden wasserundurchlässig, so daß Wasser schlecht aus ihm abfließen und Luft schlecht in ihn eindringen kann. Der Boden bleibt naß und kalt, und die Bakterien, welche die Bodengare erzeugen, finden in ihm keine günstigen Lebensbedingungen; die Bodenkälte verzögert im Frühjahr das Einsetzen der Vegetation. Im Gegensatz zum Sand aber vergrößert der Gehalt des Tones an Kolloiden die Gesamtoberfläche des Bodens außerordentlich und erhöht damit seine Fähigkeit, der Pflanze Nährstoffe zu liefern. Am günstigsten ist die Textur eines Bodens dann zu beurteilen, wenn Ton und Sand im richtigen Verhältnis zueinander stehen, so daß beide Bestandteile ihre günstige Wirkung entfalten können, ohne daß die Nachteile eines übermäßigen Gehaltes an einem der beiden sich bemerkbar machen: dies ist der Fall bei den *Lehmböden*, die eine Mittelstellung zwischen den Sand- und den Tonböden einnehmen. Sie sind so weit wasserdurchlässig, daß sie zwar überschüssiges Wasser ableiten, aber doch genug Wasser für das Gedeihen des Pflanzenwuchses speichern. Infolge ihres Sandgehaltes sind sie obendrein für die Wurzeln nicht so schwer durchdringbar wie die reinen Tonböden.

Der Schluff steht hinsichtlich seiner Korngröße in der Mitte zwischen Ton und Sand. Ein hoher Gehalt des Bodens an *Schluff* ist im allgemeinen nicht wünschenswert, da der Schluff die ungünstigen Eigenschaften der beiden anderen Komponenten in stärkerem Maße aufweist als die günstigen. In seiner Nährstoffarmut ähnelt der Schluff dem Sande, wirkt aber auf die physikalische Beschaffenheit des Bodens womöglich noch ungünstiger ein als der Ton, da seine Einzelteilchen getrennt verharren, während sich beim Ton viele Teilchen zu Krümeln vereinigen.

Bei Abtrocknung bilden *die milden Lehmböden* an der Oberfläche eine Kruste.

Schwere Lehme und Tone werden bis zu größerer Tiefe fest und hart. Sie bilden Risse.

Sandboden bleibt rieselnd.

Außer durch die Tonteilchen wird die *Bindigkeit* der Böden in hohem Grade durch den Humus beeinflußt.

3. Die Struktur der Böden

Die Ergebnisse der mechanischen Bodenuntersuchung werden dadurch stark beeinflußt, daß sich einzelne Teilchen, insbesondere die feinsten Fraktionen, zu mehr oder weniger beständigen Aggregaten, *Bodenkrümeln*, zusammenballen. Diese aus feinsten Teilchen bestehenden Krümel verhalten sich bei der Analyse wie gröbere Teilchen, so daß die mechanische Analyse nicht imstande ist, genau zutreffende Angaben über die Textur, d. i. die Zusammensetzung des Bodens aus Einzelteilchen verschiedener Größe, zu machen. Um die Textur des Bodens zu erforschen, muß man daher vor der Analyse die Krümel zerkleinern, indem man dem Boden ein sogenanntes Peptisationsmittel zusetzt, welches die Krümel in ihre Einzelteilchen zerfallen läßt. Nur so läßt sich vor allem der Gesamtgehalt an Ton bestimmen, der für viele Eigenschaften eines Bodens von größter Wichtigkeit ist, während ohne die Vorbehandlung ein stark gekrümelter, tonreicher Boden bei der Analyse einen hohen Sandgehalt vortäuscht. Nicht weniger wichtig ist es allerdings, die Struktur eines Bodens, d. h. das Ausmaß, in welchem die einzelnen Teilchen zu größeren Aggregaten zusammengetreten sind, zu kennen, und den Einfluß, den die Krümelung auf die mechanische Zusammensetzung des Bodens gehabt hat. Man unterscheidet zwischen einer *Krümelstruktur* der Böden, bei welcher einzelne Teilchen zu größeren Aggregaten vereinigt sind, und einer *Einzelkornstruktur*, bei der die Einzelteilchen voneinander getrennt vorliegen.

Eine Methode zur allgemeinen Kennzeichnung der Struktur eines Bodens besteht noch nicht. Es ist nicht möglich, die verschiedenen Größenklassen der Krümel durch die mechanische Bodenanalyse zu erfassen, da die Krümel mehr oder weniger unbeständig sind und zum Teil schon beim Behandeln mit reinem Wasser zerfallen. Immerhin gestattet diese Methode eine annähernde Schätzung der Krümelung, indem man ihre Ergebnisse mit denen der Texturbestimmung vergleicht. Dies geschieht bei der Berechnung des *Strukturfaktors nach Vageler-Alten* (8), der das Verhältnis der ohne Peptisation gefundenen Tonmenge zu dem bei vollständiger Peptisation gefundenen Gesamtton zum Ausdruck bringt. *Sekera* (9) geht bei der Kennzeichnung der Krümelung davon aus, daß durch sie das Hohlraumvolumen des Bodens verändert wird, da bei zunehmender Krümelbildung neben den winzigen Hohlräumen, welche die einzelnen Tonteilchen voneinander trennen, immer mehr größere Hohlräume zwischen den Krümeln auftreten. Dieses Hohlraumgefüge benutzt *Sekera* zur

Kennzeichnung der Struktur, indem er die Größenklassen der Hohlräume, d. i. ihre Aufteilung in kleinere und größere Kapillaren, die den Luft- und Wasserhaushalt eines Bodens charakterisieren, zugrunde legt.

Ebenfalls auf dem Prinzip der Bestimmung der mit fester Substanz, Wasser und Luft erfüllten Teile des Bodenvolumens aufgebaut ist die Methode von *Nitzsch* (10), der diese Anteile mit Hilfe des Druckluftpyknometers ermittelt. Qualitativer Natur ist die Kennzeichnung des Bodengefüges nach *Kubiena* (11), der den Boden mit dem Auflichtmikroskop betrachtet und auf diese Weise zu einer Beschreibung der Bodenstruktur gelangt.

Die Krümelstruktur des Bodens kann auf verschiedene Weise herbeigeführt werden. Wirksam ist besonders ein *Salzgehalt* der Bodenlösung, da ein solcher ausflockend auf suspendierte Kolloide einwirkt. In reinem Wasser, das ein schlechter Elektrizitätsleiter ist, verbleiben die kolloidalen Teilchen in Suspension, da sie elektrisch geladen sind und sich gegenseitig abstoßen. Weist das Wasser aber einen Elektrolytgehalt auf, so wird es leitend, und die abstoßenden Kräfte zwischen den suspendierten Teilchen verringern sich, so daß diese, falls sie infolge der *Brown*schen *Bewegung* miteinander in Berührung kommen, aneinander haften bleiben und sich zu Krümeln vereinigen. Die Kraft, welche die Einzelteilchen aneinander haften läßt, sieht man in der elektrischen Wirkung der zwischen ihnen ausgerichteten Dipole von Wassermolekülen. Besonders stark *ausflockend wirken höherwertige Ionen.* Dies ist einmal dadurch zu erklären, daß die elektrische Energie in ihnen besonders hoch konzentriert ist; zum anderen steht es offenbar damit in Zusammenhang, daß diese *mehrwertigen Kationen eine Klammerwirkung* zwischen verschiedenen Bodenteilchen ausüben können. Ein Natrongehalt der Böden führt hingegen zur Einzelkornstruktur, da die sehr starke Wasserhülle des Natriumions die einzelnen Bodenteilchen voneinander trennt.

Mit einer Beeinflussung des Elektrolytgehaltes der Bodenlösung dürfte auch die *krümelnde Wirkung* zusammenhängen, die *dem Frost* zukommt. Man erklärt sie damit, daß beim Ausfrieren der Bodenlösung dieser durch Auskristallisieren von Eis Wasser entzogen wird, so daß die übrigbleibende Salzlösung sich konzentriert und dadurch den Boden ausflockt.

Zur Bildung beständiger Krümel führt auch die gegenseitige Ausflockung von Kolloiden mit verschiedener Ladung bzw. die Ausflockung auf der Oberfläche nichtkolloidaler Teilchen, die eine entgegengesetzte Ladung haben. Auf diese Weise können sich durch Bildung kolloidaler Überzüge auch größere Teilchen untereinander zu Aggregaten verbinden.

Ein wirksames Mittel zur Bildung von Krümeln sieht man heute vor allem in den *Kleinlebewesen* des Bodens, die durch ihre Ausscheidungen einzelne Bodenteilchen miteinander verkitten und durch diese *Lebend-Verbauung* zur Bildung einer besonders beständigen Struktur des Bodens beitragen. Der Ausdruck „*Bodengare*", mit welchem man den für das Pflanzenwachstum günstigen Strukturzustand bezeichnet, weist schon auf die große Bedeutung hin, die den biologischen Prozessen in dieser Hinsicht zukommt. Die günstige Wirkung, welche der Humusgehalt des Bodens auf die Krümelung ausübt, beruht daher nicht nur auf seiner rein kolloid-chemischen Wirkung, sondern auch darauf, daß er den Bakterien und sonstigen Kleinlebewesen, die den Boden bevölkern, als Nahrung dient.

4. Bedeutung der Struktur für die mechanischen Eigenschaften des Bodens

Die Schlüsse, die man aus der Textur eines Bodens ziehen könnte, werden weitgehend durch den Einfluß der Struktur des Bodens überlagert. Böden mit Einzelkornstruktur haben nur kleine Hohlräume, die in Größe und Form einander ähneln, so daß Schäden, die durch eine ungünstige Textur bedingt sind, sich sofort stark bemerkbar machen. Ein Boden, der eine gute Krümelstruktur besitzt, ist hingegen mit Hohlräumen verschiedener Größe und Form durchsetzt, so daß er sowohl wasser- wie luftführende Hohlräume aufweist. Ganz allgemein wird das Volumen der Hohlräume in ihm größer sein, da die Krümel in ihrer unregelmäßigen Formung das Auftreten größerer Zwischenräume ermöglichen. Die Krümelung des Bodens spielt eine um so wichtigere Rolle, je kleiner die einzelnen Bodenteilchen sind. Aufgabe des Landwirtes ist es, bei der Bestellung durch geeignete Maßnahmen die Bodenstruktur so zu beeinflussen, daß sie für die gesamte Vegetationsperiode in einen möglichst günstigen Zustand versetzt wird. So ist die Umgestaltung eines allzu gleichmäßigen Porengefüges in gröbere und feinere Hohlräume eine wichtige Verbesserung, die in erster Linie dem Wasser- und Lufthaushalt des Bodens dient. Der Boden braucht einen gewissen Anteil an größeren Poren, damit überschüssiges Wasser rasch abfließen kann und für eine ausreichende Durchlüftung gesorgt ist; es müssen jedoch auch feine Hohlräume in genügender Menge vorhanden sein, damit nicht alles Wasser verlorengeht, sondern genug Feuchtigkeit im Boden verbleibt, um auch in niederschlagsarmen Zeiten das Wachstum zu sichern.

In engem Zusammenhang mit der Struktur des Bodens steht schließlich auch seine *Dichte,* da diese nicht nur von der Dichte der festen Bodenteilchen abhängt, sondern vor allem von dem Verhältnis des Porenraumes zum Volumen der festen Teilchen. Dächte man sich einen Boden als aus gleich großen Kugeln bestehend, so würde sein *Porenvolumen* sich zu 20% berechnen. Nimmt man an, daß der Boden aus Kugeln verschiedener Größe bestünde, so wäre bei dichter Packung eine weitere Verringerung des Porenvolumens möglich. Der Porenraum eines gekrümelten Bodens ist dagegen wesentlich größer, weil Form und Größe der einzelnen Teilchen sehr verschieden sind. Unter natürlichen Bedingungen beträgt der Porenraum eines gekrümelten Bodens etwa 50%, bei Grünland sogar 65%, so daß das spezifische Gewicht des Bodens bei etwa 1,5 liegt, während die wahre Dichte der festen Bodenteilchen etwa 2,6 beträgt.

5. Bedeutung der Krümelung für den landwirtschaftlichen Wert der Böden

Textur und Struktur des Bodens bestimmen seine *Bearbeitbarkeit,* da von ihnen der Widerstand abhängt, den ein Boden den Ackergeräten entgegensetzt.

Man teilt die Böden nach ihrem Verhalten bei der Bearbeitung in *leichte, mittlere* und *schwere* ein.

Die „Schwere" eines Bodens, seine Festigkeit, ist verschieden, je nachdem seine Hauptmasse aus Sand oder Ton gebildet wird. Sand macht die Böden leichter, weil die Sandkörnchen infolge ihrer geringen Berührungsfläche einen viel loseren Zusammenhalt zeigen als die Tonteilchen.

Auch für die Ausbildung der Pflanzenwurzeln sind Textur und Struktur von ausschlaggebender Bedeutung. Wenn sich ein reiches Wurzelsystem entwickeln soll, muß der Boden für die Wurzeln mit einem möglichst geringen Energieaufwand durchdringbar sein. Eine Pflanze, die den Boden durchwurzelt, verbraucht Energie, da die sich entwickelnden Wurzelsprossen die entsprechende Bodenmenge beiseitedrücken müssen, und je höher der Energieverbrauch für diesen Zweck ist, um so ungünstiger ist dies für das Wachstum der Pflanzen. Bei guter Krümelung des Bodens aber wird dieser Kräfteverbrauch geringer, da die Wurzeln sich durch die Poren des Bodens hindurch ihren Weg bahnen können oder nur einzelne Krümel beiseitezuschieben brauchen, um sich Raum zu schaffen. Die Ausbildung einer Krümelstruktur ist vor allem für schwere Böden von größter Wichtigkeit, da diese — besonders wenn sie in Einzelkornstruktur gelagert und gleichmäßig dicht geschlämmt sind — den Wurzeln starken Widerstand entgegensetzen. Aber auch reiner Sand ist bei dichter Lagerung für die Wurzeln schwer durchdringbar. Am günstigsten liegen die Verhältnisse bei sandigen Lehmböden, die gut gekrümelt sind.

In dicht gelagerten Böden erfahren die Wurzeln im allgemeinen eine derbere und gedrungenere Entwicklung, als dies im lockeren Boden der Fall ist. Die Pflanzen sind bestrebt, das geringe Längenwachstum durch Ausbildung einer größeren Anzahl von Nebenwurzeln auszugleichen. In lockeren Böden hingegen können die Wurzeln rascher vordringen und schneller mit neuen Bodenteilchen in Berührung kommen, so daß sie eine größere Länge erreichen. In lockeren Böden werden daher die längsten Hauptwurzeln, in festen Böden die meisten Nebenwurzeln ausgebildet. Ebenso wie ein allzu fester Boden die Wurzelausbildung hemmt, ist aber auch ein allzu lockerer Boden den Wurzeln abträglich; denn in ihm kommen die kleinen, feinen Wurzelhaare nicht fest genug mit den einzelnen Bodenteilchen in Berührung und können ihre aufschließende Funktion nicht voll ausüben. Auch hat die Wurzel keinen festen Stützpunkt mehr und kann von der ihr gegebenen Möglichkeit, eine kräftige Druckwirkung zu entfalten, keinen Gebrauch machen; die Wurzelspitze ist nicht mehr allseitig eingeschlossen und weicht daher aus. Ferner treten Krümmungen auf, wenn die Wurzelspitze senkrecht auf feste Bodenteilchen auftrifft und der zwischen Wurzelspitze und Samen liegende Wurzelteil ohne genügenden Halt ist.

Über den Grad der Bodenauflockerung, der dem Pflanzenwachstum am zuträglichsten wäre, läßt sich nichts Allgemeingültiges aussagen; denn er ist für die verschiedenen Pflanzen verschieden. So verlangt z. B. die Gerste im ersten Vegetationsstadium zur Ausbildung eines guten Wurzelsystems einen lockeren, der Weizen einen fester gelagerten Boden. Dabei sind allerdings nicht nur die direkten Wirkungen der Festigkeit des Bodens, sondern auch die mit seiner Struktur in Zusammenhang stehenden Wasser- und Luftverhältnisse von Bedeutung.

Bei vorwiegender Trockenheit pflegt ein leichter Boden ein stärker ausgebildetes Wurzelsystem zu haben, bei großer Feuchtigkeit dagegen ein schwerer Boden. Infolge besserer Durchlüftung zeigen die der Oberfläche zunächst liegenden Wurzelpartien die größte Verzweigung.

Die Textur und Struktur des Bodens, also die Bodenart, dient in der forstlichen Bodenkunde vor allem als Grundlage für die Beurteilung der Feuchtigkeitsverhältnisse des Bodens. Zwar sind auch die Durchlüftung des Bodens, seine Temperatur und sein Nährstoffgehalt mehr oder weniger durch die Bodenart bedingt, in vielen Fällen beruht aber doch die Wirkung der Bodenart in erster Linie auf ihrem Einflusse auf die Wasserverhältnisse. Vorausgesetzt ist dabei natürlich, daß die mineralische Zusammensetzung der zu vergleichenden Böden einigermaßen gleich ist. Da diese Bedingung nicht immer erfüllt ist, ist es verständlich, daß die Untersuchungen über die Bedeutung der Struktur des Bodens in der Forstwirtschaft nicht immer zu klaren Ergebnissen geführt haben. So stellte *Albert* (12) fest, daß die Bonität des Sandbodens vor allem durch die Korngrößenzusammensetzung bedingt sei. Er stellte auf Grund ihres Gehaltes an Feinsand, Schluff und Ton folgende Einteilung für Sandböden auf:

Gehalt an abschlämmbaren Teilen unter 10%:
Lückiger, krüppeliger Wuchs der Kiefer.

Gehalt bei 10%:	Mindestmaß für das Fortkommen eines reinen Kiefernbestandes der geringsten Klasse.
Gehalt bei 20%:	Bestand mittlerer Ertragsklassen, unter dem sich vereinzelt Buchen als Unterholz halten können.
Gehalt bei 30%:	Die Buche wird der Kiefer gleichwüchsig.
Gehalt bei 40%:	Beste Ertragsklassen für Eiche, Buche und Kiefer in Mischbeständen.

Bohrungen in Eberswalde zeigten, daß man auch die Untergrundverhältnisse berücksichtigen muß. Bei guten Standorten fand sich z. B. unter dem Sandboden in 85 cm Tiefe Lehm. Neben der Kornzusammensetzung spielen also auch der Untergrund und das Grundwasser eine Rolle, insbesondere Güteverbesserung und größere Feinheit des Bodenmaterials, das Auftreten von Lehm oder Mergel im Untergrund bzw. Grundwasser in 1—2 m Tiefe. Nach *Wittich* (13) reichen in norddeutschen Böden mit Sand über Geschiebemergel Kiefernwurzeln bisweilen bis in eine Tiefe von 6—7 m. Selbst eine 4—5 m tiefe Mergelschicht kann hier eine deutliche Verbesserung der Ertragsklasse bewirken. Man müßte also mindestens bis etwa 4 m tief bohren, wenn man über die Ertragsleistung des Bodens sich ein Bild machen will. *A. Scamoni* (14) untersuchte die Beziehungen zwischen der Bodenvegetation und der Bonität in Fällen, wo der Boden so geschichtet war, daß Sand in verschiedener Tiefe von Lehm unterlegt war. Im allgemeinen konnte eine Schwächung der Fruchtbarkeit des Bodens mit zunehmender Tiefe des Lehmes festgestellt werden. Wenn z. B. im Kiefernwald die Tiefe des Lehmes von 30 cm auf 1 m und mehr sank, ging der Waldtyp von Oxalis Myrtillus-Typ in Myrtillustyp und schließlich in Vacciniumtyp über. Auch der Einfluß von Lehm in einer Tiefe von mehr als 1 m war noch in der Vegetation zu spüren. *Wittich* hat darauf hingewiesen, daß nicht nur die Korngröße, sondern auch die Art der Sande maßgebend ist, und daß die Ertragsleistung der norddeutschen diluvialen Sandböden mehr durch ihren Silikatgehalt als durch ihre Textur bestimmt wird. Dies gilt vor allem, wenn nicht besonders große Unterschiede in der Wasserkapazität vorliegen.

Nach sowjetischen Arbeiten beruht das schwankende Verhältnis der Bonität zu den physikalischen Eigenschaften des Bodens auf dem Klima. In Gebieten mit feuchtem Klima stellt der Luftgehalt des Bodens die Hauptbedingung dar. Je größer die Porosität ist, vor allem der nichtkapillare Hohlraum, um so größer ist hier der Ertrag. In Trockengebieten wiederum ist der Wassergehalt des Bodens maßgebend, also eine reichliche Menge von Kapillarwasser und ein hoher Humusgehalt.

Auch die Steinigkeit der Bodenart muß beachtet werden. Sie vermindert die Wasservorräte im Bodenvolumen und erschwert das Wurzelwachstum. Diese Verhältnisse sind allerdings für Waldböden bisher nur wenig erforscht worden.

Wenn man diese verschiedenen, einander teilweise widersprechenden Beobachtungen zusammenfaßt, so ergibt sich, daß die Bonität des Waldbodens wohl in einem gewissen Verhältnis zur Bodenart steht. Da sich aber bei wechselnder Bodenart auch die chemische Zusammensetzung ändert, bedeutet die Wirkung der Bodenart auf die Bonität nicht immer eine Abhängigkeit des Ertrages von der Korngrößenverteilung. Allerdings sind diluviale Sandböden in ihrem Nährstoffgehalt vielfach gleichartig, so daß in solchen Fällen doch die Korngrößenverteilung ausschlaggebend sein kann, weil sie den Wasser- oder Lufthaushalt regelt.

VI. DIE BESTANDTEILE DES BODENS

1. Feste Bestandteile

Der Boden setzt sich aus festen Bestandteilen verschiedener Korngröße sowie aus der in den Hohlräumen zwischen diesen enthaltenen Bodenfeuchtigkeit und Bodenluft zusammen. Alle diese Bestandteile, die untereinander in naher Wechselbeziehung stehen, sind für die Eigenschaften des Bodens als Träger des Lebens von ausschlaggebender Bedeutung.

Die festen Bestandteile sind aus den *Mineralien* des Muttergesteins, aus dem der Boden sich gebildet hat, sowie aus den Überresten der auf dem Boden anstehenden Vegetation hervorgegangen. Für die Kenntnis der Eigenschaften eines Bodens ist es daher sehr wichtig, die Art und Eigenschaften der bodenbildenden Gesteine zu kennen bzw. die Mineralien, aus denen diese Gesteine zusammengesetzt sind. Als bodenkundlich wichtig kann man die Mineralien bezeichnen, die an der Zusammensetzung des Bodens überwiegend teilhaben, oder die, obgleich nur in geringer Menge auftretend, als Lieferanten von anorganischen Bodenkolloiden und Pflanzennährstoffen eine wichtige Rolle spielen bzw. in gewissen Fällen als Ursache für das Auftreten pflanzenschädlicher Stoffe in Fragen kommen. Als wichtigste Mineralien sind die folgenden zu nennen:

1. *Quarz* (SiO_2). Dieser ist ein in den Böden weitverbreitetes Mineral und kommt vor allem dort vor, wo der Boden aus sauren Eruptivgesteinen oder aus Sedimentgesteinen, die aus solchen Eruptivgesteinen hervorgegangen sind, entstanden ist. Der Quarz ist leicht erkennbar an seinem muscheligen bis splittrigen Bruch, seinem Glas- und Fettglanz und seiner großen Härte. Er kristallisiert in hexagonalen Doppelpyramiden. Im Boden ist er nicht löslich; er stellt daher einen wertlosen, aber chemisch unschädlichen Bodenbestandteil dar. In umgelagerten Böden sind die Quarzkörner infolge des Transports durch Wind und Wasser gewöhnlich zu rundlichen Körnern abgeschliffen; diese sind meistens undurchsichtig und milchweiß. Da der Quarz schwer zersetzlich ist, findet man ihn gewöhnlich in alten und armen Böden angereichert.

2. *Roteisenerz, Brauneisenerz.* Roteisenerz (Fe_2O_3) ist ein Gemengteil vieler Gesteine; es ist schwer verwitterbar und als der rotfärbende Bestandteil vieler Böden anzusehen. Brauneisenerz ist ein Eisenhydroxyd, das als Zersetzungsprodukt eisenhaltiger Mineralien weit verbreitet ist; seine Zusammensetzung ist infolge Beimischung anderer Stoffe, wie Phosphorsäure, Kieselsäure, Tonerde,

Magnesia, sehr wechselnd. Es ist das Bindemittel vieler Sandsteine und Konglomerate, tritt aber auch als selbständige, lockere Ablagerung, z. B. in Form von Raseneisenerz, sowie als schlackenartige Konkretion auf. In tropischen Böden kommt es auf *Laterit* als Eisenkruste vor. Die Farbe des Eisenhydroxyds geht mit abnehmendem Wassergehalt von Gelblichbraun (Ocker) zu Braunrot und Rot über.

3. *Braunstein* (MnO_2) findet sich in Böden zusammen mit Beimischungen.

4. *Hydrargillit* und *Bauxit* (Al_2O_3) entstehen durch allitische Verwitterung von Tonerdesilikaten. Sie kommen hauptsächlich in lateritischen Böden der Tropen vor.

5. Der *Kalkstein* ($CaCO_3$) hat für den Boden einen sehr großen praktischen Wert, da er physikalisch wie chemisch eine wichtige Rolle spielt. *Kalkstein* tritt sowohl in kristalliner wie in erdiger Ausbildung auf. Er bildet Konkretionen, die meist tonige, sandige und andere Beimischungen haben. Im *Dolomit* ist ein Teil des kohlensauren Kalks durch Magnesiumcarbonat ersetzt. Wichtige Kalklieferanten sind in vielen Böden die *Muschelreste*. Die Kalkcarbonate im Boden sind leicht daran zu erkennen, daß sie mit Salzsäure eine Entwicklung von Kohlensäure geben.

6. *Gips* ($CaSO_4 \cdot 2H_2O$) ist verhältnismäßig leicht löslich.

7. *Phosphate*. Der *Apatit* $Ca_{10}(PO_4)_6X_2$, worin $X = Cl$, F, (OH) oder CO_3 sein kann, hexagonal, ist die Hauptquelle der Phosphorsäure des Bodens. Er ist im Boden gewöhnlich in eine dichtere Abart, den *Phosphorit*, übergegangen. Kleine Kristalle des Apatits finden sich gelegentlich als Einschluß in anderen Mineralien.

8. *Silikate*. Sie sind die *wichtigste Mineraliengruppe* im Boden. Die Silikate sind kompliziert zusammengesetzte Verbindungen von Kieselsäure mit Aluminiumoxyd oder Eisenoxyd bzw. Magnesia, die an Basen außerdem Kalk, Kali und Natron zu enthalten pflegen. Zu ihnen gehören:

a) die *Glimmer*, die als Gemengteil wichtiger Gesteine weit verbreitet sind. Sie treten in vielen Böden in Form kleiner Plättchen auf, deren Spaltfläche intensiv glänzt. Man unterscheidet *Biotit*, ein Eisen-Magnesium-Silikat, und *Muskovit*, ein Kalium-Aluminium-Silikat. Der letztere ist von heller Farbe und verwittert langsamer als der Biotit.

Die Zersetzung der Glimmerarten im Boden erfolgt nur sehr langsam; man findet daher häufig völlig frische Glimmerblättchen, die als „Katzengold" bezeichnet werden. Böden, in denen Biotite auftreten, pflegen gewöhnlich gut mit basischen Stoffen versehen zu sein. Aus dem verwitternden Biotit entsteht in der Regel ein eisenreicher Tonboden, der bessere physikalische Eigenschaften und eine größere Fruchtbarkeit aufweist als ein aus Kaliglimmer gebildeter Boden.

Der Kaliglimmer spielt nach *Schachtschabel* (12b) eine Rolle bei der Festlegung von Kali, wie auch umgekehrt bei der allmählichen Nachlieferung von Kali an die Pflanzen.

Im Mikroskop sind die Glimmer an ihrer Spaltbarkeit in dünnste Blättchen zu erkennen. Dem verwitternden Glimmer ähnlich ist das Material *Chlorit,* ein basisches, wasserhaltiges Tonerde-Silikat des Magnesiums. Bodenkundliche Beachtung hat ferner der *Glaukonit* gefunden, ein wasserhaltiges Kalium-Eisen-Silikat wechselnder Zusammensetzung.

b) *Amphibole* und *Pyroxene, Pyroxen (Augit)* ist ein weitverbreiteter Gemengteil in Erstarrungsgesteinen. Er ist meist dunkelgrün bis schwarz gefärbt. Die *Hornblende (Amphibol)* tritt ebenso häufig in Erstarrungsgesteinen auf, besonders in Syenit, Biotit und Basalt. Der Augit ist im wesentlichen ein kalkhaltiges Tonerde-Magnesia-Eisen-Silikat. Hornblende ist alkalihaltig. Bei Verwitterung bilden beide eisenschüssige Tone, und zwar verwittert der Augit schneller als die Hornblende. Die Verwitterung setzt zunächst nur zögernd ein; wenn aber das unverletzte Kristallindividuum erst einmal angegriffen ist, schreitet sie sehr rasch fort. Die bei der Verwitterung von Hornblende entstehenden Tone sind gewöhnlich reich an sorptiv gebundenen Alkalien; die Phosphorsäure, die in ihnen auftritt, ist infolge des hohen Eisengehalts der beteiligten Mineralien in der Regel nicht pflanzenaufnehmbar. Der Kalk- und Magnesiagehalt der aus Hornblende gebildeten Tone ist nicht hoch.

c) Die *Feldspatgruppe.* Die Feldspate finden sich in fast allen Eruptivgesteinen und infolgedessen auch in den aus diesen abgeleiteten Sedimentgesteinen. Sie sind mithin im Boden sehr weit verbreitet. Der *Kalifeldspat* oder *Orthoklas* ist ein Kalium-Natrium-Aluminium-Silikat mit einem Kaligehalt von etwa 12%. Er kristallisiert monoklin. Seine Farbe ist weiß bis rötlich-weiß. Zwillingskristalle überwiegen über die Einzelkristalle.

Bodenkundlich sehr wichtig ist die Gruppe der *Natron-Kalk-Feldspate* (Plagioklase); diese bilden eine Mischungsreihe mit den Endgliedern *Albit oder Natron-Plagioklas* und *Anorthit oder Kalk-Plagioklas.* Zwischen diesen stehen *Oligoklas, Andesit* und *Labradorit.* Der Gehalt an Kieselsäure sinkt in der Reihe vom Albit zum Anorthit. Die sauren Plagioklase verwittern schwerer als die basischen, denen außerdem auch deswegen ein höherer landwirtschaftlicher Wert zukommt, weil sie einen höheren Kalkgehalt aufweisen. Der Kaligehalt der Plagioklase ist nur gering.

d) Die *Feldspat-Vertreter.* Als Feldspat-Vertreter bezeichnet man den *Leucit,* ein Kalium-Aluminium-Silikat, das Natrium-Aluminium-Silikat *Nephelin* sowie *Sodalith* und *Hauyn,* ebenfalls Natrium-Aluminium-Silikate, die Kochsalz-, Natriumsulfat- oder Calciumsulfatgehalt aufweisen. Der Leucit ist wegen seines hohen Kaligehalts wichtig. Er findet sich vorwiegend im Grobsand; in den feineren Fraktionen ist er wegen seiner leichten Verwitterbarkeit kaum noch zu sehen. Der Nephelin kommt in Nephelin-*Syeniten, Phonolithen,* Nephelin-*Basalten* und den Böden vor, die aus diesen Gesteinen entstanden sind. Die Mineralien der Sodalith-Gruppe haben vor allem wegen ihres Gehaltes an Chlor und Schwefelsäure Bedeutung.

e) Die *Tonmineralien.* In den feineren Fraktionen, vor allem in der Tonfraktion, sind die ursprünglichen Mineralien zum größten Teil zersetzt, und es treten hier neue Tonmineralien auf, die als Restprodukte der verwitterten Mineralstoffe oder als Ergebnisse gegenseitiger Wiederausfällung von gelöster Kieselsäure und Tonerde aufzufassen sind. In diesen Ausfällungen haben sich je nach den herrschenden Bedingungen wieder Kristallgitter gebildet, so daß kristalline Tonmineralien vorliegen wie *Kaolinit, Montmorillonit* und *Illit,* der letztere ein glimmerartiges Tonmineral.

Die Tonmineralien lassen sich durch die *Röntgen-Analyse* feststellen, infolge ihrer kolloidalen Verteilung sind sie für das Verhalten der Böden in jeder Hinsicht von größter Bedeutung.

f) *Organische Bestandteile.* Unter diesen Bestandteilen versteht man die nicht vollständig zersetzte Pflanzensubstanz, die noch das Gefüge der ursprünglichen Pflanze aufweist, und den *Humus.*

Die Eigenschaften von Ton und Humus werden später eingehend erörtert werden, da die im Boden vor sich gehenden Reaktionen hauptsächlich durch diese beiden Bestandteile bedingt sind.

Der für die verschiedenen Gesteine charakteristische Mineraliengehalt bestimmt ihre Bedeutung für die Bodenbildung. So besteht der *Granit* aus Feldspat, Quarz und Glimmer, neben denen häufig noch Apatit vorkommt. Hinsichtlich der Art ihrer Verwitterung sind die Granite je nach ihrer Zusammensetzung sehr verschieden. Der *Syenit* enthält neben Orthoklas und Hornblende Oligoklas und Biotit sowie zuweilen auch Quarz. Er verwittert leichter als der Granit. Der *Quarzporphyr* ist ein Ergußgestein, das dem Tiefengestein Granit entspricht. Dem Syenit wiederum entsprechen der *quarzfreie Porphyr* und der jungvulkanische *Trachit,* der rasch verwittert. Der Phonolith ist ein dem Nephelin-Syenit entsprechendes Ergußgestein, welches bis zu 12% Kali enthält. Er besteht vorwiegend aus Orthoklas und Nephelin-Augit. *Porphyrit* besteht aus Plagioklas, Hornblende, Augit und Biotit. Von ähnlicher Zusammensetzung ist der *Andesit.*

Die Basalte sind bläulich-schwarze, scheinbar gleichartige Massen, die im allgemeinen leicht verwittern. *Gneis* ist ein weitverbreitetes, kristallines Schiefergestein, das aus Feldspat, Quarz und Glimmer besteht. *Glimmerschiefer* enthält als Hauptmineralien Quarz und Glimmer. *Phyllit* stellt einen Übergang von Glimmerschiefer zum Tonschiefer dar; er besteht aus mikroskopisch kleinen, schiefrig gelagerten Quarz- und Glimmerteilchen.

Von den *Sedimentgesteinen* bestehen die *Sandsteine* aus Mineraltrümmern von Quarz (vorherrschend), Kali-Glimmer und Feldspat, die durch ein Bindemittel (Ton, Mergel, Eisen) verkittet sind. *Grauwacke* ist ein fester Sandstein von meist grauer Farbe, der aus Quarz, Tonschiefer, Kieselschiefer und Feldspat besteht. *Geschiebe* und *Gerölle* nennt man Trümmer von einzelnen lockeren Bruchstücken. *Tuffe* sind lockere Auswurfmassen von Vulkanen, deren Zusammensetzung der dazugehörigen Lava entspricht. Die *Tonschiefer* enthalten Glimmerblättchen, Quarzkörnchen und Chlorit; sie sind aus Tonen entstanden, die durch Gebirgsdruck geschiefert wurden. Unter *Letten* versteht man zähe, mit feinsten Quarzteilchen durchsetzte Tone. Als *Mergel* bezeichnet man alle

Sedimentgesteine, die kohlensauren Kalk enthalten. *Geschiebemergel* ist die sandhaltige und Steine führende Grundmoräne der diluvialen Gletscher. *Löß* ist feinster, mehliger Mineralstaub, der vorwiegend aus Quarz und Kalk besteht.

2. Bodenlösung

Das Wasser, das mit den Niederschlägen in den Boden gelangt, übt auf die feste Bodensubstanz eine chemische Wirkung aus, die teils einen einfachen Lösungsprozeß, teils einen Aufschluß durch die im Bodenwasser enthaltenen Ionen darstellt. Besonders wirksam ist das Wasserstoffion. In reinem Wasser ist zwar nur ein kleiner Teil der Wassermoleküle in Ionen dissoziiert; aber die *Wasserstoffionenkonzentration des Bodenwassers* ist im allgemeinen höher als die des reinen Wassers, weil im Bodenwasser Kohlensäure gelöst ist, die teils aus dem Kohlensäuregehalt der atmosphärischen Luft, teils aus dem der Bodenluft stammt. Die Wasserstoffionen der Kohlensäurelösung wirken auf die festen Bodenteilchen ein und verdrängen aus ihnen Kationen, die in die Lösung übergehen. Die festen Bodenteilchen überziehen sich auf diese Art mit einer teilweise verwitterten Schicht.

Die Zusammensetzung der Bodenlösung ist nicht beständig, sondern hängt von der Zusammensetzung der mit ihr im Gleichgewicht befindlichen festen Phase ab. Jede Veränderung dieses Gleichgewichts, wie sie z. B. durch eine Bewegung der Bodenlösung zu Bodenteilchen anderer Zusammensetzung hin hervorgerufen wird, hat sofort eine Veränderung der ersteren zur Folge. Die *Zusammensetzung der Bodenlösung* in der Weise zu bestimmen, daß man den Boden mit einer bestimmten Menge Wasser auswäscht, ist daher nicht möglich, weil durch das Auswaschen nicht nur eine Verdünnung, sondern infolge der Reaktion mit der festen Phase zugleich eine Veränderung in der Zusammensetzung der Bodenlösung bewirkt wird.

Man hat ein Bild von der letzteren zu gewinnen versucht, indem man den Boden abpreßte. Infolge der hohen Drucke, die dabei angewandt werden mußten, erwies sich jedoch dieser Weg als schwer gangbar; außerdem sind die Ergebnisse auch dieses Verfahrens nicht ganz einwandfrei, weil — wie aus der Bodenkörperregel folgt — hierbei Veränderungen in der Zusammensetzung der Bodenlösung auftreten können. Immerhin dürfte sich auf diese Weise ein annähernd richtiges Bild von der Größenordnung der im Boden auftretenden Ionenkonzentration gewinnen lassen. Ein anderer Weg zum Ziel, den man mit mehr Erfolg beschritten hat, ist das Zentrifugieren des Bodens und die hierdurch bewirkte Trennung seiner festen Bestandteile von den flüssigen. Die einfachste und gebräuchlichste Methode jedoch, um zu einem angenäherten Bild von der Zusammensetzung der Bodenlösung zu gelangen, ist deren Verdrängung durch eine andere Flüssigkeit. Läßt man z. B. Wasser durch einen Boden hindurchsickern, so verdrängt es die im Boden enthaltene Lösung; durch Anfärben des Wassers muß man sich davon überzeugen, daß die austretende Lösung noch keine Verdünnung durch das verdrängende Wasser erfahren hat.

Die hier folgenden Analysen von *Bodenpreßsäften* (15) sind Beispiele für den Gehalt der Bodenlösung an den verschiedenen Mineralstoffen:

CaO g im Liter	MgO g im Liter	K_2O g im Liter	P_2O_5 g im Liter
0,1—0,3	0,0—0,05	0,05—0,17	Spuren bis 0,0075

Selbst wenn man auf diesem Wege einen Gesamteinblick in die Zusammensetzung der Bodenlösung erhalten hat, muß man berücksichtigen, daß diese nicht durchweg gleichmäßig, sondern je nach dem Abstand von den adsorbierenden Flächen der festen Bodenteilchen verschieden ist. In unmittelbarer Berührung mit den Bodenteilchen wird sie konzentrierter; bei der Beurteilung der zwischen Bodenlösung und festen Bodenteilchen vor sich gehenden Reaktionen kann man daher nicht die durchschnittliche Zusammensetzung der Bodenlösung zugrunde legen. Auf die Beziehungen zwischen Menge und Zusammensetzung der Bodenlösung einerseits und der Entwicklung der Pflanzen andererseits wird in einem späteren Kapitel noch näher eingegangen werden.

3. Bodenluft

Soweit die *Poren* des Bodens nicht mit Wasser angefüllt sind, ist in ihnen Luft enthalten. Die Bodenluft weicht von der atmosphärischen Luft in ihrer Zusammensetzung dadurch ab, daß sie einen höheren Gehalt an Kohlensäure aufweist, und zwar kann dieser das Mehrfache des normalen Gehalts ausmachen. Der Kohlensäuregehalt der Bodenluft ist um so höher, je rascher die Zersetzung der organischen Substanz im Boden vor sich geht und je geringer die Beweglichkeit der Luft im Boden ist. Die Oxydation der organischen Substanz bewirkt gleichzeitig eine Verminderung des Sauerstoffgehaltes der Bodenluft.

Der erhöhte Kohlensäuregehalt der Bodenluft ist besonders deswegen von Bedeutung, weil er die lösende Wirkung des Wassers, vor allem auf die Carbonate, verstärkt. Ein zu hoher Gehalt der Bodenluft an Kohlensäure könnte andererseits die Lebenstätigkeit der Bodenbakterien und das Wachstum der Pflanzen schädigen; dieser Schädigung wird jedoch gewöhnlich dadurch entgegengewirkt, daß im Boden ein Luftaustausch erfolgt, der frische, sauerstoffhaltige Luft in den Boden bringt. Dieser Austausch erfolgt auf die Weise, daß eindringendes Wasser die Luft verdrängt, und ferner dadurch, daß Luftdruckschwankungen dem Boden einmal Luft entziehen, einmal Luft in ihn hineinpressen; auch dehnt sich die Bodenluft durch Erwärmung aus und entweicht teilweise, um bei Abkühlung durch neue Luft ersetzt zu werden. Maßgebend für die Geschwindigkeit des Luftaustausches ist die *Luftkapazität des Bodens,* unter der man das Porenvolumen versteht, das in dem mit Wasser gesättigten Boden noch mit Luft erfüllt ist. Diese Luftkapazität nimmt mit zunehmender Korngröße und steigender Krümelung zu.

Die Pflanzenwurzel braucht Luft, und der Boden muß daher so beschaffen sein, daß ständig die Möglichkeit einer frischen Luftzufuhr gegeben ist. Die frisch herangeführte Luft versorgt die Wurzeln mit Sauerstoff und verhütet außerdem Schädigungen durch die von ihnen entwickelte Kohlensäure. Ein zu hoher Kohlensäuregehalt wie auch ein zu geringer Sauerstoffgehalt wirken schädigend auf das Pflanzenwachstum ein. Empfindlichere Kulturpflanzen werden bei einem Mißverhältnis dieser Art durch Unkraut verdrängt oder von Schädlingen befallen — das Getreide von *Schwarzfäule,* die Rübe von *Wurzelbrand* und *Schorf,* die Kartoffel von *Fusariumfäule.* Diese Folgen mangelnder Durchlüftung des Bodens sind zum Teil indirekte Wirkungen des Sauerstoffmangels, die darin bestehen, daß sich unter anaeroben Bedingungen im Boden reduzierende Stoffe bilden.

Die Kulturpflanzen vertragen eine volle Sättigung des Bodens mit Wasser nur für kurze Zeit; selbst Sumpfpflanzen wie der Reis verlangen, daß der Boden eine Zeitlang gut durchlüftet wird. Besonders empfindlich gegen einen zu hohen Wassergehalt des Bodens ist die Kartoffel, die eine gute Durchlüftung fordert. Auch das Getreide verlangt wenigstens in der Zeit der Reife eine gute Durchlüftung des Bodens, da sich die Reife sonst verzögert. Im allgemeinen kann man einen Wassergehalt von 60% der *Wasserkapazität* des Bodens als optimal betrachten; dieser kann jedoch gegen Ende der Vegetationsperiode abnehmen. Am ehesten können noch Wiesenkräuter und Gräser eine Zeitlang bei voller Wassersättigung des Bodens leben; aber auch sie verlangen, daß der Boden dann wieder für längere Zeit gut durchlüftet wird.

VII. DER TONGEHALT DER BÖDEN

1. Die Bodenkolloide

Ausschlaggebend für die physikalischen und chemischen Eigenschaften eines Bodens ist die Beschaffenheit der Oberfläche der einzelnen Bodenteilchen. Diese bestimmt zunächst das Verhalten des Bodens gegenüber Wasser, d. h. seine Fähigkeit, Wasser in mehr oder weniger fester Bindung festzuhalten. Ferner hängt von ihr die Fähigkeit des Bodens zu Reaktionen mit den in der Bodenlösung enthaltenen Stoffen, bzw. zur Abgabe von Nährstoffen an die Pflanzenwurzeln ab. Auch das physikalische Verhalten des Bodens wie seine Krümelung und seine leichtere oder schwerere Bearbeitbarkeit werden durch sie beeinflußt.

Den weitaus größten Beitrag zur Gesamtoberfläche der Bodenteilchen liefern die *Bodenkolloide,* die durch mechanische oder chemische Einflüsse eine besonders weitgehende Aufteilung und dadurch eine besonders starke Vergrößerung ihrer Oberfläche erfahren haben. Eine einfache Rechnung zeigt, wie stark die Gesamtoberfläche einer bestimmten Bodenmenge durch weitgehende Zerkleinerung erhöht wird. So beträgt die Oberfläche eines Würfeln von 1 cm Kantenlänge 6 cm². Zerteilt man ihn in Würfel von 0,1 cm Kantenlänge, so ist die Oberfläche jedes einzelnen 0,06 cm², da aber 1000 Würfel entstehen, erhalten wir eine Gesamtoberfläche von 60 cm². Die Oberfläche wächst also in dem gleichen Verhältnis wie die Zerteilung, und bei einer Größe der einzelnen Kanten von 0,0001 cm erhalten wir eine Gesamtoberfläche von 60000 cm², dem 10000fachen der ursprünglichen Oberfläche des Würfels. Dies ist die Größenordnung der Bodenkolloide, der abschlämmbaren Teilchen des Bodens.

Da die Reaktionen zwischen der Bodenlösung und den festen Teilchen an der Oberfläche der letzteren vor sich gehen, sind die Bodenkolloide, die sich durch eine besonders große Gesamtoberfläche auszeichnen, maßgebend für den Ablauf dieser Reaktionen und damit für das Leben des Bodens. Diese Rolle der Kolloide im Boden bildet eine Parallele zu der Tatsache, daß auch in lebenden Organismen die wichtigsten Bestandteile kolloidaler Natur sind.

Die Bodenkolloide bestehen aus einem mineralischen und einem organischen Teil. Der mineralische Teil, der „Ton", besteht aus zerkleinerten, teilweise chemisch umgeänderten Mineralien, sowie aus Neubildungen, die durch gegenseitige Ausfällung kolloidaler Lösungen entstanden sind.

Der organische Teil der Bodenkolloide besteht aus Humusstoffen, deren Zusammensetzung noch nicht völlig geklärt ist. Teilweise liegt auch eine Bindung zwischen organischen und mineralischen Bodenkolloiden vor. Im vorliegenden Kapitel soll zunächst nur auf das Verhalten der mineralischen Bodenkolloide, der sogenannten *„Tonfraktion“* des Bodens, eingegangen werden.

2. Die Tonmineralien

Die Bodenkunde bezeichnet als Tonfraktion die Gesamtheit derjenigen mineralischen Bodenteilchen, deren Größe $< 2\,\mu$ ist, ohne dabei auf die Zusammensetzung dieser Teilchen näher einzugehen. In dieser Fraktion sind auch Stoffe enthalten, denen die charakteristischen Eigenschaften des Tones fehlen. Andererseits finden sich auch in der Fraktion $> 2\,\mu$ Bestandteile, welche die charakteristischen Eigenschaften des Tones aufweisen; allerdings tritt ihre Bedeutung wegen ihrer geringeren Gesamtoberfläche stark zurück. Da die Tonsubstanz sich aus gänzlich verschiedenen Bestandteilen zusammensetzt, legt man neuerdings das Hauptgewicht darauf, die in ihr enthaltenen Tonmineralien, welche die Träger der Eigenschaften des Tones sind, zu erforschen. Diese Untersuchungen der Zusammensetzung der Tonfraktion waren deshalb so sehr schwierig, weil die Tonfraktion kein einheitlicher Körper, sondern ein Gemisch aus verschiedenen Bestandteilen ist, die sich nicht voneinander trennen lassen, ohne Veränderungen zu erleiden. Die chemische Analyse konnte daher wohl durch Bestimmung des Verhältnisses der Sesquioxyde ($Al_2O_3 + Fe_2O_3$) zu SiO_2, sowie durch Feststellung des Adsorptionsvermögens für Basen die Tone in bestimmter Hinsicht charakterisieren, einen genauen Einblick in die Zusammensetzung der Tonfraktion konnte sie aber nicht vermitteln. Mittels physikalischer Untersuchungsmethoden, welche die Tonsubstanz nicht verändern, hat man neuerdings eine Reihe von Tonmineralien nachgewiesen, welche die charakteristischen Eigenschaften der Tonfraktion bestimmen. Vor allem hat die Anwendung der *Röntgenspektrographie* und des *Elektronenmikroskops* es ermöglicht, die in den Böden enthaltenen einzelnen Tonmineralien zu ermitteln.

Die reinen Vorkommen der verschiedenen Tonmineralien, wie Montmorillonit und Kaolinit, zeigen bei der Durchleuchtung mit Röntgenstrahlen ganz bestimmte Spektren (16) (Abb. 1). Findet man bei der Durchleuchtung der Tonfraktion von Böden die gleichen Röntgenspektren, so kann man hieraus auf die Natur des in dem betreffenden Boden hauptsächlich vorkommenden Tonminerals schließen und wertvolle Anhaltspunkte für die Beurteilung seiner landwirtschaftlich wichtigen Eigenschaften gewinnen. Mit Hilfe des *Elektronenmikroskops* konnte man bei 50000facher Vergrößerung die Kristalle dieser Tonmineralien auch direkt erkennen (17) (Abb. 2).

Auf Grund der Vorstellungen, die bei der Röntgenuntersuchung über den Aufbau der verschiedenen Tonmineralien gewonnen werden konnten, hat man Strukturformeln aufgestellt (Abb. 3), die im Einklang mit den physikalischen und chemischen Eigenschaften dieser Mineralien stehen und als Leitlinien für die Erkennung weiterer Gesetzmäßigkeiten dienen können (18). Aus diesen Formeln kann man das unterschiedliche Verhalten der Tonmineralien ableiten.

a) Kaolinit

b) Montmorillonit

c) Illit

Abb. 1 Röntgenbilder der Tonmineralien
(nach *U. Hofmann*)

Tafel II

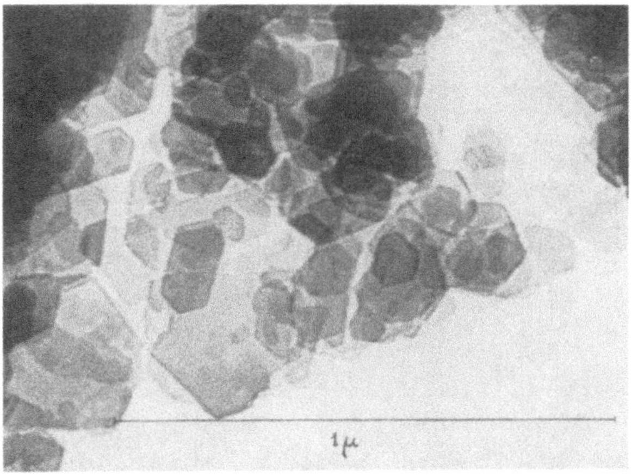

a) Kaolinit

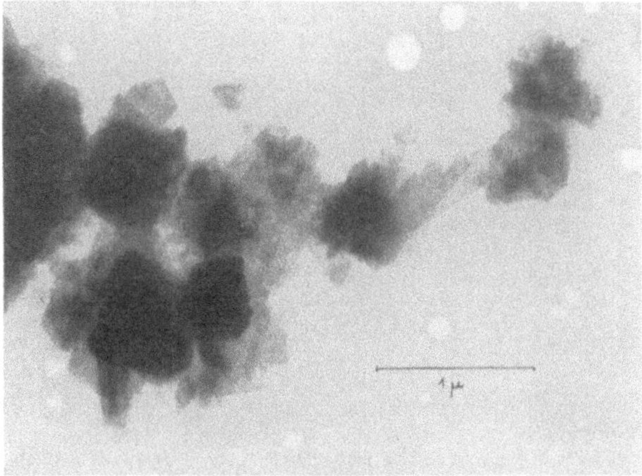

b) Illit

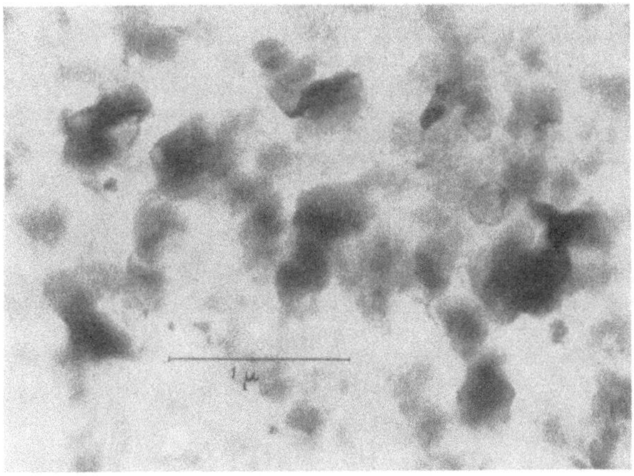

c) Montmorillonit

Abb. 2 Elektronenmikroskopische Aufnahmen der Tonmineralien (nach *H. Beutelspacher*)

Die Fähigkeit des Montmorillonits, unter Wasseraufnahme *aufzuquellen*, steht z. B. offenbar damit in Zusammenhang, daß zwischen den einzelnen Schichten seines Kristallgitters ein größerer Abstand besteht, der sich — wie das Röntgen-

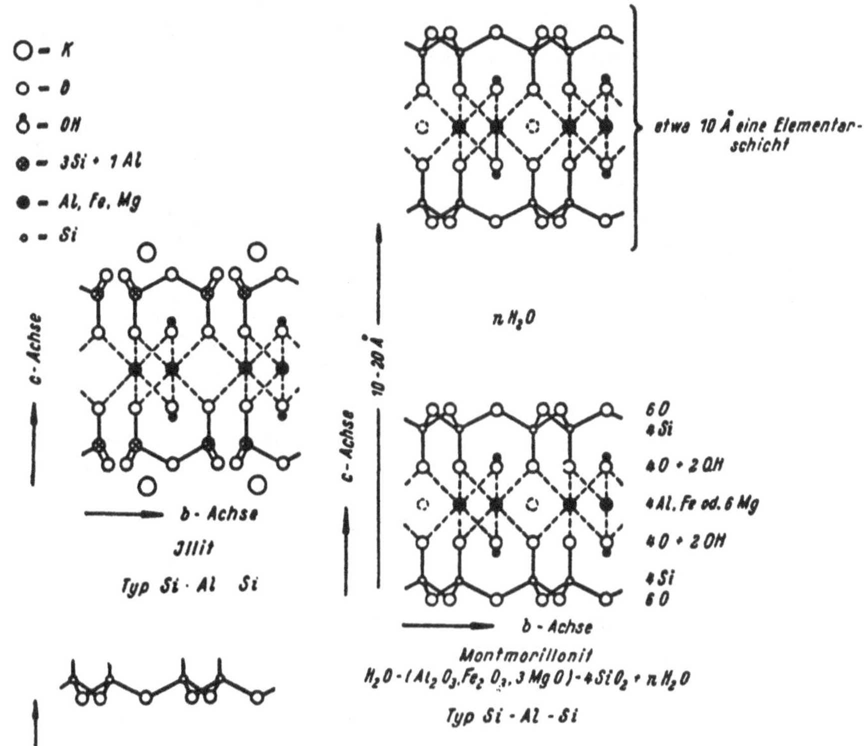

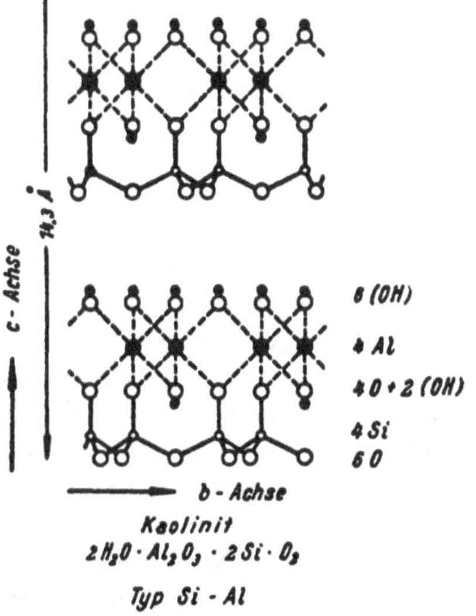

Abb. 3

bild zeigt — bei Wasseraufnahme erweitert. Auch das verschieden große *Adsorptionsvermögen der Tonmineralien* bringt man mit ihrer Gitterstruktur in Zusammenhang.

Dem *Kaolinit* schreibt man die Zusammensetzung $Al_2O_3 \cdot 2SiO_2 \cdot 2H_2O$ zu. Sein Adsorptionsvermögen ist nur gering, ein *Ionenaustausch* kann bei ihm nicht an den Gitterflächen des Kristalls, sondern nur an Kristallbruchflächen stattfinden, wo infolge Unterbrechung der Struktur Ungleichmäßigkeiten der elektrischen Ladung auftreten. Da sich durch feines Zerkleinern der Anteil derartiger Bruchstellen an der Gesamtoberfläche erhöht, nimmt die Austauschfähigkeit des Kaolinits bei längerem Vermahlen zu.

Der *Montmorillonit* hat die Zusammensetzung $Al_2O_3 \cdot 4SiO_2 \cdot H_2O \cdot nH_2O$. Sein Austauschvermögen ist sehr groß, und er quillt mit Wasser äußerst stark auf. Eine dem Montmorillonit ähnliche Struktur haben der Beidellit, bei dem im Gitter Si teilweise durch Al ersetzt ist, sowie der Nontronit, bei dem Al durch Fe vertreten wird.

Der *Illit,* der in vielen Böden auftritt, ist ein glimmerartiges Tonmineral, das ziemlich stark adsorbiert, ohne aber die Adsorptionsfähigkeit des Montmorillonits zu erreichen. Im Illit ist in den Si-Schichten je eines von vier Si durch ein Al ersetzt; zur Kompensation der freien Wertigkeit sind K-Ionen eingetreten, die in einer Schicht zwischen je 2 Doppelschichten des Si-Al-Si-Gitters angeordnet sind.

Hinsichtlich der *Bildungsweise der Tonmineralien* hat die beobachtete große Reaktionsfähigkeit der Tonfraktion zu zwei entgegengesetzten Anschauungen geführt. Die frühere sieht in den Tonmineralien besonders stabile Reste ursprünglich im Muttergestein enthaltener Mineralien, die trotz ihrer feinen Verteilung den zersetzenden Einflüssen der Verwitterung Widerstand leisten konnten. Die neuere Anschauung dagegen betrachtet die Tonmineralien als Neubildungen, die im Boden unter dem Einfluß der Verwitterung erfolgt sind. Gegen die Theorie, daß die Tonmineralien sich durch gegenseitige Ausfällung von Aluminiumoxyd- und Kieselsäuresolen oder -lösungen im Boden ständig neu bilden, spricht zwar der Umstand, daß sie kristalliner Natur sind. Es ist aber durchaus möglich, daß die zunächst bei der Ausfällung gebildeten amorphen Gele sich zu einer Gitterstruktur ausrichten können. Zugunsten dieser Auffassung ist vor allem anzuführen, daß bei der röntgenographischen und elektronenmikroskopischen Untersuchung sich vielfach Übergangsformen zwischen den verschiedenen Tonmineralien ergeben, so daß es den Anschein hat, als seien diese keine stabilen Körper, sondern als stellten sie ein dynamisches Gleichgewicht von ständig im Boden erfolgenden Zersetzungen und Neubildungen dar.

Wenn die Gitterreste der verwitternden primären Silikate zerfallen, so bleiben als wesentliche Gerüstbausteine Kieselsäure und Aluminiumhydroxyd zurück. Diese bilden zwar keine molekularen, wohl aber kolloidale Lösungen, Sole. Das Al_2O_3-Sol hat in saurer und neutraler Lösung eine positive Ladung und ist von basischen Eigenschaften, während das SiO_2-Sol negativ geladen ist und den Charakter einer Säure hat. Die entstehenden Al_2O_3-Sole und SiO_2-Sole können daher in der Bodenlösung nicht nebeneinander existieren; sie gehen durch gegenseitige Anziehung und Neutralisation ihrer Ladungen eine Verbindung ein; es entsteht ein größerer Komplex, der als Gel ausflockt. *Mattson* (18a) hat die Verhältnisse bei der Tonbildung in der Weise untersucht, daß er Standardlösungen von Al_2O_3 und SiO_2 in wechselnden Verhältnissen mischte und die Ausfällungen der Einwirkung eines Potentialgefälles aussetzte. Ausfällungen, die keine Kataphorese zeigten, wurden als isoelektrisch bezeichnet;

sie entsprechen der maximalen Fällung. Er untersuchte auf diese Weise die Niederschläge, die sich aus folgenden basischen und sauren Komponenten bilden:

Base	Säure
Al_2O_3	SiO_2
Fe_2O_3	P_2O_5
	Humussäure

Da die basischen Eigenschaften des Al_2O_3-Sols mit steigender p_H-Zahl abnehmen und Al_2O_3 bei der p_H-Zahl 8 den Charakter einer Säure annimmt, muß die Zusammensetzung der isoelektrischen Fällung von Al_2O_3 und SiO_2 bei verschiedenen p_H-Zahlen verschieden sein.

Indem *Mattson* Fällungsversuche in Gegenwart von HCl und NaOH durchführte, studierte er den Einfluß des p_H auf die Zusammensetzung der isoelektrischen Fällung (Abb. 4).

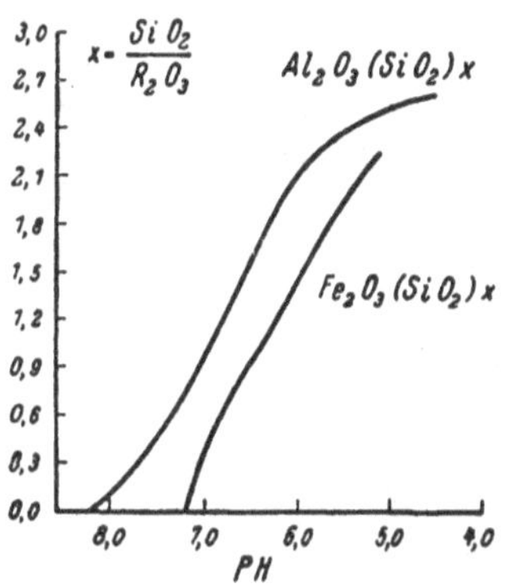

Abb. 4

Wie die Kurve zeigt, besteht für jedes p_H eine entsprechend zusammengesetzte isoelektrische Fällung. Das Verhältnis $SiO_2 : Al_2O_3$ ist bei p_H 8 gleich Null; es steigt mit sinkendem p_H bis auf etwa 2,6 bei p_H 4,5. Für das System $SiO_2 : Fe_2O_3$ ist das Verhältnis $SiO_2 : Fe_2O_3$ bei p_H 7 = Null; es steigt auf 2,1 bei p_H 5,0.

Mattson faßt daher den kolloidalen Tonkomplex des Bodens als das Ergebnis einer gegenseitigen nahezu isoelektrischen Ausfällung von elektropositiven basischen Solen einerseits und elektronegativen sauren Solen andererseits auf.

Aluminium- und Eisenoxyd vermögen um so weniger Kieselsäure (oder Humussäure) zu binden, je niedriger die Wasserstoffionenkonzentration ist, je mehr also die p_H-Zahlen ansteigen, denn gleichzeitig sinken die basischen Eigenschaften von Al_2O_3 und Fe_2O_3, um im isoelektrischen Punkt bei p_H 8,1 bzw. 7,1 ganz zu verschwinden. Die Bindungsmöglichkeiten von Ferrioxyd an die Kieselsäure liegen zwischen p_H 7,1 (dem isoelektrischen Punkt des Fe_2O_3) und p_H 5,0. Bei niedrigeren p_H-Werten als 5,0 kann ein neutrales und damit beständiges Gel nicht mehr gebildet werden. Der Aufbau stabiler Aluminiumoxyd-Kieselsäure-Gele geht noch etwas über p_H 5,0 hinaus. Er führt überhaupt bei jedem p_H-Wert zu kieselsäurereicheren Verbindungen, als sie die entsprechenden Kieselsäure-Eisenhydroxyd-Gele darstellen.

Obwohl Aluminium- und Ferrioxyd bei jedem p_H-Wert eine bestimmte Kieselsäure- oder Humussäuremenge zu binden vermögen, kommt bei dieser Vereinigung niemals eine völlige Neutralisation aller elektrischen Ladungen zustande. Es bleiben wegen der geringen Dissoziation dieser Elektrolyte freie saure und freie basische Reste zurück. Diese sind der Sitz austauschfähiger Ionen, und zwar sowohl von Kationen, wie von Anionen.

Das ganze kolloide Tonteilchen hat also amphotere, d. h. saure und basische Eigenschaften. Mit zunehmendem Säuregrad steigt die Dissoziation des basoiden Bestandteils und damit die positive Ladung des Kolloids an. Gleichzeitig geht die Dissoziation des Acidoidrestes und als Folge davon das negative Potential des Kolloids zurück. Es muß demnach für jedes amphotere Tonteilchen einen bestimmten p_H-Wert geben, bei dem die Dissoziation seiner sauren Bestandteile genau so groß ist wie diejenige seiner basischen, so daß sich der ganze Komplex isoelektrisch, d. h. also gegenüber der umgebenden Lösung weder positiv noch negativ geladen verhält. In diesem isoelektrischen Punkt erreicht die gesamte Dissoziation ihr Minimum, und der amphotere Komplex besitzt beim isoelektrischen p_H-Wert die höchste Stabilität.

Jedes Bodenkolloid hat die Tendenz, den isoelektrischen Zustand zu erreichen. Besitzt die Bodenlösung z. B. den p_H-Wert 4,7, so kann das in ihr enthaltene Aluminiumhydroxyd zwar wechselnde Mengen Kieselsäure zur Ausfällung bringen. Die amphoteren Kolloidteilchen des entstehenden Gels sind aber nur dann isoelektrisch, wenn sie sich durch ein ganz bestimmtes SiO_2-Al_2O_3-Verhältnis auszeichnen, welches bei den von *Mattson* eingehaltenen Versuchsbedingungen rund 2,6:1 beträgt. Ist das entstehende Gel kieselsäurereicher, so besitzen seine einzelnen Kolloidteilchen beim vorliegenden p_H-Wert nicht isoelektrische Eigenschaften, sondern eine negative Ladung, die gegenseitige Abstoßung bewirkt und das Entstehen eines dauerhaften, stabilen Aggregates verhindert. Mithin wird sich der gelförmige Niederschlag durch Abstoßung überschüssiger Kieselsäuremoleküle oder Aufnahme neuer Aluminiumhydroxydteilchen aus der Bodenlösung schließlich so umformen, daß er die isoelektrische Zusammensetzung erreicht.

In diesem verhältnismäßig stabilen Zustande nimmt das Gel nach einiger Zeit dichtgepackte Struktur an, es „altert", und durch molekulare Umgruppierung im Innern der Kolloidteilchen entstehen kristalline Tonteilchen.

Im heutigen Klima Deutschlands spielt nach *Laatsch* (19) die isoelektrische Tonbildung besonders in den weitgehend entbasten, versauerten Waldböden eine Rolle. Die stark elektronegativen Humussäuren binden im Oberboden saurer Waldböden Eisen- und Aluminiumhydroxyd, ohne dadurch entladen zu werden, weil der isoelektrische Punkt der entstandenen amphoteren Eisen- und Aluminiumhumate gewöhnlich höher als der p_H-Wert des sauren Oberbodens liegt. Gelangen die Humatsole mit dem Sickerwasserstrom in den weniger sauren Unterboden, so werden sie zur Ausfällung gebracht, sobald ihr isoelektrischer Punkt dem p_H-Wert ihrer Umgebung entspricht. Als saure Bestandteile (Acidoide) können diese schwarzbraunen, braunen oder rostfarbenen isoelektrischen Niederschläge neben den Humussäuren auch Kieselsäure und Phosphorsäure enthalten.

Anders verläuft die Tonbildung in basenreichen Böden. Nach *Mattson* stellen in basenreichen, wenig ausgelaugten Böden die Ca-, Mg- und K-Ionen Klammern dar, welche die Bindung von Aluminium- bzw. Eisenhydroxyd an die Kieselsäure unterstützen, wodurch die Stabilität der entstehenden sekundären Tonmineralien stark erhöht wird. Während das Molekülverhältnis der Kieselsäure zum Aluminiumoxyd in isoelektrischen Niederschlägen nicht über rund 2,6:1 hinausgeht, steigt im Tonmineral Montmorillonit dieser Wert auf 4:1. Mithin können diese Mineralien, die als charakteristische Bestandteile der Tonfraktion unserer leistungsfähigen Böden angesehen werden müssen, keine isoelektrischen Bildungen von Al_2O_3 und SiO_2 sein, sondern nach *Mattson* entstehen diese stabilen Kolloide, deren SiO_2-Al_2O_3 bzw. SiO_2-Fe_2O_3-Verhältnis höher als dasjenige der isoelektrischen Füllungen ist, unter der Mitwirkung zweiwertiger Basen.

Im p_H-Bereich der deutschen Böden besitzen die kieselsäurereichen Tonmineralien stets elektronegative Eigenschaften. Die in der Bodenlösung enthaltenen Ca- und Mg-Ionen drücken, indem sie sich an die Teilchen anlagern, das elektrokinetische Potential der Kolloidteilchen gegenüber der Bodenlösung so stark herab, daß sich die einzelnen Teilchen zu größeren, krümeligen Aggregaten zusammenballen können. Mit dem Verlust an Ca- und Mg-Ionen verliert solcher Boden aber seine krümelige Beschaffenheit, er geht in Einzelkornstruktur über und neigt zur Verdichtung und zur Durchschlämmung der Kolloidteilchen.

Es gibt also für die Bodenkolloide zwei grundsätzlich verschiedene Zustände maximaler Stabilität. In basenarmen Böden ist dies der isoelektrische Zustand, der an einen bestimmten p_H-Wert gebunden ist. In basenreichen Böden bedeutet höchste Stabilität dagegen die Zusammenballung elektronegativer Kolloidteilchen durch die flockende Wirkung zweiwertiger Kationen. Dieser letzte Stabilitätszustand ist durch ausreichende Kalkung in allen Kulturböden anzustreben, weil nur er eine günstige Krümelstruktur erhält.

Ist der Basengehalt des Oberbodens so weit gesunken, daß die Humussäuren nicht mehr neutralisiert werden können, so greifen stark saure Humusstoffe in den Verwitterungsprozeß ein. Die Humussäuren sind jetzt nicht nur in der Lage, die Verwitterungsintensität zu erhöhen, sondern sie lenken auch die Tonbildung aus den Verwitterungsprodukten in ganz andere Bahnen. Während bei Abwesenheit saurer Humuskörper nur die Gerüstbausteine der verwitternden primären Silikate sich zu sekundären Kieselsäure-Aluminiumhydroxyd- und Kieselsäure-Eisenhydroxyd-Verbindungen zusammenschließen, können bei humussaurer Verwitterung an die Stelle der Kieselsäure auch Humussäuren treten, ohne die Kieselsäure dabei völlig aus ihrer Bindung zu verdrängen. Kolloide Humussäure-Aluminiumhydroxyd- und Humussäure-Eisenhydroxyd-Komplexe sind das Ergebnis derartiger, vor allem in unseren überwiegend sauer reagierenden Waldböden ablaufenden Reaktionen. Auch diese Aggregate besitzen nach *Mattson* die Fähigkeit, Wasser anzulagern und Ionen auszutauschen. Dabei ist noch eine andere Wirkung der Humussäure zu beachten, nämlich die zerteilende Wirkung, welche viele Humussäuren als Schutzkolloide auf Aluminium- und Eisenoxyd-Gele ausüben. Dadurch ermöglichen sie eine Auswaschung der entstandenen Aluminium-Humus- und Eisen-Humus-Aggregate aus dem Oberboden. Im weniger sauer reagierenden Unterboden kommen die im Solzustande gewanderten Verbindungen wieder zur Ausfällung; sie stellen dann unlösliche, austauschfähige Gele dar.

Tamm (20) wandte sich gegen die Auffassung, daß alle Tone Produkte der chemischen Verwitterung seien. Die nordischen Glazialtone bestehen hauptsächlich aus mechanischen Zermahlungsprodukten von Gesteinsmineralien; ihre Plastizität rührt von den Glimmern her. Bei der röntgenographischen Untersuchung konnte man in den Glazialtonen Quarz nachweisen, aber kaum mehr. Die Ursache muß die sein, daß die weitgehende mechanische Zerkleinerung (zu Korngrößen von 2 μ bis etwa 0,2 μ) die Gitter zerstört, wodurch die Röntgenuntersuchung unmöglich wird.

3. Austauschadsorption

Für den Nährstoffhaushalt des Bodens von großer Bedeutung ist die den Bodenkolloiden innewohnende Fähigkeit der Austauschadsorption. Schon frühzeitig hat man bemerkt, daß der Boden die Fähigkeit besitzt, gewisse Pflanzennährstoffe, die ihm in löslicher Form zugeführt werden, festzuhalten, aber in einer so lockeren Bindung, daß sie pflanzenaufnehmbar bleiben. Die Gesetzmäßigkeit dieses Vorganges wurde bereits durch *John Way* (21) erkannt, der feststellte, daß es sich um eine Austauschadsorption handelt, bei der eine der festgelegten Kationenmenge äquivalente Menge eines andern Kations in Lösung geht. *Way* stellte auch bereits fest, daß der Basenaustausch mit großer Geschwindigkeit erfolgt, daß die adsorbierte Menge der Bodenmenge nicht proportional ist und daß bei einer gewissen Konzentration der Lösung die Adsorption eine obere Grenze erreicht. *Way* erklärte die Adsorption bzw. den Basenaustausch mit der besonderen Zusammensetzung gewisser Tonbestandteile. Nach ihm sind gewisse wasserhaltige Doppelsilikate von Kieselsäure und Tonerde einerseits und Alkalien oder alkalischen Erden andererseits für den Basenaustausch verantwortlich.

An die Ergebnisse von *Way* anknüpfend, konnte *Wiegner* (22) die Austauschadsorption weiter aufklären, indem er die Struktur der Austauschkörper vom kolloid-chemischen Standpunkt aus betrachtete. Er kam zu dem Ergebnis, daß der Basenaustausch eine polare Adsorption unter Ionenaustausch ist, die sich in dispersen Systemen abspielt. *Wiegner* nimmt an, daß die Bildung der austauschfähigen Tonteilchen dadurch bewirkt wird, daß bei der Verwitterung von Feldspat das kleine Wasserstoffatom an die Stelle des größeren Kaliumatoms tritt, so daß beim Fortschreiten der *Hydrolyse* das Gitter schließlich zusammenbricht. Dem entstehenden Komplex schreibt er eine Struktur zu, die sich im wesentlichen dadurch auszeichnet, daß das Einzelteilchen von einer Hülle nicht austauschfähiger Anionen, die durch *Nebenvalenzkräfte, Gitterkräfte* usw. festgehalten werden, umgeben ist, und daß diese wiederum einen Außenschwarm von Kationen anziehen, die ausgetauscht werden können. Der innere Kern ist in sich ebenfalls dispers und von Kapillaren durchzogen, deren Wände mit einer Innen- und einer Außenschicht von Ionen belegt sind. Die Haftfestigkeit der im Außenschwarm befindlichen Kationen ist zur Hauptsache durch die Entfernung der Schwerpunktslagen von Innenschicht und Außenschicht bedingt. Diese Entfernung hängt bei gleicher Konzentration von der *Hydratation der Ionen* ab. Je stärker die Außenionen hydratisiert sind, um so weniger dicht können sie an die Innenschale herantreten, um so geringer ist ihre Haftfestigkeit an den Tonteilchen. Die Abnahme der Haftfestigkeit in der Reihenfolge Cs, Rb, K, Na, Li und bei den alkalischen Erden von Ba, Sr, Ca, Mg steht damit in Zusammenhang, daß die Ionenhydratation in dem gleichen Sinne zunimmt.

Die Bedeutung der Hydratisierung der Ionen wies *Wiegner* nach, indem er die Ionen durch Alkohol dehydratisierte; er konnte dadurch die Verschiedenheit im Eintauschvermögen zwischen dem stark hydratisierten Natrium und dem wenig hydratisierten Caesium beseitigen.

Unterschiede in der Austauschfähigkeit der verschiedenen Tonarten sind dadurch gegeben, daß die Größe der reaktionsfähigen Oberfläche der einzelnen Tonteilchen verschieden ist, je nachdem ob sich diese auf die äußere Begrenzung beschränkt oder ob auch die Oberflächen der Zwischenräume reaktionsfähig sind. So weisen die kaolinitähnlichen Tone, die einen kompakten Feinbau mit unzulänglichen Innendispersitäten haben, eine geringe Austauschfähigkeit auf, während Quelltone vom Typus des Montmorillonits, die innendispers sind, so daß auch an der inneren Oberfläche eine Anlagerung von Ionen stattfinden kann, eine hohe Austauschfähigkeit besitzen. Das gleiche gilt für die innendispersen, *gemengten*, amorphen *Gele* von $Al(OH)_3$ und SiO_2.

Da die Umsetzung den angewandten Tonmengen nicht proportional war, bestand zunächst die Auffassung, daß die Adsorption als ein physikalischer Vorgang anzusehen sei; daß der Basenaustausch äquivalent erfolgt, fand nach ihr seine Erklärung darin, daß es sich um eine polare Adsorption handelt und daß sich die Äquivalenz des Umtausches der Kationen aus der notwendigen Aufrechterhaltung der elektrischen Neutralität ergibt. Die *Freundlich*sche *Adsorptions-Isotherme* $x = k \cdot c^n$, die man für die Adsorption zugrunde legte, konnte aber nicht befriedigen, da einmal bei kleinen Konzentrationen mit steigender Konzentration c des angewandten Ions in der Lösung die Anlagerung x fast quantitativ zunimmt, so daß der Beginn der Kurve geradlinig sein müßte, und zum anderen der Ton eine über ein gewisses Höchstmaß hinausgehende Menge Kationen nicht anlagern kann.

Die Frage, ob es sich bei der Austauschadsorption um einen chemischen oder einen physikalischen Vorgang handelt, hat inzwischen ihre Bedeutung verloren, da man alle diese Erscheinungen auf die gleichen, durch den Aufbau der Materie aus Elektronen bedingten Kräfte zurückführt. So läßt der neuerdings nachgewiesene kristalline Charakter der Tonmineralien ihre Fähigkeit zum Ionenaustausch auf Grund der im Gitter auftretenden elektrischen Kräfte verständlich erscheinen (23). Betrachtet man ein im Gitter eines kristallinen Tonminerals eingebautes Ion, so findet man, daß innerhalb des Gitters das durch die Ladungen der benachbarten Ionen bedingte Feld homogen ist; an den Ecken, Kanten und Flächen des Kristallteilchens hingegen treten Unterschiede der elektrischen Kräfteverteilung auf. Die in einer Außenfläche des Kristalls liegenden Ionen sind in der Richtung nach dem Inneren des Kristalls zu einer anderen elektrischen Kraft unterworfen, als von außen auf sie einwirkt; in einem erhöhten Maße gilt dies für die Kanten und Ecken. Das Ergebnis ist, daß von diesen Punkten elektrische Kräfte ausgehen, die Reaktionen mit der Umgebung veranlassen. Treten dort elektrisch entgegengesetzt geladene Ionen auf, so werden diese von den Tonteilchen angezogen, und zwar vor allem an den Kanten und Ecken, wo die Ladungen der Ionen des Tonteilchens nicht auf allen Seiten durch die entgegengesetzten Ladungen der Nachbarionen kompensiert sind. Derartige Erscheinungen zeigen sich auf den Flächen von Kristallen besonders dort, wo sich submikroskopische Unregelmäßigkeiten befinden, welche die Gleichmäßigkeit des elektrischen Feldes stören. Man bezeichnet sie als Metastruktur (24). In der Regel sind die nach außen wirksamen Restfelder der Tonteilchen von negativem Vorzeichen; es werden daher vorwiegend Kationen adsorbiert. Man kann sich das Tonteilchen in diesem Falle als ein Makroanion vorstellen, so daß der Prozeß des Ionenaustausches gewissermaßen eine chemische Reaktion ist, nämlich der Ausgleich einer am Tonteilchen haftenden Ladung durch die entgegengesetzte Ladung eines Kations.

4. Verlauf des Kationenaustausches

Wenn die Lösung, die das Tonteilchen umgibt, andere Kationen enthält als der Ionenschwarm des Tonteilchens, so erfolgt ein Austausch, der dadurch zustande kommt, daß infolge der Molekularbewegung der Flüssigkeit Ionen aus der Lösung an die Stellen geraten, an denen die ursprünglich von den Tonteilchen gebundenen Kationen sitzen, und diese Teilchen herausstoßen. Es wird sich ein dynamisches Gleichgewicht zwischen der Zusammensetzung der Kationen in der Bodenlösung und derjenigen des Ionenschwarms herausbilden.

Solange die das Tonteilchen umgebende Lösung nur sehr kleine Mengen einer fremden Ionenart enthält, werden diese zum größten Teil, sobald sie andere Ionen aus dem Ionenschwarm herausgestoßen und sich an deren Stelle gesetzt haben, von den Tonteilchen festgehalten. Die Wahrscheinlichkeit, daß sie wieder herausgestoßen werden, ist nur gering, solange ihre Zahl im Verhältnis zur Gesamtzahl der Ionen des Schwarms niedrig ist. Werden jedoch durch die umgebende Lösung immer mehr fremde Ionen zugeführt, so werden zwar mehr Ionen in den Schwarm eintreten; es erhöht sich dann aber auch die Wahrscheinlichkeit, daß diese von den nunmehr in der Lösung befindlichen, ursprünglichen Ionen des Schwarms wieder verdrängt werden. Im Gleichgewichtszustand erfolgt der Kationenwechsel nach beiden Richtungen hin in gleichem Ausmaße, so daß sich eine stabile Zusammensetzung sowohl des Ionenschwarms wie der Lösung herausbildet. Dieses Gleichgewicht verschiebt sich zugunsten des in der Lösung befindlichen Ions, je mehr von diesem auf das ursprüngliche Teilchen zur Einwirkung kommt.

Bei immer stärkerer Zunahme der verdrängenden Ionen wird aber von den neu hinzukommenden Ionen ein jeweils immer geringerer Teil festgelegt, bis bei einer einwirkenden Menge von $x = \infty$ asymptotisch ein Grenzwert erreicht wird, welcher der *Sättigung* mit *Basen* entspricht; damit sind dann die ursprünglich im Schwarm vertretenen Ionen restlos verdrängt.

Bei der quantitativen Berechnung dieses Gleichgewichts ging *Vageler* (23) davon aus, daß die Tonteilchen als Makroanionen nicht an der gleichmäßigen statistischen Verteilung der Teilchen in der Lösung teilnehmen, während die Kationen, soweit sie nicht an die Kraftfelder der Makroanionen gebunden sind, sich in der Lösung frei bewegen. Aus diesem Grunde ist seiner Ansicht nach nicht so sehr die *Konzentration* der Ionen in der Lösung, mit welcher der Boden im Gleichgewicht ist, wesentlich, sondern vor allem die Ionen*menge*, die auf ihn einwirkt, wobei es gleichgültig ist — bis zu einem gewissen Grade jedenfalls —, ob diese Menge auf ein geringeres oder ein größeres Volumen Lösung verteilt ist. Abhängig ist das *Adsorptionsgleichgewicht* dagegen von dem Verhältnis der verschiedenen Ionen in der Bodenlösung. Eine Verdünnung der Bodenlösung verschiebt das Gleichgewicht also in dem Umfange, in dem das Verhältnis von Wasserstoffionen zu anderen Kationen durch sie geändert wird. Eine Änderung des Verhältnisses findet auch statt, wenn z. B. durch Düngung dem Bodenwasser gelöste Ionen zugeführt werden.

Vageler hat für den Adsorptionsvorgang eine Gleichung aufgestellt, die der von *Langmuir* vorgeschlagenen *Adsorptionsgleichung* entspricht. Diese lautet:

$$y = \frac{x + qT}{qT}$$

worin y die pro Gewichtseinheit des Sorbens aufgenommene Ionenmenge, T die totale Sorptionskapazität, x die angewandte Ionenmenge bei gegebener Konzentration und q ein die Bindungsfestigkeit kennzeichnender Wert ist. Es ist dies die Gleichung einer Hyperbel, bei der eine Asymptote als Parallele zur Abszissenachse gewählt wurde, die also dem Umstande gerecht wird, daß die Adsorption zunächst der einwirkenden Menge des zu adsorbierenden Ions proportional ist, später zurückbleibt und schließlich einen Grenzwert erreicht.

Der Wert T in der Formel stellt die Summe der von den Tonteilchen auf Grund ihrer negativen Ladungen anlagerbaren Kationenäquivalente dar. Von dieser *„totalen Sorptionskapazität“* des Tones ist ein Teil durch Alkalien und alkalische Erden besetzt, ein anderer Teil durch Al und Fe, der Rest durch H-Ionen. Den durch Alkalien und alkalische Erden besetzten Teil der totalen Sorptionskapazität bezeichnet man als S, den Rest $T—S$ als ungesättigten Teil.

5. Sättigungswert

An und für sich hat jedes Bodenteilchen, mag es noch so groß sein, die Fähigkeit zum Ionenaustausch; allerdings wird es je Masseneinheit nur wenig Stellen aufweisen, die zur Anlagerung von Kationen befähigt sind. Die Zahl der auftretenden Restfelder wird sich um so mehr erhöhen, je mehr die Oberfläche im Verhältnis zur Masse vergrößert ist. Die Reaktionsfähigkeit der Bodenteilchen ist aber nicht nur eine Funktion der Größe ihrer Oberfläche, sondern sie ist stark von der Art des Gitters der hauptsächlichen Tonmineralien abhängig, die auf Grund ihres Aufbaues die Möglichkeit zur Festlegung von Kationen bieten. Man hat gefunden, daß vor allem die Gitter des *Montmorillonits* und des *Illits* eine polare Adsorption begünstigen, während *Kaolinit* dies nur in geringem Umfange tut. Der Quarz, ebenso wie die Sesquioxyde Fe_2O_3 und Al_2O_3, besitzt die Möglichkeit, Kationen zu adsorbieren, nicht. Wenn aber Kieselsäuresole mit Tonerdesolen behandelt werden, so bilden sich *gemengte Gele,* welche die Fähigkeit zum Ionenaustausch besitzen. Diese werden für technische Zwecke unter der Bezeichnung *Permutit* hergestellt.

Da das System als Ganzes elektrisch neutral sein muß, muß die totale Sorptionsfähigkeit der Böden stets abgesättigt sein, d. h. jeder Anionenstelle an den Bodenteilchen muß ein Kation gegenüberstehen. Diese *totale Sorptionsfähigkeit* eines Bodens ist entweder durch Kationen der Alkalien und alkalischen Erden oder durch Wasserstoff- bzw. Al-Ionen abgesättigt. Das Verhältnis, in dem die verschiedenen Arten von Kationen an der Sättigung beteiligt sind, ist für die Eigenschaften eines Bodens — insbesondere für seine Reaktion — von großer Bedeutung.

Nach *I. Møller* (25) sind für die Adsorptionsverhältnisse nicht die Konzentrationen der Kationen in der Bodenlösung und in der Adsorptionshülle maßgebend, sondern ihre Aktivitäten. Diese sind auch für die Haftfestigkeit der austauschbaren Ionen bestimmend. Mit zunehmendem Sättigungsgrad wird diese in der Regel kleiner, wenn der Aktivitätsgrad des adsorbierten Ions kleiner ist, als der des verdrängenden Ions.

Von *Mattson* (25b) wurde das Donnangleichgewicht zur Erklärung der Adsorptionsverhältnisse herangezogen. Nach diesem ist das Produkt der Aktivitäten eines jeden Ionenpaares in der Adsorptionsschicht und in der äußeren Gleichgewichtslösung des Systems konstant.

Im Boden können aber auch Abweichungen von diesen Regeln dadurch eintreten, daß verschiedene Kolloide an der Adsorption beteiligt sind, auf welche die verschiedenen Kationen nicht gleichmäßig verteilt sind. Nach *P. Schachtschabel* (26) zeigen die Glimmerarten eine stark selektive Sorption für K, NH_4 und H-Ionen, die Humussäuren dagegen für Ca und H-Ionen. Die K- und NH_4-Ionen werden daher bevorzugt an die glimmerartigen Tonmineralien, die Ca-Ionen an den Humus gebunden. Die unterschiedliche Haftfestigkeit der Kationen kann nach *P. Schachtschabel* dazu benutzt werden, um Montmorillonit neben Glimmer zu bestimmen.

Das K kann von gewissen Tonmineralien in nicht austauschbarer Form festgelegt werden. *P. Schachtschabel* (27) fand, daß die Aufnehmbarkeit des austauschbaren Kalis durch Roggenkeimpflanzen bei wiederholter Bepflanzung des gleichen Bodens immer mehr abnimmt, weil die Pflanze zunächst das leichter gebundene Kali aufnimmt, so daß die im Boden verbleibenden Anteile von K immer fester gebunden sind. Die letzten Anteile sind so stark gebunden, daß sie kaum noch von den Pflanzen aufgenommen werden können. Von Bedeutung für die Festlegung von Kali ist, daß es auch in nicht mehr austauschbarer Form festgelegt werden kann. Mit dieser Frage haben sich besonders *N. Sears, N. J. Volk, Chaminade, Drouineau* und *P. Schachtschabel* befaßt. Sie nehmen als Ursache der Festlegung die Neubildung von glimmerartigen Tonmineralien an, bei der das K in die Kristallgitter eintritt. Dadurch gelangt es in eine nicht austauschfähige Bindungsform. Nach *P. Schachtschabel* erlangt der Boden die Fähigkeit, Kali in nicht austauschbarer Form festzulegen, besonders durch sehr starken Kalientzug aus der nachliefernden Reserve des Bodens.

6. Bodenreaktion

Unter den Kationen, die als Austauschionen auftreten, nimmt das Wasserstoffion eine besondere Stellung ein. Infolge des geringen Atomvolumens des Wasserstoffs ist die Konzentration der elektrischen Energie beim H-Ion sehr groß; infolge seiner großen Geschwindigkeit hat es nur eine geringe Hydratation, und außerdem weist H die Fähigkeit zur kovalenten Bindung auf. Das Wasserstoffion hat daher eine sehr große Verdrängungsenergie gegenüber anderen Kationen und haftet besonders fest an den Tonteilchen. Die Bodenreaktion wird durch den p_H-Wert des Bodens gekennzeichnet. Man müßte den p_H-Wert eigentlich bei dem Wassergehalt bestimmen, der im gewachsenen Boden vorliegt, dies bietet aber sehr große Schwierigkeiten. Man wendet daher bei der Bestimmung des p_H-Wertes konventionell ein Verhältnis von 1 Boden:2,5 Wasser an. *Wiegner* (28) hatte festgestellt, daß eine filtrierte Bodenlösung einen höheren p_H-Wert hat als eine Bodensuspension. Er erklärt dies damit, daß im letzteren Falle auch die mit den festen Bodenteilchen verbundenen H-Ionen miterfaßt werden. Wenn nun die Bestimmung des p_H-Wertes in einer Lösung von KCl vorgenommen wird, so treten diese adsorbierten H-Ionen durch Ionenumtausch in die Lösung ein. Filtrat und Bodensuspension haben dann den gleichen p_H-Wert. Während man in der forstlichen Bodenkunde sowohl das p_H in Wasser, wie das p_H in KCl-Suspension bestimmt, pflegt man bei der landwirtschaftlichen Bodenuntersuchung lediglich den p_H-Wert in KCl-Lösung zu bestimmen.

Die große Verdrängungsenergie des Wasserstoffs macht es sehr schwierig, den Gehalt eines Bodens an austauschfähigem Wasserstoff durch Auslaugen mit Salzlösung zu bestimmen, da die dabei entstehenden H-Ionen bestrebt sind, durch Eintausch sofort wieder in den Komplex einzutreten. Man benutzt daher für diese Bestimmung Alkalisalze schwacher, wenig dissoziierender organischer Säuren, um zu verhüten, daß die H-Ionen in der Lösung eine größere Konzentration annehmen. Nach der Formel von *Vageler* läßt sich beim Behandeln des Bodens mit Ammoniumacetat der Grenzwert T—S des nicht mit Kationen gesättigten Teiles seines Adsorptionsvermögens berechnen. Wenn man von *ungesättigten Böden* spricht, so ist damit lediglich gemeint, daß ein Teil des Adsorptionsvermögens nicht mit Basen, sondern mit Wasserstoff- bzw. Sesquioxyden abgesättigt ist, daß der Boden also sauer reagiert. Der Bestand an austauschbaren ein- und zweiwertigen Basen, d. h. an $Na^{\cdot}$, $K^{\cdot}$, $NH_4^{\cdot}$, $Ca^{\cdot\cdot}$, wird mit S bezeichnet. Die Differenz T—S ist der Anteil der Sorptionskapazität, der durch $H^{\cdot}$- bzw. $Al^{\cdot\cdot\cdot}$- oder $Fe^{\cdot\cdot\cdot}$-Ionen abgesättigt ist. T—S ist ein Ausdruck für die *hydrolytische Azidität,* die der Boden zeigt, wenn er mit hydrolytisch gespaltenen Salzen von starken einwertigen Basen und schwachen organischen Säuren behandelt wird, die in der Lage sind, ihre Kationen an die Stelle der Wasserstoffionen treten zu lassen. Auch die Aluminium- und Eisenionen werden auf diese Weise erfaßt.

Tritt schon beim Behandeln mit Neutralsalzen eine saure Reaktion auf, so liegt Austauschazidität vor. Für die *Austauschazidität* maßgebend ist der Gehalt des Bodens an Aluminium und Eisen, soweit diese in Ionenform in den Komplexen enthalten sind. Durch Ionenaustausch bilden sich Al- und Fe-Salze, die durch *Hydrolyse* in Sesquioxydhydrate und freie Säuren aufgespalten werden. Die Austauschazidität kann nur unterhalb p_H 5,5 auftreten, da oberhalb das Al nicht mehr als Kation, sondern nur als Anion in der Lösung existenzfähig ist. Das Auftreten einer sauren Bodenreaktion führt man also nicht auf einen direkten Austausch von $H^{\cdot}$-Ionen durch die Kationen der Bodenlösung zurück, sondern — jedenfalls zum weitaus größten Teil — auf die Bildung von Aluminiumsalzen mit nachfolgender Hydrolyse.

Die Anwesenheit von $H^{\cdot}$-Ionen in den Komplexen bedingt an und für sich noch keine saure Reaktion der Bodenlösung, da die Wasserstoffionen eine besonders starke Tendenz zur Anlagerung an die festen Teilchen des Kolloidkomplexes haben. Erst bei weitgehender Entbasung werden geringe Mengen Wasserstoffionen in der Bodenlösung bestandfähig sein. Die Bodensuspension wird dagegen schon eher eine saure Reaktion zeigen, wenn die Reaktionsmessungen so vorgenommen werden, daß auch die angelagerten Wasserstoffionen der Komplexe erfaßt werden. Steigende Säuremengen führen aber auch zu einer teilweisen Zerstörung der Komplexe durch Lösungsvorgänge, wobei SiO_2 und $Al(OH)_3$ auftreten. Bei sehr großen Säuremengen im Boden und nach Entfernung der Lösungsprodukte bleibt nur ein unangreifbares Bodengerippe übrig. Die Reaktion des Bodens ist ein Ausdruck für das in ihm vorliegende Verhältnis zwischen Wasserstoff und Al- bzw. Fe-Ionen auf der einen und Alkali- und Erdalkali-Ionen auf der anderen Seite.

Die Reaktion des Bodens hängt somit von seinem Sättigungszustande, d. h. dem Verhältnis des mit Basen und des mit H. bzw. Al oder Fe belegten Anteils dieser Komplexe ab. Man bezeichnet die *Sättigung eines Bodens* durch die Formel:

$$V = \frac{100 \cdot S}{T}.$$

7. Pufferung des Bodens

Unter Pufferung des Bodens versteht man seinen Widerstand gegen Reaktionsverschiebungen. Die Pufferung ist von dem Gehalt des Bodens an sorptionsfähigen Kolloiden sowie der Art der Komplexbelegung, aber auch von der Anwesenheit von Phosphaten und Calciumcarbonat abhängig. Die verschiedene Pufferung kann bedingen, daß z. B. ein saurer Boden bei Zusatz von nur wenig Base eine neutrale Reaktion annimmt, während bei einem anderen Boden von gleicher p_H-Zahl dieselbe Menge Base kaum eine Verschiebung der Reaktion bewirkt, so daß zur Neutralisation eine viel größere Menge notwendig ist. Umgekehrt wird auf einem wenig gepufferten Boden auch jede kleine Erhöhung des Säuregehalts sofort eine starke Erniedrigung der p_H-Zahl bewirken.

Man muß also zwischen dem *Säuregrad* des Bodens, der durch die p_H-Zahl ausgedrückt wird, und der *Säuremenge,* die man durch Titration mit Natronlauge bestimmt, unterscheiden. Die Bestimmung der Säuremenge liefert uns die Kenntnis der Kalkmenge, die zur Beseitigung der Bodensäure notwendig ist; die p_H-Zahl gibt dagegen lediglich die augenblicklich in einem Boden vorhandene H-Konzentration an. Erst in Verbindung mit der Kenntnis der Pufferung, die man durch Aufnahme einer Neutralisationskurve gewinnt, erhält man einen Maßstab dafür, welche Mengen von Kalk zur Erreichung des angestrebten günstigen p_H-Wertes erforderlich sind.

8. Festlegung von Nährstoffen durch den Boden

Die Fähigkeit des Bodens zur Austauschadsorption ist besonders für die Wirkung der Kalidüngung von Wichtigkeit. Wenn die Kalisalze, die im allgemeinen Chlorkalium und Chlornatrium enthalten, auf den Boden ausgestreut werden, so wird das in ihnen in wasserlöslicher Form enthaltene Kalium im Austausch gegen das in den Tonbestandteilen des Bodens enthaltene Calcium vom Boden festgehalten und dadurch vor Auswaschung geschützt. Chlorcalcium geht in Lösung und wird ins Grundwasser ausgewaschen. Das Natrium-Ion wird wegen seiner stärkeren Hydratation nur ganz wenig vom Boden festgehalten, so daß der Chlornatriumgehalt der Kalisalze ebenfalls der Auswaschung verfällt. Daraus erklärt sich, daß dem Meere mit dem Wasser der Flüsse bedeutend größere Mengen Chlornatrium als Clorkalium zugeführt werden, obgleich die Gesteine, bei deren Verwitterung die Alkalien löslich werden, mehr Kalium als Natrium enthalten. Die *Festlegung von Kali* durch den Boden in einer pflanzenaufnehmbaren Form ermöglicht es dem Landwirt, das Kali frühzeitig auszustreuen, so daß die Nebenbestandteile durch die Niederschläge ausgewaschen werden und der Pflanze im wesentlichen nur das Kalium der Kalisalze zugeführt wird. Dies gilt natürlich nur für Böden, die einen ausreichenden Gehalt an adsorbierenden Bestandteilen haben, während auf leichten Sandböden und Moorböden auch das Kalium allmählich der Auswaschung unterliegt. Dieser günstigen Wirkung der Festlegung steht aber auf schweren

Böden insofern eine ungünstige Wirkung gegenüber, als das Kali infolge zu rascher Festlegung keine Gelegenheit hat, sich im Boden gleichmäßig zu verteilen. Es wird in der alleroberstem Schicht der Krume festgelegt und gelangt nicht in die Wurzelzone. Bei Ackerfrüchten kommt das festgelegte Kali wenigstens der Nachfrucht zugute, nachdem es durch die Bodenbearbeitung mechanisch in der Krume verteilt worden ist. Auf Wiesen und Weiden wie auch bei Obstkulturen wird aber die Auswirkung des Kalis vielfach durch die Festlegung verhindert, so daß selbst auf ganz kaliarmen Böden eine Wirkung der Kalidüngung nicht zu beobachten ist. Es wäre irrig, auf solchen Böden das Ausbleiben einer Kaliwirkung dahin zu deuten, daß eine Kalidüngung sich wegen ausreichenden Kaligehalts des Bodens erübrige; man muß vielmehr hier nach Mitteln und Wegen suchen, um die Schäden der Festlegung zu verhüten, z. B. durch Umbruch der Wiese, Anwendung der Düngerlanze usw.

Der Austausch von Kalk durch Kali trägt zu einer *Kalkverarmung des Bodens* bei. Als Höchstmaß dieser durch die Festlegung von Kali verursachten Verarmung ist eine Kalkmenge zu bezeichnen, die der angewandten Kalidüngung äquivalent ist. Bei einer Düngung mit 2 dz 50er Kalidüngesalz, die dem Boden rund 4 kg-Äquivalent Kalium zuführt, muß man daher mit dem Verlust von maximal 4 kg-Äquivalent Calcium = 112 kg CaO rechnen. Verglichen mit dem Kalkverlust, der durch Niederschläge und die Kohlensäureausscheidung der Wurzeln verursacht wird, ist diese Menge zwar gering; zur Sicherung der Wirkung der Kalidüngung aber muß man für einen richtig bemessenen Ersatz des Kalkes Sorge tragen.

Ebenso wie Calcium durch Kalium löslich gemacht wird, läßt sich auch Kalium durch Kalken des Bodens löslich machen. Wie das *Ehrenberg*sche *Kalk-Kali-Gesetz* (29) besagt, ist aber vielfach die entgegengesetzte Wirkung seiner Kalkgabe zu beobachten, nämlich eine Verschärfung des Kalimangels. Man erklärt dies so, daß rein chemisch die Löslichkeit des Kalis zwar durch Kalk erhöht, daß aber gleichzeitig das Bakterienwachstum des Bodens stark angeregt wird, so daß die Bakterien durch ihre verstärkte Entwicklung Kali in größerem Umfange festlegen, wodurch die rein chemische Wirkung der Kalkung in bezug auf den Kaligehalt in ihr Gegenteil verkehrt wird (28).

Außer durch Austauschadsorption erfolgt auf manchen Böden auch eine Festlegung von Kali in nichtaustauschbarer Form durch Einbau von Kali in die Kristallgitter bestimmter Mineralien.

9. Adsorption von Wasser durch die Bodenteilchen

Außer der Anlagerung von Kationen findet an den Bodenteilchen auch eine Anlagerung von ganzen Wassermolekülen statt. Diese Adsorption des Wassers rührt daher, daß die elektrischen Kräfte im Wassermolekül 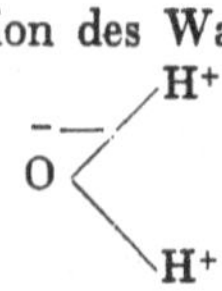 ungleichmäßig verteilt sind, daß das Wassermolekül also ein sogenannter *Dipol* ist (30). Bei jedem Wassermolekül treten Restfelder auf, die es ermöglichen, daß das Wasser sich an elektrisch geladene Oberflächen anlagern kann, und zwar unabhängig von deren Ladung. Die für die Anlagerung verfügbaren Kräfte sind nur sehr klein, so daß diese ein geringes Maß nicht überschreiten kann. Die Anlagerung von Wasser an Massenteilchen, die ein elektrisches Potential besitzen, bezeichnet man als Hydratation. Auch die in Lösung befindlichen Ionen üben infolge ihrer elektrischen Ladung eine Anziehungskraft auf die Wassermoleküle aus. Diese lagern sich an die Stelle, von der die Kraft ausgeübt wird, an. Auch weitere Schichten von Wassermolekülen werden sich anlagern können, angezogen von der elektrostatischen Kraft des Kaliumions, die aber jetzt aus einer größeren Entfernung auf die schwachen Kräfte der Dipole der Wassermoleküle einwirkt. Die Fähigkeit der Ionen, weitere Schichten von Wassermolekülen zu binden, nimmt dementsprechend sehr rasch ab.

Wenn aus der Lösung, welche ein Bodenteilchen umgibt, von der Oberfläche des Teilchens Ionen adsorbiert werden, haben diese das Bestreben, Dipole von Wasser um sich zu lagern. Die Kationen, die von einem festen Bodenteilchen festgehalten werden, haben daher eine mehr oder weniger große Hülle von Hydratwasser um sich. Aus diesem Grunde wird eine Salzlösung in Berührung mit trockenem Ton konzentrierter; denn ein Teil des Wassers wird zur Bildung der Hydrathülle verbraucht. Dieses von den adsorbierten Kationen festgehaltene Wasser kann man nach *Vageler* (30) dem *hygroskopischen Wasser* des Bodens gleichsetzen (*„salzfreie Wasserhaut“*).

Wir sehen, daß wir die verschiedensten Eigenschaften der Bodenkolloide einheitlich auffassen können, wenn wir sie mit Hilfe der elektrischen Kräfte erklären, die einerseits von der Oberfläche der festen Bodenteilchen, andererseits von den Ionen und Molekülen der Bodenlösung ausgehn. Da der Ausgleich elektrischer Ladungen unendlich rasch erfolgt, kann sich das Gleichgewicht zwischen Bodenkolloiden und -lösung nach jeder Verschiebung äußerst rasch wieder einstellen; der Gehalt an Kolloiden ist es mithin, der den Boden zu einem dynamischen System macht, das nie stabil ist und sich nie in Ruhe befindet. Wie die Lebenserscheinungen der Organismen sich immer in einem kolloidalen Medium abspielen, so sind auch im Boden die kolloidalen Teilchen der Sitz des Lebens.

10. Anionenadsorption

Der amphotere Charakter der Tonteilchen legt die Annahme nahe, daß sie nicht nur zur Adsorption von Kationen, sondern auch von Anionen fähig sind. *Mattson* (18a) hat die Möglichkeit der Anionenadsorption nicht nur für PO_4, sondern auch für Cl nachgewiesen. Mit abnehmendem p_H nimmt die Anionenadsorption ab. Im allgemeinen haben Kolloide mit einem niedrigen Acidoid-Basoid-Verhältnis eine höhere Neigung zur Anionenadsorption.

Die Frage der Anionenadsorption ist besonders im Hinblick auf ihre Bedeutung für die Phosphatfestlegung untersucht worden. Der Phosphor ist im

Boden in organischer und in anorganischer Form enthalten. Die stabile anorganische Form ist der Apatit $Ca_{10}(PO_4)_6X_2$, worin $X = F$, Cl, OH oder CO_3 sein kann. Auch die durch Düngung dem Boden zugeführten Phosphate haben das Bestreben, in Apatite überzugehen, soweit sie nicht als Dicalciumphosphat, Eisen- und Aluminiumphosphat oder durch Anionenadsorption festgelegt bzw. für biologische Prozesse verbraucht werden.

Die Bedeutung der Phosphat-Ionen-Adsorption haben *W. M. Kletschkowski G. N. Sherdetzkaja* (31) mit Hilfe der Isotopenverdrängung untersucht. Radioaktive P-Isotope werden, wenn sie durch Anionenadsorption festgelegt sind, aus dem Adsorptionskomplex bei Behandeln mit einer Phosphatlösung durch Phosphationen leicht verdrängt, während sie, wenn sie chemisch als unlösliche Salze ausgefällt sind, nur zu einem kleinen Teile, nämlich soweit sie sich an der Oberfläche der gebildeten festen Teilchen befinden, in Lösung gehen. Die Untersuchung von Böden, die zuvor mit radioaktiven P-Isotopen gesättigt waren, bot einen Weg, um die Art der Festlegung der Phosphorsäure zu untersuchen. In Tschernosemen war der weitaus größte Teil der Phosphorsäure in austauschbarer Form festgelegt, in Podsolen und Roterden dagegen nur ein geringerer Teil. Hier spielte die chemische Festlegung eine größere Rolle, aber auch hier war ein Teil der Phosphorsäure austauschbar.

VIII. DER HUMUSGEHALT DES BODENS

1. Die organische Substanz des Bodens

Die Anwesenheit von organischen Stoffen verleiht dem Boden seinen besonderen Charakter als Träger des Pflanzenlebens. Die organische Substanz ist die Wohnstätte der umfassenden Mikroflora und Mikrofauna des Bodens, die für seine Fruchtbarkeit soviel bedeutet.

Der *Gehalt des Bodens an organischer Substanz* schwankt beträchtlich. Während er in tropischen Böden zuweilen unter 1% fällt, kann er bei Moorböden in kälterem Klima fast die gesamte Trockensubstanz ausmachen. Als *humusarm* bezeichnet man leichte Böden bis zu einem Gehalt von 1% Humus, schwere Böden bis zu einem Gehalt von 3% Humus; als *schwach humushaltig* leichte Böden mit 1—2% Humus, schwere Böden mit 3—5% Humus; als *Humusböden* leichte Böden mit 2—4% Humus, schwere Böden mit 5—10% Humus, als *humusreiche Böden* leichte Böden mit 4—10% Humus, schwere Böden mit 10—15% Humus. Im gewöhnlichen Ackerboden beträgt die organische Substanz selten mehr als 15% des Trockengewichtes. Böden mit höherem Humusgehalt bezeichnet man als anmoorig.

Der Gehalt an organischer Substanz wird um so höher sein, je günstiger die Bedingungen für deren Bildung und je ungünstiger sie für deren Zersetzung sind. Da das Tropenklima die Zersetzung stärker begünstigt als die Bildung, erklärt sich der geringe *Humusgehalt der meisten tropischen Böden;* umgekehrt wird durch ein kaltes, feuchtes Klima die Zersetzung der organischen Substanz stärker gehemmt als ihre Neubildung durch das Pflanzenwachstum. Auch die Art der Vegetation ist von Einfluß auf das Gleichgewicht von Bildung und Zersetzung der organischen Substanz. Leicht zersetzlichen Humus liefern das Stroh der Getreidearten und die Wiesenpflanzen; schwerer zersetzlich ist Humus aus dem Laub unserer Waldbäume, besonders aus der Nadelstreu, die sogenannten Rohhumus bildet. Mit der Tiefe nimmt im allgemeinen die organische Substanz in den Böden ab, in den meisten Fällen allmählich, in manchen Fällen aber hört sie an bestimmten Punkten des Profils ganz plötzlich auf.

2. Bestimmung der organischen Substanz

Die Bestimmung des Gehalts an organischer Substanz im Boden ist ziemlich schwierig. Man hat vielfach den Glühverlust als Maß für die organische Substanz benutzt. Da die so gefundene Zahl aber auch das chemisch gebundene Wasser des mineralischen Bodenteils sowie das aus Carbonaten ausgeschiedene Kohlendioxyd einschließt, kann sie in vielen Fällen zu hohe Werte angeben. Die übliche Methode, um den Gehalt des Bodens an organischer Substanz zu ermitteln, ist die Bestimmung der im Boden enthaltenen Kohlenstoffmengen entweder durch direkte Verbrennung oder durch nasse Oxydation. Bei Kalkböden ist es auch in diesem Falle notwendig, das aus dem Calciumcarbonat entwickelte Kohlendioxyd zu berücksichtigen. Aus der gefundenen Menge Kohlenstoff wird die organische Substanz auf Grund der Annahme berechnet, daß die organische Substanz des Bodens 58% Kohlenstoff enthält. Diese Annahme ist natürlich nur konventionell; die Zusammensetzung der in den verschiedenen Böden auftretenden Humusstoffe kann durchaus verschieden sein.

3. Der Humus

Waksman (32) schlug vor, den Humus einfach der gesamten organischen Substanz des Bodens gleichzusetzen, da er zu dem Ergebnis gekommen war, daß definierte und isolierbare Humusverbindungen überhaupt nicht existierten. Nach neueren Untersuchungen erscheint aber dieses Vorgehen doch nicht zweckmäßig, und man versteht unter Humus nicht die gesamte organische Substanz des Bodens, sondern nur die verhältnismäßig widerstandsfähigen Umformungsprodukte der organischen Substanz. So gibt *Scheffer* (33) die folgende Definition: Unter Humus versteht man die im Boden oder auf dem Boden befindliche abgestorbene (postmortale) organische pflanzliche oder tierische Substanz, soweit sie sich in einem stetigen Abbau-, Umbau- und Aufbauprozeß befindet, eingeleitet und durchgeführt durch biochemische Vorgänge. Unter organischer Substanz des Bodens wird dagegen sowohl die postmortale (Humus) wie die lebende organische Substanz verstanden.

Die organischen Stoffe, die sich unter den jeweiligen Bedingungen des Standorts als schwer zersetzbar erweisen, gelangen in charakteristischer Weise als Humus zur Anhäufung. Daraus ergibt sich nach *W. Kubiena* (34), daß die biologischen Bedingungen des Standorts auf die Humusbildung und Humusanreicherung von Bedeutung sind. Da die Zersetzungsbedingungen an den einzelnen Standorten sich erheblich unterscheiden, kann man also nicht erwarten, daß die Humusstoffe aller Böden dieselben gemeinsamen Eigenschaften haben. Humus ist kein Begriff der präparativen organischen Chemie, sondern ein natürlicher Bestandteil des in steter Entwicklung begriffenen Bodens, und in diesem Gemisch aus jeweils widerstandsfähigen organischen Verbindungen herrschen an den verschiedenen Standorten auch verschiedene Stoffgruppen vor.

4. Morphologie der Humusvorkommen

Um ein Bild von den verschiedenen Humusformen zu gewinnen, ist es zweckmäßig, wenn wir uns zunächst einmal mit ihrer morphologischen Betrachtung befassen. Wir müssen zunächst darauf achten, ob es sich um einen Humus handelt, der dem Boden aufliegt, oder um einen Humus, der mit dem Boden innig vermischt ist. Im ersteren Falle sprechen wir von Auflagehumus und verbinden damit den Begriff einer schweren Zersetzlichkeit und einer ungünstigen sauren Humusform; im anderen Falle nehmen wir an, daß es sich um einen milden, neutralen Humus handelt. Es sind aber auch Ausnahmen möglich. So kann in Niederungsmoorböden der von dem darunter liegenden Mineralbodenhorizont scharf abgegrenzte Humus von milder Beschaffenheit sein, und andererseits treten auch Mullpodsole auf, in denen der mullförmige Humus, der mit dem Mineralboden vermischt ist, podsolierend wirkt.

In der Forstwirtschaft ist der Unterschied zwischen den verschiedenen Typen von Humus schon früh beobachtet worden. Vorübergehend kamen diese Beobachtungen zwar in Vergessenheit, sie wurden aber gegen Ende des 19. Jahrhunderts durch *P. Müller* (35) wieder neu erkannt. *Müller* unterschied 2 Hauptformen von Humus, Mull und Moder, die jetzt international anerkannt sind. Diese sind durch ihre Struktur sowie durch andere deutlich erkennbare Unterschiede charakterisiert. *Ramann* (22a) unterschied 4 Arten von Humusformen, nämlich

1. Torf, bei dem die einzelnen Pflanzenteile makroskopisch zu erkennen sind,
2. Moder, hier sind die Pflanzenteilchen mikroskopisch zu erkennen,
3. Mull, gestaltlose organische Substanz,
4. Humus, chemisch ausgefällte organische amorphe Substanz.

In der nordischen Literatur macht man noch weitere Unterschiede in den Humusformen. Man bezeichnet hier als Streu oder Förna die mehr oder weniger zersetzten Reste von höheren Pflanzen, Moosen usw., die mit bloßem Auge noch erkannt werden können. Unter Rohhumus versteht man eine von Pilzhyphen und Mycelfäden oder Wurzeln von Kräutern filzartig verwobene Humusschicht, die sich deutlich vom Mineralboden abhebt. Moder oder Mor ist eine lockere Humusform, die aus mehr oder weniger zersetzten Pflanzenresten besteht, sie bildet den Übergang zu Mull. Es ist dies eine stark vermoderte organische Substanz, in der keine Andeutung von Zellstruktur mehr vorhanden ist. Der Mull ist unlöslich oder nur wenig löslich in verdünnten Alkalien. Gyttja besteht größtenteils aus Pflanzen- und Tierresten in Verlandungsgebieten. Humusstoffe sind dunkelbraun gefärbte Stoffe, die bei der Zersetzung der organischen Substanz entstehen. Sie sind unter dunkelbrauner Färbung in verdünnten Alkalien löslich.

Die Faktoren, welche die Entwicklung der einen oder anderen Humusform bestimmen, sind verschieden. Im allgemeinen herrscht Moder in den kühleren Gebieten der gemäßigten Zone vor, aber auch hier treten Oasen von Mull in Gebieten auf, die durch kalkhaltige Gesteine oder durch Abhänge mit guter Dränage gekennzeichnet sind. Der Baumbestand, bei dem Moder vorherrscht, ist gewöhnlich Nadelholz, als Bodentyp herrschen Podsole vor. Mull ist für die Laubwälder in einer Zone mit etwas milderem Klima charakteristisch. Er ist meist mit einem Braunerdeprofil verbunden, es treten aber auch Mullpodsole auf.

Unter sonst gleichen Bedingungen kann die Wirtschaftsführung einen Einfluß auf die Humusbildung haben, z. B. Durchforstung, Kahlschlag, Bodenbearbeitung und Kalkung. Die Wirkung dieser Maßnahmen kann aber unter verschiedenen Verhältnissen verschieden sein. So beförderte Kahlschlag in Nordschweden die Bildung einer günstigen Humusform, während er im Schwarzwald sich ungünstig auswirkte.

Die gute Durchmischung von Humus mit dem Boden betrachtet man im allgemeinen als günstig. In den dänischen Heiden ist aber oftmals auch Rohhumus gut mit dem Boden durchmischt. Einen Unterschied macht offenbar der Säuregehalt aus. Von Mull bis zum schlechten Auflagehumus nimmt im allgemeinen der Säuregrad zu. Es war indessen nicht möglich, verschiedene Typen von Rohhumus auf Grund ihres Säuregrades zu unterscheiden.

Man hat beobachtet, daß Mull und Moder sowohl mit Wasser wie mit schwachen Ammoniaklösungen verschieden gefärbte Lösungen ergeben. Die Extrakte von Mull weisen gewöhnlich nur eine schwächere Färbung auf, während die Extrakte von Rohhumus tief dunkel gefärbt sind. Dabei spielt wahrscheinlich der Basengehalt wie auch die Mobilisierung von Stickstoff eine Rolle.

Schwierigkeiten der Nomenklatur des Humus beruhen darauf, daß sie sowohl dem chemischen Gesichtspunkt der Zusammensetzung des Humus, wie dem genetischen der Entstehung des Humus und dem morphologischen seines Auftretens im Bodenprofil gerecht werden soll.

5. *Die chemische Zusammensetzung von Humus*

Die Humuschemie hat in den letzten Jahrzehnten beträchtliche Fortschritte gemacht. Man ist zwar noch weit davon entfernt, die chemische Konstitution des Humus genau zu kennen, man hat aber doch eine Reihe von Methoden ausgearbeitet, die es ermöglichen, näheren Einblick in den Aufbau der organischen Substanz des Bodens zu gewinnen. Hierzu gehört zunächst die Elementaranalyse, die insbesondere zur Bestimmung des Verhältnisses C:N dient, sowie die Bestimmung der in verschiedenen Lösungsmitteln löslichen Stoffgruppen. Dem C—N-Verhältnis kommt für die Beurteilung des Humus eine entscheidende Rolle zu; ist es zu weit, so werden die dem Boden zugeführten Stickstoffverbindungen weitgehend mikrobiell festgelegt, so daß sie den Pflanzen nicht zur Verfügung stehen.

Eine Trennung der eigentlichen Huminstoffe von den Nichthuminstoffen ist nur schwer möglich. Nach *U. Springer* (36) dient dazu die Behandlung mit Acetylbromid. Die eigentlichen Huminstoffe unterscheiden sich von ihren Ausgangsstoffen und den Humusvorstufen dadurch, daß sie in Acetylbromid wenigstens im wesentlichen ungelöst bleiben. Acetylbromid löst dagegen alle Stoffgruppen, die in den unveränderten oder wenig veränderten Pflanzenrückständen vorkommen. Als wichtige Kennzahl für die organische Substanz betrachtet man daher den in Acetylbromid unlöslichen Teil. Das Verhältnis des Gesamt-C zu dem C des in Acetylbromid unlöslichen Teils wird als Zersetzungsgrad bezeichnet. Bei der Behandlung mit Acetylbromid gehen allerdings auch niedrigmolekulare Huminstoffe in Lösung, während manche biologisch und chemisch widerstandsfähigen Nichthuminstoffe, wie Lignine, Gerbstoff- und Eiweißverbindungen, sich nicht lösen. Auch die Anwendung anderer Trennungsmethoden, wie der Sulfacetolyse, bei welcher Gemische von Essigsäure, Essigsäureanhydrid und Schwefelsäure zur Fraktionierung der Humusstoffe benutzt werden, konnte in dieser Hinsicht keinen Fortschritt bringen.

Die gegen Acetylbromid widerstandsfähigen Humusstoffe kann man durch Natriumoxalat oder Natriumfluorid ausziehen, um sie dann wieder auszufällen und in Form gereinigter Präparate weiter zu studieren.

Bei der Untersuchung der Huminstoffe erhält man folgende Gruppen:

I. Löslich in kalter Natronlauge
   1. nicht fällbar durch Säuren: Fulvosäuren, Humoligninsäuren,
   2. fällbar durch Säuren: Huminsäuren.

II. Unlöslich in kalter Natronlauge, aber löslich in heißer Natronlauge: Humine und Humuskohle.

Es ist nicht möglich, die einzelnen Humusstoffe in reiner Form unverändert darzustellen. Man hat daher als Weg ihrer Identifikation physikalische Methoden benutzt. Von diesen sind besonders die Farbmessungen von Humuslösungen zu erwähnen, denn der Prozeß der Humusbildung ist von typischen Änderungen in Farbtiefe und Farbton begleitet. Als Ergänzung der kolorimetrischen Untersuchungen wendet man ferner die Ermittlung des Verhaltens gegen Oxydationsmittel an, indem man den Sauerstoffverbrauch der zu untersuchenden Humuspräparate mit dem Standardpräparat der Huminsäure „Merck" vergleicht. Die Ergebnisse derartiger Untersuchungen sind aber nicht immer eindeutig. Vor allem lassen sich die Humusformen der verschiedenen Bodentypen nach diesen Methoden nicht vergleichen. Minderwertiger, unter sauren Bedingungen gebildeter Humus weist oft einen ähnlichen Zersetzungsgrad auf, wie hochwertiger, milder Schwarzerdehumus. Vergleichbar sind also nur die Humusgehalte von auch sonst vergleichbaren Standorten.

Neuere kolloidchemische Methoden, die näheren Einblick verschaffen, sind vor allem die Untersuchungen der Bindungsmöglichkeiten von Humus mit anorganischen Kolloiden. Die Humuskörper können nach *L. Meyer* (39) mit den mineralischen Bodenbestandteilen mit Basen gesättigte Humuskolloide bilden, die dann den Sorptionskomplex des Bodens ergeben. Dieser ist sowohl als Nährstoffträger wie für die Wasserversorgung der Pflanze wichtig. Humus kann ferner als acidoider Baustein in den Aufbau der isoelektrischen Fällungskomplexe von Sesquioxyden mit SiO_2 und P_2O_5 eintreten, die nach *Mattson* (40) den adsorbierenden Tonkomplex bilden. Dadurch wird ein Teil der löslichen Phosphorsäure davor bewahrt, durch die Sesquioxyde chemisch in einer für die Pflanzen unlöslichen Form festgelegt zu werden. Nach *W. Laatsch* (37) kann dieser Schutz vor Festlegung auch durch die Bildung von Phytin oder Phosphorsäureestern von Kohlenhydraten und Nukleoproteiden erklärt werden. Auch *G. Barbier* (38) beobachtete, daß bei starker organischer Düngung die Löslichkeit der Phosphate im Boden verbessert wurde.

Die Huminsäuren haben keine konstante Zusammensetzung, sondern unterscheiden sich je nach Ausgangsmaterial und Bildungsbedingungen. Auch die säurelöslichen Humusstoffe, die sogenannten Fulvosäuren, können sehr verschiedenartig sein. In ihrem kolloidchemischen Verhalten ähneln sie sich; sie wirken dispergierend auf den Boden, lassen Eisen in Form von Solen wandern und häufen sich im B-Horizont podsolierter Standorte an. Ihre gemeinsame Eigenschaft ist die, daß sie mit den bekannten Huminsäure-Lösungsmitteln extrahiert werden können, sie können aber nicht, wie die Huminsäuren, durch Mineralsäuren aus den Lösungen gefällt werden. *W. Forsyth* (41) hat verschiedene Fraktionen, aus denen phenolische Glycoside und Polyuronsäuren erhalten wurden, durch Adsorption an Tierkohle trennen können. *U. Springer* (42) faßt den Anteil an Glycosiden und Polyuronsäuren aber lediglich als Beimengung auf. *Mattson* und *Tjulin* (43) haben gezeigt, daß ein erheblicher Teil der dunkel gefärbten Fulvosäuren durch Eisen- und Aluminiumsalze bei der Neutralisation der Lösungen gefällt werden und daß diese Stoffe im Boden durch Eisen- und Aluminiumhydroxyd vor Auswaschung geschützt werden. Sie bilden den Hauptbestandteil der organischen Stoffe in den B-Horizonten von Podsolböden. *Laatsch* ist der Meinung, daß neutralisierte Fulvosäuren unter gewissen Bedingungen den Charakter von Huminsäuren annehmen. Die mit Mineralsäuren gefällten Huminsäurefraktionen sind nämlich stets mit erheblichen Mengen Fulvosäuren verunreinigt. Nach neueren Ergebnissen machen die Fulvosäuren einen weit höheren Anteil am organischen Stoffgemisch unserer Böden aus, als man bisher annahm. *Hock* (44) fand bei den organischen Stoffen von Bodenextrakten folgende Anteile an Fulvosäure:

bei Schwarzerden	14—17%,
bei Braunerden	40—50%,
in Podsolen	74%.

Bei der Zersetzung der organischen Substanz bilden sich zunächst rötlich aussehende Moderstoffe, die Umwandlungsprodukte des Lignins darstellen. Man hat sie als Humolignine bezeichnet. Sie sind dem Lignin ähnlich und noch in Acetylbromid löslich. Im Boden sind sie umwandlungsfähig und werden abgebaut und umgeformt; es bilden sich dabei Fulvosäuren und Huminsäure.

Sedletzki (45) glaubte, bei seinen röntgenographischen Untersuchungen gefunden zu haben, daß die Huminsäuren kristallinen Charakter haben. Bei den Untersuchungen von *A. Jacob* mit dem Elektronenmikroskop konnte dies nicht bestätigt werden, und auch sowjetische Forscher wiesen nach, daß die von *Sedletzki* beobachteten Röntgeninterferenzen durch mineralische Beimengungen verursacht waren. Zum gleichen Ergebnis führten röntgenographische Untersuchungen von *E. Jung* (46), sowie elektronenmikroskopische Bestimmungen von *W. Flaig* und *H. Beutelspacher* (47).

Ein Unterschied zwischen Humoligninen einerseits und Huminsäuren andererseits ist die schnellere Oxydierbarkeit der ersteren. Die Humoligninsäuren sind nach *Sven Odén* (48) vierbasische Säuren; ihr p_H liegt bei 4—5; sie sind also schwache bis mittelstarke Säuren. Wenn sie in größeren Mengen anwesend sind, können sie aber den Basengehalt des Bodens stärker angreifen. Sie können eine pflanzenphysiologisch sehr gefährliche Form der Bodenacidität hervorrufen, die *Kappen* als Neutralsalzzersetzung bezeichnet hat.

Die Huminsäuren bilden auf Grund ihres Gehalts an Carboxylgruppen und phenolischen Hydroxylgruppen Salze, die als Humate bezeichnet werden. Ihre Alkalisalze sind wasserlöslich, die Kalksalze dagegen schwerlöslich. Zum Teil zeigen die Huminsäuren aber auch die Fähigkeit zum Ionenaustausch. Ihre Umsetzungen im Boden sind also nicht einfach zu übersehen. Bei den Huminsäuren unterscheidet man in der Agrikulturchemie zwei Gruppen: die Braunhuminsäure und die Grauhuminsäure. Der Unterschied zwischen beiden ist einmal der Farbton beim Ausziehen mit Lauge. Außerdem sind aber auch die Grauhuminsäuren beständiger und haben einen größeren Stickstoffgehalt als die Braunhuminsäuren. Die Bindung der Grauhuminsäuren an die mineralischen Bodenteile ist sehr beständig, so daß eine Auswaschung oder Ortsteinbildung nicht auftritt. Das Ausgangsmaterial der Grauhuminsäuren ist reicher an mineralischen Bestandteilen wie auch an Stickstoff, als dasjenige der Braunhuminsäuren. Von Einfluß auf die Bildung der einen oder anderen Art sind aber sicherlich auch noch andere Faktoren, wie insbesondere das Klima.

6. Bildung von Humus

Über den Mechanismus der Humusbildung bestanden zwei verschiedene Theorien, von denen die eine annahm, daß der Humus aus Lignin entstanden sei, während die andere eine Bildung von Humus aus den Kohlenhydraten annahm. In den letzten Jahren ergab sich bei den Versuchen, die Humusbildung in ihren wesentlichen Grundzügen aufzuklären, daß beide Quellen für die Humusbildung in Frage kommen, daß aber die Humusbildung aus beiden Rohmaterialien auf verschiedenem Wege erfolgt. Obgleich die Kohlenhydrate gewöhnlich den größten Teil der in die Erde gelangenden Pflanzensubstanz ausmachen und das Lignin mengenmäßig dagegen zurücktritt, muß man doch das Lignin als das wichtigste Ausgangsprodukt für die Humusbildung betrachten. Die chemische Verwandtschaft zwischen Lignin und Humus ist so groß, daß man das Lignin im Laboratorium schon ohne Erhitzung und ohne Anwendung von Druck auf einfache Art in Humus überführen kann. Die einzelnen chemischen Bausteine des Humusmoleküls sind offenbar im Lignin bereits enthalten, so daß die Humusbildung aus Lignin auf rein chemischem Wege erfolgen kann. Die Kohlenhydrate dagegen zeigen in ihrem Aufbau keinerlei Verwandtschaft mit dem Humus. Aus den Kohlenhydraten müssen die Bausteine des Humusmoleküls erst durch die Tätigkeit von Mikroorganismen entstehen. Diese Bausteine werden dann zusammen mit Eiweißspaltprodukten von den Mikroben bzw. nach der Verarbeitung durch die Mikroben auf chemischem Wege zu Humusmolekülen zusammengefügt.

Nach *Mattson, Laatsch* und *Flaig* (49) sind die Bausteine des Lignins Kohlenstoffsechserringe mit je einer Seitenkette aus drei Kohlenstoffatomen. Die einzelnen Ringe sind durch die Verknüpfung der Seitenkette mit benachbarten Ringen zu sehr großen Molekülen vereinigt. Die Umformung des Lignins zu Humus beginnt nach seiner Freilegung aus dem Zellverbande mit der Aufnahme von Luftsauerstoff. Die Bindung des Luftsauerstoffs an das Ligninmolekül verläuft bei alkalischer Reaktion verhältnismäßig schnell. Auch schwach alkalische Reaktion, wie sie bei Anwesenheit von kohlensaurem Kalk in der Bodenlösung herrscht, beschleunigt die Sauerstoffaufnahme. Besonders umwandlungsfähig, und zwar viel rascher als das Lignin des Holzes, ist nach den Untersuchungen von *Mattson* das Lignin der Blätter, sobald es in der Waldstreu durch Mikroorganismen, welche die Kohlenhydrate abbauen, aus dem Zellverband freigemacht wurde.

Je basenreicher die Waldstreu ist, um so schneller läuft die Oxydation des Lignins ab. Je mehr Sauerstoff das Lignin aufgenommen hat, um so ausgeprägter wird seine ursprünglich nur wenig hervortretende Säurenatur, und um so mehr Basen vermag es zu binden. Während der Oxydation reißt das Lignin Ammoniak aus seiner Umgebung an sich und legt es in seinem Molekül so stark fest, daß man es weder durch andere Basen austauschen, noch durch schwache Oxydation abspalten kann. Diese Ammoniakbindung ist nur während der Sauerstoffaufnahme, dagegen nicht vor oder nach der Oxydation möglich. Durch die Aufnahme von Sauerstoff und Ammoniak bildet sich aus dem Lignin der Humusstoff.

Führt man die Oxydation der wasserlöslichen organischen Substanz der zersetzten Waldstreu in Gegenwart von Alkali durch, so wird die Farbe der Lösung allmählich heller. Bei Gegenwart von Ammoniak nimmt die Lösung dagegen eine sehr dunkle Färbung an, sobald Sauerstoff zugeführt wird. Bei Säurezusatz bildet sich dann in der Lösung ein schwarzer, flockiger Niederschlag mit Humuscharakter. Der auf diese Weise entstehende Humus ist um so widerstandsfähiger gegen chemische Angriffe und um so schwerer löslich in Acetylbromid, je mehr Sauerstoff und Ammoniak das Ausgangsmaterial aufgenommen hat.

Da die Sauerstoffaufnahme durch den Basengehalt des Bodens begünstigt wird, finden wir die besten, d. h. widerstandsfähigsten und schwerstlöslichen Humusstoffe mit hohem Basenbindungsvermögen in basenreichen Böden, in denen zugleich viel Ammoniak gebildet wird. Da dies sonst zu Nitrat umgeformt und ausgewaschen würde, hat die Natur auf diese Weise einen Weg gefunden, um Stickstoff durch Festlegung von Ammoniak zu konservieren, denn der ammonifizierte Komplex ist chemisch und physikalisch widerstandsfähiger als das Ausgangsmaterial.

Waksman hatte sich die Huminsäuren als Lignin-Eiweiß-Komplexe vorgestellt. Nach der neueren Auffassung von *Mattson* kann dies nicht zutreffen. Der Stickstoff muß vielmehr ein Teil ihrer Molekularstruktur sein. Die Humusbildung aus Lignin ist nach *Mattson* als eine Aufeinanderfolge von Vorgängen anzusehen, bei der die Hydrolyse der Methoxylgruppen des Lignins, die Oxydation m-phenolischer Hydroxylgruppen zu Chinon-, Oxychinon- und Carboxyl-Gruppen unter Einbau des Ammoniaks die wichtigsten Stufen sind. Auf diese Weise entstehen Huminsäuren mit etwa 1—4% N.

Mattson hat darauf hingewiesen, daß diese oxydative Ammoniakbindung nicht nur eine Eigenschaft des Lignins und der Humusstoffe, sondern auch sehr einfach gebauter chemischer Verbindungen ist, nämlich der zwei- und dreiwertigen Phenole und Phenolcarbonsäuren, z. B. der Gallussäure. Dies hat dazu geholfen, daß man die Humusbildung durch einfache Modellversuche verfolgen kann. So gelingt es, Humusmodelle durch Oxydation mehrwertiger Phenole, z. B. aus Hydrochinon aufzubauen. Dabei bildet sich aus dem Hydrochinon durch Sauerstoffaufnahme zunächst das zugehörige Chinon, aus diesem durch weitere Sauerstoffaufnahme ein Oxychinon, das sich dann zu einem braunen Kolloid, dem Humusmodell, polymerisiert. Man muß auf Grund dieser Reaktion also dem Humus eine chinoide Struktur zuschreiben. Beim Aufbau der künstlichen Humusstoffe wurden die gleichen Gesetzmäßigkeiten beobachtet, wie sie *Mattson* bei der Ligninumformung in der Waldstreu fand. Je reicher an Stickstoff und Sauerstoff der gebildete künstliche Humus war, um so geringer war seine Löslichkeit in Acetylbromid und um so größer seine Stabilität gegen Säuren und Basen. Ein Produkt von noch geringerer Löslichkeit in Acetylbromid erhält man, wenn die Humusbildung aus Chinon in einer Montmorillonitaufschwemmung ausgeführt wird, der man ständig so viel Ammoniak zusetzt, daß die gebildeten Humusstoffe bei p_H 8,5 neutralisiert werden. Dabei wird eine kleine Montmorillonitmenge, entsprechend 1,2% Asche, in den Humusstoffen gefunden. Auch nach Behandlung mit 5%iger Salzsäure bleiben die Humusstoffe in Acetylbromid schwer löslich.

Damit aus Kohlenhydraten Humusstoffe entstehen können, müssen erst mikrobiologische Vorgänge vor sich gehen. Daß durch die Tätigkeit von Mikroorganismen Humusstoffe aus Kohlenhydraten entstehen können, zeigte schon *Süchting*. Er beimpfte reine Zellulose, die von einer mineralischen Nährlösung durchfeuchtet war, mit einer Aufschwemmung aus Gartenerde und Pferdekot und erhielt nach 12monatiger Lagerung Humus als Zersetzungsrückstand. Da dem Humus eine chinoide Struktur zuzuschreiben ist, seine chemischen Bausteine also offenbar Kohlenstoffsechsringe sind, müssen die Mikroorganismen eine solche Umformung des Ausgangsmaterials bewirkt haben. Sie müssen Chinone als Stoffwechselprodukte erzeugen, die sich dann unter Aufnahme von Luftsauerstoff und Ammoniak zu Humusstoffen polymerisieren. Tatsächlich sind zahlreiche chinoide Stoffwechselprodukte von höheren und niederen Pilzen bekanntgeworden. Nach *v. Plotho* (50) sind ein großer Teil der Pilzfarbstoffe Chinone; auch Strahlenpilze, welche die eiweißhaltigen Nährböden braun färben, erzeugen Chinhydron. Von *Laatsch* (49) wurden Versuche mit gelbem Pappellaub durchgeführt, das mit zahlreichen schwarzen Punkten bedeckt war. Diese schwarzen Punkte rührten von dem Pilz *Cladosporium* her. Wurden die gelben Blätter in Petrischalen über feuchtem Filtrierpapier aufbewahrt und gegen Austrocknen geschützt, so wurden die Interzellularräume der Blätter in 2—3 Wochen völlig von Pilzhyphen überwuchert, die mit einem grauschwarzen Farbstoff durchtränkt waren.

Aus der mit Natriumfluorid erhaltenen neutralen Humuslösung wurde durch Zugabe von Calciumchlorid ein dunkelbrauner Niederschlag gefällt, der den Humusstoff enthielt. Es liegen mithin Huminsäuren vor, die schwerlösliche Calciumsalze bilden. Da die in Frage kommenden Pilze den Ligninkomplex der Gefäßbündel nicht angreifen, muß man annehmen, daß dieser Humus im Innern der Pappelblätter im wesentlichen durch die Wirkung der Pilze aus Kohlenhydraten entstanden ist.

Von weiteren Humusbildnern kommen noch die Basidiomyceten in Frage, die ligninreiche Pflanzenrückstände im Waldboden aufarbeiten. Da auch höhere Pilze Chinon erzeugen, können auch unter ihnen Humusbildner vermutet werden. *W. J. Tschasstuchin* (51) stellte fest, daß bei der Zersetzung von Laub durch *Collybia dryophila* nur ein Teil der organischen Substanz löslich gemacht wurde, während der Hauptteil der zersetzten organischen Substanz für die Bildung der Pilzkörper sowie für die Aufrechterhaltung der Atmung verbraucht wurde.

Aus zahlreichen Beobachtungen, die vor allem von *W. Wittich* (52) und *W. Kubiena* (33) und anderen gemacht wurden, geht hervor, daß die Tiere des Bodens am Humusaufbau wesentlich mitbeteiligt sind. In den Wäldern stockt die Streuzersetzung durch Mikroorganismen, wenn nicht die Regenwürmer und andere erdbewohnende Tiere das Laub in den Boden einwühlen und dadurch der Zersetzung durch Mikroben vorarbeiten. Auch Milben, Tausendfüßler und Insektenlarven zerkleinern im Waldboden die organische Substanz. Durch ihre Verdauungstätigkeit werden die Kohlenhydrate abgebaut und dadurch das Lignin freigelegt, also günstige Bedingungen für Humusbildung aus Lignin geschaffen. Im Kot ist das Lignin auch gleich mit Eiweiß angereichert, aus dem durch mikrobiellen Angriff erhebliche Ammoniakmengen frei werden. Damit sind die Voraussetzungen für eine lebhafte Humusbildung aus dem im Kot der Tiere enthaltenen Lignin gegeben, denn das freiwerdende Ammoniak ruft eine alkalische Reaktion hervor und beschleunigt dadurch die Oxydation und Ammonifizierung des Lignins. Wenn das Tier auch gleichzeitig größere Mengen mineralischer Substanz durch seinen Darm hindurchschickt, so werden die mineralischen Kolloide mit den organischen durchmischt, und die Voraussetzungen für die Bildung eines Tonhumuskomplexes sind gegeben.

Aber auch die Humusbildung auf Kohlenhydratbasis wird durch die Bodentiere gefördert. Die Kohlenhydrate werden bei der Verdauung aufgeschlossen, so daß der Angriff der Mikroorganismen auf die Kohlenhydrate im Tierkot lebhaft vonstatten gehen kann. Humusbildende Strahlenpilze finden auf dem Tierkot, dank seiner alkalischen Reaktion und der in ihm enthaltenen Eiweißspaltprodukte, einen guten Nährboden.

Von einem anderen Gesichtspunkt aus hat neuerdings *Wiljams* (53) die Humusbildung zu erklären versucht. *Wiljams* legt bei seiner Humustheorie das Gewicht darauf, daß der Humus ein Endprodukt der Lebenstätigkeit ist, da auf abiotische Weise die organische Substanz nur zerstört werden kann, wenn man die zu ihrer Bildung führenden thermo-dynamischen Bedingungen verändert, also z. B. durch Verbrennen.

Jeder Lebensprozeß ist damit verbunden, daß der Organismus eine Reihe von Abfällen ausscheidet. Diese sind entweder Produkte des Stoffwechsels, d. h. des Zerfalls der organischen Substanz, die als Quelle der Energie und Ernährung für den Organismus dient, oder sie sind Stoffe, wie z. B. Enzyme, die der Organismus ausscheidet, um auf die organische Substanz, welche die Quelle seiner Energie oder Nahrung ist, einzuwirken. Allen diesen Abfallstoffen ist gemeinsam, daß sie für den sie ausscheidenden Organismus ebenso wie für andere Organismen derselben Art giftig sind. Sie können sich daher in der Umgebung nur bis zu einer gewissen Grenze anhäufen, dann unterdrücken sie die Lebenstätigkeit des betreffenden Organismus. Unter natürlichen Bedingungen erfolgt die Entgiftung des Milieus ständig durch die Symbiose mit Organismen einer anderen Art.

Die Abfälle der zweiten Art, die Enzyme, haben einen hohen Stickstoffgehalt und einen komplizierten hochmolekularen Bau. *Wiljams* ist der Ansicht, daß die Humusstoffe in ihrer Hauptmasse die Exoenzyme von drei Arten von Mikroorganismen darstellen, nämlich den aeroben Bakterien, den anaeroben Bakterien und den Pilzen. Durch ihre Exoenzyme wirken diese Mikroorganismen auf die tote organische Substanz und zerstören sie. Es muß also drei Arten der Zersetzung der natürlichen organischen Substanz geben. *Berzelius* gab drei Humussäuren an, deren Eigenschaften er näher beschrieb. Es gelang ihm aber nicht, sie in kristallisierter Form zu gewinnen. *Wiljams* behauptet, daß es ihm gelungen sei, durch Eindampfen der Durchflußwässer von Lysimetern für die Analyse genügende Mengen dieser Humussäuren zu erhalten. Er gibt diesen die alten Bezeichnungen von *Berzelius:* Ulminsäure, Huminsäure und Krensäure. Die Ulminsäure oder Braunhumussäure entspricht dem anaeroben Prozeß der Zersetzung durch Bakterien, die Huminsäure oder Grauhumussäure der aeroben Zersetzung durch Bakterien, die Krensäure oder farblose Humussäure der Zersetzung durch Pilze.

Wenn Wasserstoff in statu nascendi auf Krenate einwirkt, erhält man Apokrenate. Freie Apokrensäure in nicht denaturiertem Zustand ist unbekannt.

Die anaerobe Zersetzung erfolgt unter natürlichen Bedingungen dort, wo sich organische Substanz stark anhäuft. Anaerobe Verhältnisse treten dann ein, wenn die oberste Schicht der organischen Substanz der aeroben Zersetzung unterliegt, wobei sämtlicher Sauerstoff verbraucht wird, so daß er nicht in das Innere des Bodens eintreten kann.

Die aerobe bakterielle Zersetzung der organischen Substanz erfolgt unter natürlichen Bedingungen dann, wenn die abgestorbene organische Substanz in verdünnter Form auftritt und ihre Oberflächenschicht nicht die Möglichkeit hat, als Sauerstoffilter zu wirken. Die organische Substanz enthält stets eine Reihe von Stickstoffverbindungen. Bei dem bakteriellen aëroben Prozeß entsteht durch deren Zersetzung Ammoniak, das ein Gift für den aëroben Prozeß ist. Gleichzeitig mit der Bildung von Ammoniak wird aber auch Huminsäure ausgeschieden; diese wirkt entgiftend, denn Huminsäure und Ammoniak vereinigen sich alsbald. Das entstehende Neutralsalz wirkt nicht giftig auf die Lebenstätigkeit der aëroben Bakterien.

Die Pilzzersetzung der verholzten organischen Substanz ist ebenfalls aërob und verläuft unter Abscheidung von Krensäure. Dabei wird aus den stickstoffhaltigen Verbindungen kein Ammoniak ausgeschieden und die Krensäure kann infolgedessen nicht neutralisiert werden. Krensäure kann in freiem Zustande nicht durch bakterielle Prozesse zerstört werden, da sie zu stark sauer ist, und auch nicht durch Pilzprozesse, da sie ja ein biologisches Abfallprodukt des Pilzprozesses selbst ist. Das einzige Mittel, um die Krensäure aus dem Medium zu entfernen, ist daher die Auswaschung. Diese Auswaschung kann nur der absteigende Wasserstrom bewirken. Der Pilzprozeß kann daher nur dann verlaufen, wenn ein absickernder Wasserstrom vorhanden ist.

Wiljams gibt keine nähere Charakterisierung der kristallisierten Humussäuren, z. B. durch Schmelzpunkt oder Angabe der chemischen Zusammensetzung, so daß man nicht entscheiden kann, wie weit sich seine Ansichten mit den Ergebnissen der westlichen Humuschemie in Übereinstimmung bringen lassen.

7. Bedeutung des Humus für das Pflanzenwachstum

Man betrachtete früher den Humus als *den* eigentlichen Nährstoff der Pflanze, aus dem sie ihren Körper aufbaut, da man annahm, daß organische Stoffe nur aus Organischem entstehen könnten. Der namhafteste Vertreter dieser Humustheorie war der Begründer der neuzeitlichen Landwirtschaftslehre, *Albrecht Thaer*. Diese Ansicht wurde aber widerlegt, einmal durch die Entdeckung des Assimilationsprozesses, zum zweiten durch die Forschungen *Liebigs*, welche die Bedeutung der Mineralstoffe für die Pflanzenernährung klarlegten. Nach diesen Anschauungen entnimmt die Pflanze den für den Aufbau ihrer organischen Verbindungen benötigten Kohlenstoff der Kohlensäure der Luft, die sie durch ihr Blattgrün unter Ausnutzung der Energie des Sonnenlichts zerlegt, und dem Boden entnimmt sie lediglich die mineralischen Nährstoffe, die sich in ihr als Aschebestandteile wiederfinden, sowie — in gebundener Form — den Stickstoff. Nach diesen Entdeckungen konnte der Humus nicht mehr als Quelle für den Kohlenstoffgehalt der Pflanze angesehen werden, wenn man von der Anreicherung der Bodenluft an CO_2 durch die Zersetzung des Humus absieht. Keineswegs wurde aber damit die Bedeutung abgeschwächt, die er für die Aufrechterhaltung der Fruchtbarkeit hat, weil ihm eine wichtige Rolle bei der

Verbesserung der physikalischen, chemischen und biologischen Eigenschaften des Bodens zufällt.

Nach *L. A. Christewa* (54) werden Huminsäuren in ionendispersem Zustande von den Pflanzen aufgenommen; sie begünstigen, vor allem bei nicht ausreichender Versorgung mit Phosphorsäure, die Entwicklung der Pflanzen im Anfangsstadium. Ebenso führte bei Versuchen von *R. Chaminade* (55) eine Zufuhr von Humusstoffen zu einer verstärkten Mineralstoffaufnahme durch die Pflanzen. Nach *W. Flaig* (56) stellen die bei der Zersetzung der organischen Substanz im Boden gebildeten Chinonderivate wertvolle Wuchsstoffe dar, welche die Wurzelentwicklung begünstigen. Nach *H. Otto* (57) sind 1. 2. Dioxyanthrachinone in dieser Hinsicht besonders wirksam.

8. Nährhumus und Dauerhumus

Die oxydative Zersetzung der organischen Substanz zu Kohlensäure und Wasser liefert die Energie für die Lebensprozesse der Bodenbakterien. Man bezeichnet den Teil der organischen Substanz, der dieser Art der Zersetzung unterliegt, als *Nährhumus.*

Die Zersetzung der organischen Substanz geht nun nicht restlos bis zur CO_2-Bildung vor sich, sondern es bildet sich dabei auch der sogenannte *Dauerhumus,* der einen gegen weitere Angriffe beständigeren Körper darstellt. Der Dauerhumus ist zwar biologisch nur schwer angreifbar; er verbessert aber die Eigenschaften des Bodens in physikalischer und chemischer Hinsicht. Er lockert schwere Böden auf und macht sie dadurch wärmer, wozu auch die Dunkelfärbung beiträgt. Leichte Böden macht der Humus bindiger, insbesondere durch die schleimigen Ausscheidungen der von ihm ernährten Kleinlebewelt. Er puffert den Boden gegen Verschiebungen der Bodenreaktion und adsorbiert Pflanzennährstoffe in einer für die Ernährung der Pflanzen günstigen Form. Eine Nährstoffquelle ist der Humus insofern, als er die Bodenluft mit Kohlensäure anreichert.

9. Humusversorgung der Böden

Die praktische Aufgabe der Humusforschung liegt vor allem in der Richtung, Mittel und Wege zu suchen, um durch Zufuhr von organischer Substanz den Gehalt des Bodens an wertvollem Dauerhumus zu erhöhen und auf diese Weise seine physikalischen, chemischen und biologischen Eigenschaften, die man zusammenfassend als seine „alte Kraft“ bezeichnet, zu verbessern. Man strebt dies vor allem durch Zufuhr von organischer Substanz in Form von *Stallmist, Kompost* und *Gründüngung* an. Auch die Anwendung *mineralischer Dünger* wirkt im Sinne einer Anreicherung des Bodens mit Humus; denn die durch sie bewirkte Förderung des Pflanzenwachstums führt zu einer vermehrten Bildung von Wurzeln, die als Rückstände im Boden verbleiben. Vor allem aber wird die Humusversorgung unserer Böden auf dem Wege über die Mineraldünger dadurch — indirekt — verbessert, daß mehr Futter erzeugt, mehr Vieh gehalten und daher mehr Mist gewonnen wird und daß auch die ebenfalls durch das Düngen mit Mineralien hervorgerufene Mehrerzeugung an Stroh zu einer Vermehrung der Einstreu und damit des Stallmistes führt.

Die Zufuhr von organischer Substanz wirkt auf alle Fälle in dem Sinne günstig, daß auf diese Weise Nährhumus für die Bodenbakterien zur Verfügung gestellt wird. In welchem Umfange es gelingt, durch sie den Humusgehalt des Bodens dauernd zu erhöhen, steht noch nicht genau fest; hierzu sind Untersuchungen notwendig, die sich über längere Zeiträume erstrecken. Die entstehende Humusmenge wird immer ein Gleichgewicht zwischen der Zufuhr an organischer Substanz und deren Zersetzung durch die Bodenbakterien darstellen, und dies Gleichgewicht wiederum wird von der Dynamik der bodenbildenden Prozesse in dem betreffenden Boden abhängen, insbesondere von dem herrschenden Klima und der Bodenart.

Während im Ackerland der Boden ständig an Humus verarmt, da durch die Bodenbearbeitung aerobe Bedingungen geschaffen werden, welche die Tätigkeit der den Humus zersetzenden Bakterien begünstigen, reichert sich unter Grünland der Boden an Humus an. Hier herrschen im Boden anaerobe Bedingungen, die eine Oxydation der organischen Substanz verhindern. Die in manchen Gebieten vor allem Süddeutschlands verbreitete Wechselwiesenwirtschaft, bei der das Land abwechselnd als Acker und als Wiese benutzt wurde, führte daher zur Aufrechterhaltung des Humusgehaltes der Böden. Das gleiche streben neuerdings in der Sowjetunion die von *Wiljams* vorgeschlagene Grasfeldwirtschaft und in England das Ley-System in vervollkommneter Form an.

IX. DER BODEN ALS TRÄGER VON PFLANZENNÄHRSTOFFEN

1. *Nährstoffgehalt des Bodens*

Obgleich die dem Boden entstammenden Nährstoffe, die sich mit Ausnahme des Stickstoffs in der Pflanzenasche wiederfinden, einen teilweise nur geringen Prozentsatz der Trockensubstanz der Pflanze ausmachen, da deren Hauptbestandteile, Kohlenstoff, Wasserstoff und Sauerstoff, der Kohlensäure der Luft und dem Wasser entstammen, sind sie doch — wie schon der Unterschied in der Fruchtbarkeit der verschiedenen Böden zeigt — für die Entwicklung der Pflanzen von ausschlaggebender Bedeutung. Als Pflanzenhauptnährstoffe betrachtet man diejenigen, die von der Pflanze in besonders großen Mengen benötigt werden, nämlich Stickstoff, Phosphor, Kalium, Calcium und Magnesium. Außer diesen Hauptnährstoffen benötigt die Pflanze noch eine Reihe von Stoffen, die im Boden zwar meist ausreichend vorhanden sind, bei deren Fehlen aber schwere Schädigungen auftreten können. Derartige Stoffe sind Natrium, Eisen, Schwefel, Silicium. Andere Stoffe wieder, wie Bor, Jod, Mangan, Kupfer, Kobalt und Zink bzw. ihre Verbindungen, kommen in der Pflanze nur in ganz geringer Menge vor.

Die Pflanzen entnehmen die mineralischen Nährstoffe entweder der Bodenlösung oder den Bodenkolloiden bzw. unzersetzten Mineralien des Bodens, soweit Wurzelhaare mit diesen in direkte Berührung kommen. Für eine gute Nährstoffversorgung der Pflanzen sind daher einerseits ein ausreichender Gehalt der Bodenlösung an Mineralstoffen und eine gute Beweglichkeit der Bodenlösung erforderlich; andererseits wird die *„alte Kraft des Bodens“* durch eine möglichst reiche Sättigung der Bodenkolloide mit austauschfähigen Basen, insbesondere mit Kalk, Kali und Magnesia, gesteigert, weil in dem Maße, wie die Sättigung an Nährstoffen zunimmt, auch die Pflanzenlöslichkeit der adsorbierten Basen sich erhöht.

Für den Nährstoffgehalt des Bodens sind die mineralischen und humosen *Adsorptionskomplexe* von großer Bedeutung. Sie verhüten durch das Festlegen von Nährstoffen deren Auswaschung und ermöglichen andererseits ein laufendes Freiwerden der Nährstoffe. *Stebutt* bezeichnet daher die Adsorptionskomplexe als das „Protoplasma des Bodens“.

2. Nährstoffe der Pflanzen

Um eine Pflanze ausreichend zu ernähren, ist es vor allen Dingen notwendig, daß die hauptsächlichsten Pflanzennährstoffe in einer absolut ausreichenden Menge zur Verfügung stehen. Über die Ansprüche, welche eine normale Ernte an den Nährstoffgehalt des Bodens stellt, gibt die nachstehende, nach Angaben der Düngerfibel der D. L. G. zusammengestellte Tabelle Aufschluß:

Nährstoffentzug im kg/ha

		N	P_2O_5	K_2O	CaO	MgO
Roggen	30 dz/ha	75	40	90	25	12
Weizen	36 „	100	45	90	30	14
Gerste	38 „	105	45	100	35	15
Hafer	36 „	100	50	105	30	13
Mais	45 „	115	50	120	40	28
Kartoffeln	320 „	150	55	250	105	40
Zuckerrüben	400 „	160	60	215	90	55
Futterrüben	700 „	180	60	390	40	55
Wiese	90 „	155	65	160	100	36
Rotklee	80 „	(200)	50	160	175	48
Luzerne	120 „	(325)	85	230	360	36
Raps	24 „	120	70	115	145	19
Lein	8 „	60	40	80	30	13
Tabak	24 „	140	60	310	185	30
Wein	100 dz Trauben	80	30	100	70	10
Erbse	27 dz/ha	(150)	40	80	80	16
Ackerbohne	28 „	(325)	85	230	360	36

Zur Beurteilung des Nährstoffbedarfs der Pflanze genügt es jedoch nicht, daß man weiß, welche Gesamtmenge eine Pflanze im Verlauf ihrer Entwicklung benötigt, sondern man muß wissen, wie der Verlauf der Nährstoffaufnahme vor sich geht. An den Nährstoffvorrat eines Bodens werden selbstverständlich weit höhere Ansprüche gestellt, wenn die Nährstoffaufnahme sich auf gewisse Perioden der Entwicklung zusammendrängt, als wenn sie sich gleichmäßig über den ganzen Verlauf der Entwicklung verteilt.

3. Die hauptsächlichsten Pflanzennährstoffe N, P, K, Ca und Mg

a) Stickstoff

Während die Pflanzen den zum Aufbau ihres Körpers benötigten Kohlenstoff der Luft entnehmen, sind sie nicht imstande, den Stickstoff der Luft zu verwerten, da sie nicht die Energie aufwenden können, die nötig ist, um den freien Stickstoff in gebundenen Stickstoff zu verwandeln. Die stickstoffsammelnden Leguminosen sind nur eine scheinbare Ausnahme, da auch ihnen der Stickstoff der Luft durch die mit ihnen in Symbiose lebenden Knöllchenbakterien in gebundener Form zur Verfügung gestellt wird.

Als Bestandteil des Protoplasmas ist der Stickstoff ein Nährstoff, der das Wachstum der Pflanzen stark beeinflußt. Man kann daher bereits an der äußeren Erscheinung der Pflanze leicht feststellen, ob sie ausreichend mit Stickstoff versorgt ist oder nicht. Bei Stickstoffmangel weisen die Pflanzen eine gelblichgrüne Färbung auf und bleiben stark in ihrem Wachstum zurück. Bei ausreichender Stickstoffversorgung werden die Pflanzen saftig dunkelgrün, und es tritt eine beträchtliche Verbesserung des Wachstums ein.

Stickstoff ist im Boden in organisch gebundener Form, als NH_4-Ion sowie als NO_3-Ion enthalten. Von der Pflanze wird er in der Regel in der Nitratform aufgenommen, in welche die übrigen N-Formen durch die Tätigkeit der Bodenbakterien übergeführt werden. Wenn dem Stickstoff, wie dies gewöhnlich geschieht, eine besonders ausschlaggebende Rolle für das Wachstum der Pflanze zugewiesen wird, so besagt dies nicht, daß ihm eine größere Bedeutung für die Lebenstätigkeit der Pflanze zukäme als anderen Nährstoffen, sondern es rührt dies daher, daß der Stickstoff in unseren Böden meist derjenige Nährstoff ist, der im Minimum vorkommt.

b) Phosphorsäure

Die Bedeutung der Phosphorsäure für die Pflanze geht daraus hervor, daß der Phosphor ein Begleiter aller Eiweißstoffe ist und bei deren Bildung und Umsetzung eine große Rolle spielt. Insbesondere ist er ein Bestandteil der Nukleoproteide des Zellkerns; er scheint für die Zellteilung wichtig zu sein. Bei Versuchen an Algen konnten amerikanische Forscher durch Verwendung von CO_2, das durch radioaktive Isotopen markiert war, nachweisen, daß die Anfangsprodukte der Assimilation in ihrem Molekül stets Phosphorsäure enthalten; diese ist offenbar notwendig für die Assimilation von CO_2 (58). Eine wesentliche Rolle spielt die Phosphorsäure auch bei dem Atmungsprozeß. Sie bildet mit den Zuckerarten eine Verbindung, ein Hexosephosphat, das dann weiteren Umsetzungen unter Teilnahme von Atmungsfermenten unterworfen wird. Ein beträchtlicher Teil der Phosphorsäure, unter Umständen etwa die Hälfte der Gesamtmenge, liegt als Ion vor und spielt eine wichtige Rolle als Puffer bei der Regulierung der Wasserstoffionenkonzentration der Pflanze. Anorganische Phosphate finden sich in größerer Menge vor allem in denjenigen Teilen der Pflanze, in denen eine energische Mobilisierung von Vorratsstoffen erfolgt, z. B. in den keimenden Samen. Ein ausreichender Gehalt an aufnehmbarer Phosphorsäure im Boden fördert die Ausbildung der feinen Faserwurzeln.

Ein Mangel an Phosphorsäure gibt sich gewöhnlich in einer dunkelgrünen, mit einem Bronzeton überlagerten Färbung der Blätter zu erkennen, die man besonders bei Rüben und Kartoffeln beobachten kann. Ist der Mangel besonders stark, so können sich an den Rändern der Blätter schwarze Flecken zeigen, ohne daß ein Vergilben der Blätter eintritt.

Die Form, in der der Phosphor aus dem Boden von der Pflanze aufgenommen wird, ist das Phosphation. Die Phosphorsäure liegt im Boden in Form von Calciumphosphat, Magnesiumphosphat oder von Aluminium- und Eisenphosphat vor. Die Löslichkeit der Phosphate hängt sehr stark von der Wasserstoffionenkonzentration der Bodenlösung ab, also von dem Kalkgehalt der letzteren. Die chemische Ausfällung spielt bei der Festlegung der Phosphorsäure eine wesentliche Rolle. Die Löslichkeit der Phosphate wird auf neutralen und alkalischen Böden durch einen Gehalt an Kalk vermindert. Es bildet sich dann Hydroxylapatit; diese Bildung nimmt mit abnehmendem p_H-Wert ab. Umgekehrt kann aber Kalk auch günstig auf die Löslichkeit der Phosphate einwirken, indem er die Bildung von Aluminium- und Eisenphosphaten verhindert, die bei sauren Böden eintreten kann, wenn in diesen Aluminium- und Eisenionen durch Ionenaustausch frei werden. Auch durch Anionenadsorption kann nach *S. Mattson* (59) die Aufnehmbarkeit der Phosphorsäure beeinflußt werden. Er zieht zur Erklärung der Verminderung der Löslichkeit der sorbierten Phosphorsäure durch Zusatz bestimmter Salze das Donnan-Gleichgewicht heran.

Eine biologische Festlegung der Phosphorsäure ist nach *W. Jahn* (59a) vor allem auf Böden von Bedeutung, die ungenügend mit Phosphorsäure versorgt sind. Bei dem ständigen Übergang von anorganisch gebundener Phosphorsäure in organisch gebundene und umgekehrt kann hier leicht der Fall eintreten, daß die Festlegung das Freiwerden durch Mineralisierung übertrifft und ein wesentlicher Teil der Phosphorsäure für die Pflanze nicht zugänglich ist. Nach *Trömel* (60) ist die stabile Form, in welche die Phosphate im Boden übergehen, die des Apatits. Humus verbessert die Löslichkeit der Phosphate, insbesondere ihre Aufnehmbarkeit durch die Pflanze.

c) Kali

Das Kali ist, wie die oben angeführte Tabelle über den Nährstoffentzug der Pflanzen zeigt, derjenige Pflanzennährstoff, der von der Pflanze in der größten Menge aufgenommen wird.

Was die physiologische Bedeutung des Kaliums für das Pflanzenwachstum betrifft, so ist die am meisten verbreitete Auffassung die, daß das Kalium zur Bildung von Kohlenhydraten notwendig sei. Man nimmt an, daß bei dem Prozeß der Überführung der ungeheuren Mengen Lichtenergie, den die Pflanze im Blattgrün in riesigen Ausmaßen vollzieht, das Kalium als Katalysator wirkt; denn wenn auch das Kalium kein Bestandteil des Chlorophylls ist, so findet es sich doch stets in den Chloroplasten angehäuft.

Nach einer anderen Theorie über die Rolle des Kaliums im Pflanzenleben wirkt es bei der Eiweißbildung mit. Dies wird von sowjetischen Forschern damit erklärt, daß Kalium die Aktivität der proteolytischen Fermente verstärkt, und zwar nicht nur die hydrolytische, sondern auch die synthetische Tätigkeit.

Nach *F. Alten* und *W. Rathje* (61) besteht eine Parallelität des K-Gehaltes und der Atmungs- bzw. Photosynthese-Intensität und damit der Konzentration an Phosphorsäure-Estern und infolgedessen auch der H-Ionenbildung in den lebenden Zellen.

Nur die Kalium-Ionen können in den lebenden Zellen in größeren Mengen im Austausch gegen H-Ionen angereichert werden und somit die Neutralisation von Säuren in ihnen bewirken.

Diese Aufgabe des Kaliums geht auch daraus hervor, daß bisher in pflanzlichen und tierischen Zellen das K nur in Ionenform gefunden wurde und daß es nach dem Aufhören der Lebenstätigkeit schon durch kaltes Wasser vollständig ausgewaschen werden kann. Es wurde festgestellt, daß die K-Anreicherung, die in lebendem pflanzlichen Gewebe stattfindet, dem Sauerstoff-Partialdruck und damit der Atmungsintensität parallel ist. K ist stets dort angereichert, wo ein hoher intermediärer Stoffwechsel, eine hohe Wachstumsintensität und eine hohe Konzentration an Phosphorsäure-Estern herrscht. Kalimangel wirkt sich daher besonders an diesen Stellen aus.

Diese Parallelität von Photosynthese-Intensität, Konzentration an Phosphorsäure-Estern und Kaligehalt grüner Pflanzen bietet eine Erklärung für die oft beobachteten Beziehungen zwischen Lichtwirkung und Wirkung der Kalidüngung. Der Kaligehalt der Zellen liegt um so höher, je höher dank der Lichtintensität die Photosynthese ist. Da bei Kalimangel die Phosphorsäureester-Konzentration sich verringert, wird die Synthese von Kohlenhydraten und von Eiweißstoffen verlangsamt, wodurch eine Reifeverzögerung eintritt.

Auch *Noack* (62) ist der Meinung, daß die Bedeutung des Kaliums für die Pflanze sich nicht in seiner Mitwirkung bei einem einzigen Lebensvorgang erschöpft, sondern daß es keinen wichtigen Prozeß gibt, an welchem das Kali nicht mittelbar oder unmittelbar beteiligt ist, und er erklärt so auch die in das gesamte Leben der Pflanze stark eingreifende Wirkung dieses Nährstoffs, auf Grund deren die Kaliversorgung nicht nur für den mengenmäßigen Ertrag, sondern auch für die Beschaffenheit der Pflanze bestimmend ist.

Die Form, in der das Kali aufgenommen wird, ist die des Kaliumions, wie es sich entweder in der Bodenlösung oder in adsorbierter Form in den Bodenkolloiden befindet, die es in Berührung mit der Wurzel an die Pflanze abgeben.

d) Kalk

Der *Kalkgehalt* des Bodens ist in erster Linie insofern von Bedeutung, als ein hoher Gehalt des Bodens an kohlensaurem Kalk eine neutrale Bodenreaktion mit sich bringt und als ferner die ausflockende Wirkung des zweiwertigen Calciumions einen guten Krümelungszustand des Bodens herbeiführt. Diese günstigen Wirkungen eines ausreichenden Kalkgehaltes bzw. die schädlichen Wirkungen eines Kalkmangels auf den Boden überdecken gewöhnlich die Tatsache, daß der Kalk auch als Pflanzennährstoff von großer Wichtigkeit ist.

Es gibt kalkliebende und kalkfliehende Pflanzen; zu den letzteren gehört insbesondere die Lupine. Auch die Kartoffel verträgt löslichen Kalk nicht in allzu großen Mengen, was sich in Schorfbildung äußert. Da die bodenverbessernde Wirkung des Kalkes eine so große Rolle spielt, sind reine Nährwirkungen des Kalkes normalerweise nicht zu beobachten. So scheint z. B. auch der günstige

Einfluß, den der Kalk auf die Wurzelausbildung hat, in erster Linie die Folge einer Verbesserung der Bodenstruktur zu sein. Dementsprechend werden die Formen, in denen man Kalk anwendet, weniger mit Rücksicht auf den Nährstoffbedarf der angebauten Früchte gewählt, als mit Rücksicht auf die Bodenverbesserung. Auf sauren Böden ist ein erhöhter Gehalt an kohlensaurem Kalk erwünscht, alkalische Böden dagegen verlangen eine Zufuhr von schwefelsaurem Kalk.

e) Magnesia

Das *Magnesium* ist ein Pflanzennährstoff, dessen Bedeutung man früher gewöhnlich unterschätzt hat. Die Verteilung des Magnesiums in der Pflanze weist nach *Löw* darauf hin, daß es für den Phosphorhaushalt der Pflanze von Bedeutung ist. In ein vollständig neues Licht wurde die physiologische Bedeutung des Magnesiums gerückt durch die Entdeckung von *Willstätter*, der feststellte, daß es ein Bestandteil des Chlorophylls ist. Der *Mangel* an Magnesium zeigt sich entsprechend in einer mangelhaften Ausbildung des Chlorophylls. Dieses erfüllt nicht mehr die ganze Fläche der Blätter, sondern erscheint nur in vereinzelten Tupfen auf gelbem Untergrunde, so daß ein starker Rückgang der Produktion von Kohlenhydraten die Folge ist.

Nach *E. Mulder* (63) treten Magnesiamangelerscheinungen vor allem dann auf, wenn die Aufnahmefähigkeit der Pflanzen für Magnesium durch gleichzeitiges starkes Angebot von H-, NH_4- und K-Ionen beeinträchtigt wird.

Die in letzter Zeit ausgearbeiteten Methoden der Bodenuntersuchung auf pflanzenaufnehmbare Magnesia haben gezeigt, daß infolge der jahrzehntelangen Vernachlässigung der Magnesiadüngung bereits eine bedenkliche Verarmung unserer Böden an diesem wichtigen Nährstoffe eingetreten ist.

4. Die übrigen Pflanzennährstoffe

Von Einfluß auf die Chlorophyllbildung ist auch die Gegenwart von *Eisen*, obgleich das Chlorophyll gar kein Eisen enthält. Wenn Pflanzen in einem eisenfreien Medium gezogen werden, so tritt Chlorose ein; im freien Felde genügen aber gewöhnlich die im Boden enthaltenen geringen Eisenmengen, um dies zu verhüten.

Der *Schwefelgehalt* des Bodens ist für das Wachstum der Pflanze ebenfalls von Bedeutung, weil der Schwefel — ebenso wie der Phosphor — ein Bestandteil des Eiweißes ist. Der Bedarf der Pflanze an Schwefel ist beinahe halb so hoch wie der an Phosphor.

In Kulturböden pflegt der Schwefelgehalt der Böden normalerweise ausreichend zu sein, da dem Boden durch die Düngung mit Superphosphat, schwefelsaurem Ammoniak und schwefelsaurem Kali ausreichende Mengen Schwefel zugeführt werden.

Der *Kieselsäure*gehalt des Bodens kommt für die Pflanze nur insoweit in Betracht, als er in kolloidaler, leicht löslicher Form vorliegt. Kieselsäure ist in allen Pflanzen enthalten. Man schrieb ihr früher einen kräftigenden Einfluß auf die Halmstruktur zu, aber mit Unrecht. Eine günstige Wirkung eines Gehalts an löslicher Kieselsäure im Boden konnte man aber insofern beobachten, als bei Phosphorsäuremangel eine Erhöhung des Kieselsäuregehalts eine Ertragssteigerung zur Folge hatte. Nach *Lemmermann* ist diese wahrscheinlich dadurch bedingt, daß Kieselsäure die Aufnehmbarkeit der Phosphorsäure bzw. die physiologische Ausnutzung derselben erhöht.

Das *Natrium* ist regelmäßig ein Bestandteil der Pflanzenasche. Ein Einfluß des Natriums auf das Wachstum der Pflanzen konnte aber im allgemeinen nicht festgestellt werden; nur Futterrüben zeigten sich dankbar für eine ausreichende Versorgung mit Natrium.

Chlor ist im allgemeinen nicht zu den notwendigen Pflanzennährstoffen zu rechnen; nur bei maritimen Pflanzen, wie der Futterrübe, kann man einen günstigen Einfluß des Chlors auf das Wachstum annehmen. Ein Chlorgehalt des Bodens ist jedoch in negativer Hinsicht nicht ohne Bedeutung, da Chlor im Übermaß für viele Pflanzen schädlich ist.

5. Die Spurenelemente

Lange umstritten war die Bedeutung einiger anderer Elemente wie *Mangan, Kupfer, Zink, Bor, Molybdän, Kobalt* und *Jod.* Von diesen benötigt die Pflanze nur äußerst geringe Mengen, da ihnen ein sehr hoher Wirkungsfaktor zukommt. Wahrscheinlich sind diese Stoffe katalytisch wirksam oder stimulieren die Tätigkeit mancher Zellen. Der Boden enthält sie in der Regel in ausreichenden Mengen, und es kann eher der Fall eintreten, daß ein Übermaß an diesen Stoffen vorliegt als ein Mangel, so daß Schädigungen die Folge sind. So zitiert *K. Scharrer* (64) eine Reihe von amerikanischen Forschern, die auf Fälle hinweisen, in denen Böden durch Borgehalt der Düngemittel, zum Teil auch durch den Borgehalt des Bewässerungswassers für Kulturzwecke unbrauchbar geworden sind. Es sind ferner Fälle bekannt, daß ein Überschuß von Molybdän zu Erkrankungen des Viehes führte. Ebenso hat bisweilen ein Überschuß von Selen bei Tieren und Menschen Erkrankungen verursacht, wie Erweichen der Hufe und Fingernägel, sowie Ausfallen der Zähne. Man hat aber andererseits vielfach beobachtet, daß ein Mangel an diesen, Spurenelemente genannten, Stoffen sich ungünstig bemerkbar macht, und zwar gleich sehr stark durch Auftreten von krankheitsartigen Mangelerscheinungen. So hat man die *Dörrfleckenkrankheit* mit einem Manganmangel des Bodens in Zusammenhang gebracht; *Herz- und Trockenfäule der Zuckerrüben* konnten durch Borsäure bekämpft werden.

A. Buchner (65) hat berechnet, daß der Gehalt des Bodens an Spurenelementen normalerweise ausreicht, um die Verluste durch Auswaschen und Ernteentzug zu ertragen. Unter bestimmten Umständen werden aber die Spurenelemente im Boden festgelegt, so daß sie nicht mehr in pflanzenaufnehmbarer Form zur Verfügung stehen. Aus diesem Grunde treten dann auf Niederungsmoorböden Mangan-Mangelerscheinungen, auf Heidemoorsandböden Kupfermangel auf. Zur Behebung dieser Schäden ist mit einem geringfügigen Ersatz kaum ein Erfolg zu erzielen; Abhilfe läßt sich nur durch eine starke Überschußdüngung mit beispielsweise 50—100 kg/ha Mangansulfat bzw. Kupfersulfat, auf manchen Böden sogar 200 kg Kupfersulfat, erzielen.

6. Bodenreaktion

Eine Sonderstellung unter den im Boden enthaltenen Ionen nimmt das Wasserstoffion ein, da es die *Bodenreaktion* bestimmt, die für eine gesunde Entwicklung der Pflanze von großer Wichtigkeit ist (*D. Prjanischnikow*) (66). Auf die Bedeutung der Bodenreaktion wurde die Landwirtschaft besonders nachdrücklich durch die Schäden hingewiesen, die sich infolge der Unterlassung der Kalkdüngung bemerkbar machten. Man verfiel daraufhin vielfach in das andere Extrem und vermeinte, in der Reaktion des Bodens überhaupt den Faktor zu sehen, der das ganze Wachstum beherrscht. Faßt man die Ergebnisse der Erfahrungen, die über den Einfluß der Bodenreaktion auf das Pflanzenwachstum vorliegen, zusammen, so stellt sich heraus, daß jede Pflanzenart innerhalb eines bestimmten Reaktionsgebietes das Optimum ihres Gedeihens findet.

Im allgemeinen sagt eine um den Neutralpunkt liegende Reaktion der Bodenlösung den Pflanzen am besten zu. Gegen Alkalinität sind die Pflanzen empfindlicher als gegen Säure. Als die untere zulässige Grenze der Bodenreaktion betrachtet man p_H 4,5, als die obere p_H 8,0. *Trénel* und *Alten* (67) sehen die Schädlichkeit der Bodensäure nicht in der p_H-Konzentration an sich, sondern vielmehr in der *giftigen Wirkung der Aluminiumionen*, die in sauren Böden auftreten. Man hat vorgeschlagen, bei der Auswahl der anzubauenden Pflanzen auf die p_H-Zahl des Bodens Rücksicht zu nehmen; hierbei darf man aber nicht vergessen, daß nicht der Säuregrad des Bodens als solcher für seine Eignung für die verschiedenen Pflanzenarten ausschlaggebend ist: er ist vielmehr ein allgemeines Kennzeichen, das eine ganze Reihe von physikalischen, chemischen und biologischen Eigenschaften des Bodens zum Ausdruck bringt. So ist ein saurer Boden z. B. stets auch arm an basischen Bestandteilen, und man faßte daher oft fälschlicherweise als Reaktionsschäden auch Nährstoffmangelerscheinungen auf, die mit der Entbasung des sauren Bodens in Zusammenhang stehn. So konnte die säureempfindliche Gerste in Nährlösungen von p_H 4,6 gezogen werden, wenn die Nährstoffversorgung ausreichend bemessen war (68). Saure Böden sind stets besonders nährstoffarm; eine reichliche Düngung ist auf ihnen daher ohnehin angebracht. Auf sauren Böden ist ferner der Adsorptionskomplex weitgehend zerstört; die Pufferung ist ungenügend, der Wasserhaushalt schlecht.

Häufig sind Magnesiummangelschäden, die auf leichten Böden nicht allzu selten sind, als Säureschäden betrachtet worden, bis man feststellte, daß sie durch Düngung mit schwefelsaurer Magnesia behoben werden konnten. Auch im alkalischen Reaktionsgebiet liegt es nahe, die Ursache für die Schädigung der Pflanzen durch die Reaktion darin zu sehen, daß die Löslichkeit wichtiger

Pflanzennährstoffe beeinträchtigt wird. So führen *Scholz* und *Hiltner* (69) die Chlorose von Lupinen auf einen Eisenmangel zurück, der durch das Unlöslichwerden des Eisens infolge der alkalischen Reaktion bedingt ist.

7. *Katalytische Kraft der Böden*

Neben der Bodenreaktion hat man in neuester Zeit begonnen, auch der katalytischen Kraft der Böden und ihren Auswirkungen eine größere Aufmerksamkeit zuzuwenden. Als Maß für die katalytische Kraft der Böden dient die Sauerstoffmenge, die beim Schütteln des Bodens mit Wasserstoffsuperoxyd entwickelt wird, bzw. nach *E. Hofmann* (70) die Bestimmung der Saccharase- und Urease-Aktivität.

Die katalytische Kraft gesunder Böden ist bei sonst gleichen Eigenschaften größer als die kranker Böden; kranke Böden haben meist eine höhere Lösungstendenz für Mangan- und Eisenverbindungen, und da Mangan und Eisen nur als Oxyd oder Carbonat katalytisch wirksam sind, nicht aber in gelöstem Zustande, vermindert sich hierdurch die katalytische Kraft. Aus dem gleichen Grunde hat auch eine niedrige p_H-Zahl eine mittelbare Wirkung auf die Katalyse.

8. *Beziehungen zwischen dem Nährstoffgehalt der Böden und dem Pflanzenwachstum*

Die Lieferung von Nährstoffen an die Pflanze durch den Boden spielt bereits bei der Entwicklung des Pflanzenwuchses auf jungfräulichen Böden, die noch nicht in Kultur genommen sind, eine Rolle, wenn auch hier das Klima für die Ausbildung der Vegetationsform maßgebend ist. Im feuchten Klima wird allmählich der Wald überwiegen, im trockenen Klima die Steppe. In beiden Fällen aber hängt die Entwicklung davon ab, ob die Pflanze im Boden die für ihr Gedeihen notwendigen Nährstoffe findet. Ist ein Boden mit gewissen Nährstoffen besonders reichlich ausgestattet, so werden sich auf ihm zunächst vorzugsweise Pflanzen ansiedeln, die große Ansprüche an diese Nährstoffe stellen. Man hat versucht, auf Grund dieser Bevorzugung nicht nur einen etwaigen Reichtum des Bodens an gewissen Hauptnährstoffen zu ermitteln, sondern an dem Auftreten gewisser *Leitpflanzen* auch seltene Elemente wie Zink usw. zu erkennen. Typisch ist z. B. die *Ruderalflora,* die sich auf frischen Schutthalden als erste einzustellen pflegt, oder die *Gülleflora* auf hofnahen Wiesen, deren Erscheinen durch die einseitige Nährstoffversorgung bedingt wird. Verschärfend in Richtung der Ausbildung einer einseitigen Flora wirkt auch der Mangel an gewissen Stoffen. Typisch sind in dieser Hinsicht insbesondere die sauren Böden, auf denen der *Mangel an Kalk* schlechte Bedingungen für das Wachstum gewisser Pflanzen schafft und dafür das Überwuchern von Unkräutern gestattet, da die letzteren ungünstige Reaktionsverhältnisse im Boden besser überstehen, während sie normalerweise von den übrigen Pflanzenwuchs unterdrückt worden wären.

Wenn der Mensch den Boden in Kultur nimmt, ändern sich die Verhältnisse grundlegend dadurch, daß die Erzeugnisse des Bodens nicht wieder in ihn zurückgelangen, sondern ihm in Form von Ernten ganz oder teilweise entnommen werden. Die ersten Flächen, die der Mensch kultivierte, waren die *Steppenböden,* da sie am leichtesten urbar zu machen waren und sich von Natur aus für den Anbau von Getreide, also einer den Gramineen der Steppe verwandten Pflanzengattung, eigneten. Beim Anbau von Getreide werden dem Boden zwar Nährstoffe wie Stickstoff, Phosphorsäure und Kali entzogen; da der Gehalt der Steppenböden an diesen Nährstoffen aber zunächst sehr hoch war, dauerte es doch eine sehr lange Zeit, bis die Ernten infolge Nährstoffmangels zurückgingen. Bei der Inkulturnahme der *Waldböden* machte sich dieser Rückgang des Gehalts an Pflanzennährstoffen rascher bemerkbar als bei den Steppenböden, da der ursprüngliche Vorrat hier geringer war. Es zeigte sich, daß diese Böden nicht für jede Frucht geeignet sind, und der Landwirt lernte bald, die verschiedenen Bodenarten nach dieser Richtung zu unterscheiden, sowie nach den Wasserverhältnissen, die neben den Nährstoffverhältnissen die Nutzungsmöglichkeit eines Bodens bestimmen. Während sich ein schwerer, an sämtlichen Nährstoffen reicher Boden als *Weizenboden* zum Anbau sämtlicher landwirtschaftlicher Gewächse eignet, ist ein *Roggen- oder Kartoffelboden* infolge seiner dürftigen Versorgung mit Nährstoffen nur für den Lupinen-, Kartoffel- oder Roggenanbau nutzbar.

Wird auf einem Boden ständig dieselbe Frucht angebaut, so erfolgt der Rückgang der Ernten besonders rasch. Die Geschwindigkeit dieses Rückgangs ist bei den verschiedenen Pflanzenarten unterschiedlich. Zu den mit sich selbst verträglichen Pflanzen gehören Roggen, Reis, Mais, Hirse, Kartoffeln, Serradella, Lupine. Pflanzen, deren Anbau nicht lange fortgesetzt werden kann, sind Rüben, Erbsen *und* Klee. Schon nach kurzer Zeit zeigt sich beim Anbau dieser Früchte der Boden „müde". Die *Bodenmüdigkeit* kann verschiedene Ursachen haben. Fortgesetzter Anbau der gleichen Frucht führt zu einer Häufung von Krankheiten und der Überhandnahme von Schädlingen wie z. B. *Kohlhernie, Kartoffelkrebs, Rübennematoden.* Auch die Vermehrung bestimmter *Unkräuter* wird durch die einseitige Wiederholung derselben Kultur begünstigt. Der einseitige Entzug eines bestimmten Nährstoffs kann ebenfalls die Ursache der Bodenmüdigkeit sein, insbesondere der Umstand, daß die Wurzeln der betreffenden Pflanzen stets eine bestimmte Bodenzone bevorzugen, was zur Verarmung dieser Bodenzone an Nährstoffen sowie zu einer Anhäufung toxischer Wurzelausscheidungen führen kann.

Möglich ist, daß dabei vor allem die Verarmung des Bodens an gewissen *Spurenelementen* eine Rolle spielt. Der in Sumatra im Tabakbau geübten Praxis, den Tabakboden längere Zeit brach liegen und sich wieder von Busch bedecken zu lassen, schrieb man — abgesehen von den günstigen Einflüssen auf den Humusgehalt des Bodens — auch die Wirkung zu, daß die tief wurzelnden Buschpflanzen Spurenelemente aus dem Untergrund heraufholen und die Ackerkrume mit ihnen anreichern.

Beim Anbau von Mischkulturen übt der Nährstoffgehalt des Bodens einen deutlichen Einfluß auf die Entwicklung der einzelnen Bestandteile des Pflanzengemisches aus. Beim Anbau von Gerste-Hafer-Gemenge wird die Gerste oder der Hafer in den Vordergrund treten, je nachdem sich unter dem Einfluß der Witterung die p_H-Zahl des Bodens nach der neutralen oder sauren Seite hin verschiebt. Auf bestimmten Böden wird daher der Anbau dieses Gemenges sicherer sein als derjenige der reinen Frucht.

Ein weiteres Beispiel für den Einfluß des Nährstoffgehalts auf den Pflanzenbestand ist das *Grünland.* Auf diesem verändert sich der Pflanzenbestand stark mit der Düngung; Kali und Phosphorsäure bewirken ein Überwiegen der Leguminosen, der Stickstoff bewirkt ein Zurücktreten der Leguminosen gegenüber den Gräsern. Man erklärt dies damit, daß die Leguminosen weniger gut zum Aufschluß des Bodenkalis befähigt sind als die Gräser; sie können sich daher erst bei ausreichender Versorgung mit leicht löslichem Kali gut entwickeln. Die Stickstoffdüngung wird bei geringer Versorgung mit Kali aus dem gleichen Grunde hauptsächlich die Entwicklung der Gräser fördern, da diese zum Aufschluß des Bodenkalis besser befähigt sind als die Leguminosen. Ähnlich wirkt auch der natürliche Gehalt des Bodens auf die botanische Zusammensetzung der Narbe. Auf einer sauren Wiese z. B. werden sich keine Kleearten ansiedeln, da diese hohe Ansprüche an den Kalkgehalt des Bodens stellen, sondern nur saure Gräser, die infolge ihrer geringen Ansprüche an die Versorgung mit Kalk auf derartigen Böden den Wettbewerb mit den anspruchsvolleren Pflanzen erfolgreich aufnehmen können.

X. DER WASSERHAUSHALT DER BÖDEN

1. Wasserbedarf der Pflanzen

In der Natur ist meist das Wasser derjenige Wachstumsfaktor, an dem zuerst Mangel eintritt und der also die Höhe der Erträge stark beeinflußt. Dies gilt nicht nur für Trockengebiete, wie sie im Osten Europas vorkommen, sondern auch für Mittel- und Westeuropa, da trotz hoher Gesamtniederschläge auch hier Trockenperioden auftreten, welche die Entwicklung der Ernten beeinträchtigen.

Die Pflanze bedarf der Feuchtigkeit zunächst deswegen, weil das Wasser ein Baustein der Pflanzensubstanz ist, besteht doch die wachsende Pflanze zu 75 bis 85% aus Wasser. Wasser ist sowohl bei der Bildung von Kohlenhydraten durch den Assimilationsprozeß, wie auch zur Aufrechterhaltung des Quellungszustandes der lebenden Pflanzensubstanz notwendig. In Wirklichkeit ist aber der Wasserverbrauch der Pflanze um ein Vielfaches größer, als ihre Zusammensetzung erkennen läßt. Wasser ist ein Transportmittel für alle Nährstoffe, aus denen die Pflanze sich aufbaut. Durch die Wurzeln steigt während des Wachstums ständig ein Strom von Wasser zu den oberirdischen Teilen empor, die es dann durch Verdunstung wieder abgeben. Man rechnet im allgemeinen mit einem durchschnittlichen Wasserbedarf von 300 bis 400 kg auf die Erzeugung von 1 kg Trockensubstanz; zur Erzeugung von 10 t Trockenmasse je ha würde somit in der Vegetationszeit ein Regenfall von 300 bis 400 mm erforderlich sein.

Voraussetzung für eine sparsame Ausnutzung des Wassers ist ein ausreichender Nährstoffgehalt des Bodens. Hat der Acker an einem oder mehreren unentbehrlichen Nährstoffen Mangel, so verbraucht der Pflanzenbestand erheblich größere Mengen Wasser zur Erzeugung einer Einheit Trockensubstanz, als dies bei nährstoffreichen Böden geschieht. Der fruchtbare Acker wird also bei geringem Wasservorrat nicht nur den besseren Bestand aufweisen, sondern auch dürresicherer sein.

Da der Wasserverbrauch der einzelnen Früchte verschieden hoch ist, muß die Fruchtfolge so eingestellt werden, daß sie dem Wasserhaushalt des Bodens Rechnung trägt. Vor allem der *Zwischenfruchtbau* stellt erhöhte Ansprüche an den Wasserhaushalt. Umgekehrt ist die *Schwarzbrache* ein Mittel, um den Wassergehalt des Bodens zu erhöhen, weil die wasserverdunstende Tätigkeit des Pflanzenbestandes wegfällt.

Wird der Wasserverbrauch höher als die Nachlieferung aus dem Boden, so welkt die Pflanze. Das Welken setzt nicht bei einem bestimmten Wassergehalt des Bodens ein, sondern je nach der Geschwindigkeit, mit welcher der Boden Wasser abgibt, ist sein Wassergehalt beim *Welkepunkt* verschieden. So liegt der Welkepunkt für Tabak auf Ton bei 12%, auf Lehm bei 8% und auf Sand bei 1,5% Wassergehalt.

Wichtig für ihre Fähigkeit, den Wassergehalt des Bodens voll auszuschöpfen, ist der Umfang der Bewurzelung der Pflanze. Die Wurzeln der einzelnen Pflanzenarten dringen verschieden tief in den Erdboden ein und erschließen daher ein verschieden großes Reservoir an Bodenfeuchtigkeit.

2. Wasserspeicherung im Boden

Die Niederschlagsmenge, die zur Deckung des Wasserbedarfs der Pflanzen notwendig ist, erhöht sich dadurch stark, daß nicht alles auf den Boden gelangende Wasser in der Durchwurzelungszone verbleibt und von den Pflanzenwurzeln aufgenommen werden kann. Der Wasserbedarf der Pflanzen ist daher erst dann gesichert, wenn erheblich größere als die theoretisch berechneten Niederschlagsmengen zur Verfügung stehen. Der Bedarf der Kulturpflanzen an Wasser ist so groß, daß er in der Regel durch die Niederschläge während der Vegetationszeit gar nicht gedeckt werden kann, so daß es notwendig ist, die im Boden aufgespeicherte Winterfeuchtigkeit mit zu benutzen. Von dem zugeführten Wasser, das im allgemeinen durch die atmosphärischen Niederschläge, in besonderen Fällen auch durch künstliche Bewässerung, auf den Boden gelangt, geht ein Teil durch Verdunstung in die Atmosphäre zurück, ein Teil dringt gar nicht in den Boden ein, sondern fließt an der Oberfläche wieder ab, ein Teil sickert mehr oder weniger rasch durch den Boden hindurch bis zum Grundwasser, ein Teil wird endlich vom Boden festgehalten. Die Menge der *Sickerwässer* wie auch des vom Boden festgehaltenen Wassers wird von der Art der Wasserzuführung und der Art der Ableitung des Überschusses beeinflußt; hauptsächlich ist sie von dem Porenvolumen des Bodens wie auch von den chemischen Eigenschaften des Bodenmaterials abhängig.

Sowohl Größe wie Form des *Porenvolumens* sind für den Wasserhaushalt des Bodens von Bedeutung. Das Porenvolumen bestimmt diejenigen Mengen Wasser, die ein Boden überhaupt aufnehmen kann, es stellt also die *maximale Wasserkapazität* des Bodens dar; diese wird um so größer sein, je lockerer der Boden gelagert ist. Diese Wassermenge kann der Boden jedoch nicht dauernd festhalten, da das Wasser unter dem Einfluß der Schwerkraft versickert. Die Geschwindigkeit, mit der das Versickern erfolgt, ist von der Größe der einzelnen Hohlräume des Bodens abhängig. Grobkörnige Böden lassen das Wasser leichter durch; je feinkörniger die Böden werden, desto langsamer erfolgt das Versickern, ganz schwere Tonböden sind wasserundurchlässig. Sandböden brauchen mithin häufige, nicht zu starke Niederschläge, da sie nur einen geringen Wasservorrat halten können; die Beweglichkeit des Wassers ist gut, so daß der gesamte Vorrat ausgenutzt wird. Tonböden haben eine hohe *wasserhaltende Kraft*, die Wasserbeweglichkeit ist aber gering, so daß der Ausgleich aus den der Wurzel benachbarten Schichten nur schwer erfolgt. In Tonböden dringt nur ein Teil des Regenwassers ein. Günstiger gestaltet sich die Wasserführung der Lehmböden. Infolge der unterschiedlichen Größe der Poren sind sowohl Durchlässigkeit wie Wasserhaltevermögen des Lehms gut. Mittlere Lehmböden in gutem Zustande bestehen zur Hälfte aus Bodenmasse, zur Hälfte aus Hohlräumen, die teils mit Wasser, teils mit Luft gefüllt sind.

Je nach der Zeit, die seit der Füllung der Bodenporen mit Wasser verstrichen ist, und je nach der Textur und Struktur des Bodens wird der Gehalt des Bodens an Senkwasser verschieden groß sein. Das *Senkwasser* kann auf seinem Wege zur Tiefe von den Pflanzenwurzeln aufgenommen werden. Für eine gesunde Wasserführung des Bodens ist im Interesse der Durchlüftung ein rascher Abfluß des Senkwassers erwünscht; eine zu weit gehende Entwässerung muß jedoch dadurch verhütet werden, daß für genügend kleine Hohlräume gesorgt ist, welche das Wasser durch Kapillarität festhalten. Eine Hauptaufgabe der Bodenbearbeitung ist es, für die jeweiligen Verhältnisse das Optimum der Sättigung und der Abfuhr in die Tiefe zu schaffen, um die Speicherung von möglichst viel Feuchtigkeit bei guter Durchlüftung zu gewährleisten.

3. Kapillarwasser

Nur der Teil des Wassers kann dauernd im Boden verbleiben, der von den kapillaren Hohlräumen des Bodens zurückgehalten wird: man bezeichnet ihn als das *Haftwasser* des Bodens oder als seine *minimale Wasserkapazität.* Diese wird in Gewichtsprozenten oder in Volumenprozenten des trockenen Bodens ausgedrückt. Sie ist von der Korngröße, der Lagerungsweise und dem Gehalt des Bodens an quellbaren Bestandteilen abhängig.

Die Bestimmung der minimalen Wasserkapazität erfolgt entweder dadurch, daß man den mit Wasser gesättigten Boden einer Zentrifugalkraft unterwirft, die 1000- bis 2000mal so groß ist wie die Schwerkraft, oder daß man die Feuchtigkeit aus dem Boden mit einer Saugpumpe absaugt. Unter Feldbedingungen hängt die Aufnahme und Verteilung der Niederschläge von der Textur und Struktur der Ackerkrume ab[1].

Die Wasserführung des Bodens, d. h. die Wassermenge, die der Boden von einem Niederschlag bis zum anderen durchschnittlich enthält und der Vegetation darbietet, ist meist größer als die minimale Wasserkapazität, da im Boden

[1] Im englischen Schrifttum kennzeichnet man sie durch die Begriffe „field-capacity" und „moisture-equivalent". Das „moisture-equivalent" entspricht annähernd der minimalen Wasserkapazität; es ist dies der Wassergehalt, der sich einstellt, wenn man einem trockenen Boden eine gewisse Menge Wasser zuführt und dann das Eintreten des Verteilungsgewichts in den oberen 90 cm der Ackerkrume abwartet. Ihr kommt praktisch die „field capacity" gleich, d. i. die Wassermenge, die ein Boden enthält, nachdem der Überschuß an Schwerkraftwasser abgesickert ist und die Bewegung des Wassers nach unten praktisch aufgehört hat.

auch Senkwasser enthalten ist. In der Nähe des Grundwassers entspricht die Wasserführung der maximalen Wasserkapazität, also dem Porenraum des Bodens, soweit dieser nicht durch Quellung der Bodenkolloide verschwunden ist. Das Eindringen von Wasser in den Boden erfolgt um so leichter, je größer die Hohlräume sind. Die Wassermenge, die ein Boden zurückhält, hängt aber nicht nur von der Größe, sondern auch von der Gestalt des Hohlraumvolumens ab. Eine Rolle spielt dabei die wirksame Gesamtoberfläche der verschiedenen Bodenteilchen.

Unter eigentlichem, geschlossenem Kapillarwasser versteht man das mit dem Grundwasser verbundene, durch Kapillarkräfte in den Bodenporen emporgehobene Wasser. Da die Lagerung der Bodenteilchen zu einer ganz unterschiedlichen Kapillarität führt, wird der Spiegel des geschlossenen kapillaren Wassers sehr regellos sein. Oberhalb des geschlossenen Kapillarwassers folgt dann eine Zone, in welcher das Wasser zwar auch noch eine kontinuierliche Schicht um die einzelnen Bodenteilchen bildet, aber die unregelmäßig geformten Kapillaren nicht mehr vollständig erfüllt. In dieser Bodenzone bilden sich an den Berührungsstellen der Bodenteilchen Wassermenisken, die man als *funikuläres Wasser* bezeichnet, wenn sie miteinander in Verbindung stehen, dagegen als *penduläres Wasser*, wenn sie voneinander getrennt sind. Auch in letzterem Falle sind zwar die einzelnen Wassertröpfchen durch einen dünnen Wasserfilm, der die Oberfläche der festen Teilchen bedeckt, miteinander verbunden; das Wasser ist dann aber praktisch nicht mehr in flüssiger Form beweglich. Eine Verfärbung der Bodensubstanz durch den Feuchtigkeitsgehalt des Bodens tritt nur so lange ein, als noch beim Berühren zweier Bodenteilchen ihre Wasserhüllen sich zu einem Meniskus flüssigen Wassers vereinigen.

4. *Hygroskopisches Wasser*

Für den Wasserhaushalt kommt nicht nur die eigentliche, von der Größe der Hohlräume abhängige Kapillarität, sondern auch das von den Oberflächen der festen Bodenteilchen adsorbierte Wasser in Frage. Auf die Bedeutung dieser Verhältnisse für die Beweglichkeit des Wassers im Boden hat besonders *Vageler* (23) hingewiesen, der die Kapillaritätserscheinungen im Boden chemisch zu erklären versucht. Nach seiner Ansicht erfolgt die Hebung des Wassers im Boden zu einem wesentlichen Teile durch die Hydratationsenergie der von den Oberflächen der festen Bodenteilchen adsorbierten Ionen. Die Ionen, welche von den Bodenkolloiden als Ionenschwarm adsorbiert werden, haben das Bestreben, eine Wasserhülle von bestimmter Dicke zu bilden. Die Dicke dieser Wasserhülle ist von der Art des betreffenden Ions abhängig, da die Hydratationsenergie der einzelnen Ionen verschieden ist. Die Wasserschicht, welche die Oberfläche der Bodenteilchen überzieht, enthält also außer Wasser auch die von der Bodenoberfläche adsorptiv gebundenen *Schwarmionen;* diese Wasserhäutchen stehen daher unter einem entsprechenden osmotischen Druck. Da die Dichte der Packung der Schwarmionen sich mit zunehmender Annäherung an die Oberfläche sehr stark erhöht, wird das Wasser in diesen teilchennahen Wasserschichten mit ungeheurer Kraft festgehalten. Erst wenn die Dicke der Schicht eine gewisse Grenze überschreitet, verringert sich der Druck, unter dem das Schwarmwasser steht, da dann die Dichte der Packung der Schwarmionen rasch abfällt.

Das durch *Hydratation der Schwarmionen* gebundene Wasser ist nach *Vageler* identisch mit dem hygroskopischen Wasser, welches der Boden aufnimmt, wenn er über einer 10%igen Schwefelsäure gelagert wird, über der er nach *Mitscherlich* soviel Wasser anlagert, als aus Wasserdampf unter Entbindung der Benetzungswärme des Bodens angelagert werden kann. Ein lufttrockener Boden enthält immer noch eine gewisse Menge Wasser, die von dem Wasserdampfdruck der Luft abhängig ist. Man hat früher geglaubt, daß das hygroskopische Wasser ein Maß für die Bodenoberfläche darstelle, weil man annahm, daß es in einer monomolekularen Schicht adsorbiert werde. Dies hat sich jedoch nicht als zutreffend erwiesen, wie schon daraus hervorgeht, daß die Menge des hygroskopischen Wassers vom Dampfdruck abhängt. Wenn man weiß, in welcher Art der Adsorptionskomplex des Bodens mit Kationen belegt ist, kann man nach *Vageler* die Hygroskopizität und auch den Verlauf des osmotischen Drucks des Bodenwassers in der Umgebung der einzelnen Bodenteilchen berechnen und auf diese Weise feststellen, welcher Anteil des Wassers unter einem so hohen Druck steht, daß er als *„totes" Bodenwasser* für die Versorgung der Pflanzen nicht in Betracht kommt.

5. Totes Bodenwasser

Die Wasseraufnahme der Pflanze aus dem Boden erfolgt in der Weise, daß die Zellmembranen der Wurzeln in Berührung mit dem feuchten Boden aufquellen und diesem das Wasser so lange entziehen, bis der osmotische Druck des Zellsaftes der Wurzelhaare dem osmotischen Druck der Bodenlösung entspricht. Eine erhöhte Salzkonzentration im Boden verringert daher die physiologische Aufnehmbarkeit des Bodenwassers; die Pflanze vermag also nicht das ganze im Boden enthaltene Wasser auszunutzen. Das hygroskopisch gebundene Wasser, welches physikalisch-chemisch als Schwarmwasser der Bodenkolloide aufzufassen ist, wird vom Boden so festgehalten, daß die Pflanzenwurzeln es sich nicht anzueignen vermögen. Erst wenn der Boden die 2- bis 4fache Menge des hygroskopischen Wassers enthält, vermag die Saugkraft der Pflanzen sich dieses Wassers zu bemächtigen (23).

Für die *Saugkraft der Wurzeln* werden von verschiedenen Forschern (71) Werte angegeben, die bei Gras und Getreide zwischen 6 und 18 at, bei Mais zwischen 16 und 27 at, bei Zitrusarten zwischen 26 und 58 at liegen; die großen Unterschiede sind wohl teilweise auf die Verschiedenheit der angewandten Methodik zurückzuführen. Die Saugkraft der Pflanzen kann sich dem osmotischen Druck im Boden nicht anpassen. Kulturpflanzen können daher auf Böden von höherer Salzkonzentration nicht genügend Wasser aufnehmen, so daß sie durch eine *Salzflora,* die sich daselbst entwickeln kann, unterdrückt werden.

Der von dem „toten Bodenwasser" eingenommene Teil des Porenvolumens kann nicht der Bewegung des Wassers dienen; sondern dafür steht nur das spannungsfreie Volumen zur Verfügung, welches nach Abzug der unter Druck stehenden Wasserfilme übrigbleibt.

In dem von den Schwarmionen gebundenen Hydratationswasser können natürlich keine Ionen der Bodenlösung enthalten sein. Dieses Wasser kommt mithin für die Auflösung von löslichen Stoffen nicht in Betracht. Für die Bodenlösung steht also nicht der gesamte Wassergehalt des Bodens, sondern nur der nach Abzug des *„toten Bodenwassers"* verbleibende Rest zur Verfügung.

Trägt man z. B. in eine gewisse Menge einer Salzlösung bestimmter Konzentration trockenen Montmorillonit ein, der zur Vermeidung von Komplikationen durch Ionenaustausch mit dem in der angewandten Salzlösung enthaltenen Kation belegt worden war, so erhöht sich die Konzentration dieser Salzlösung beispielsweise bei 100 g Na-Montmorillonit in Berührung mit NaCl-Lösung von 3,458 g NaCl in 100 g H_2O auf 4,018 g, bei K-Montmorillonit von 3,147 g KCl in 100 g H_2O auf 3,622 g (72).

6. *Quellung und Schrumpfung*

Wenn sich durch das Hydratationsbestreben der Schwarmionen Wasser an die Bodenteilchen anlagert, so quellen diese so lange auf, bis der Quellungsdruck dem Druck der überlagernden Schicht die Waage hält. Ton und Humussubstanzen, die infolge ihrer starken Kationenbelegung Wasser außerordentlich stark adsorbieren, so daß sie stark aufquellen, zeigen daher beim Eintrocknen umgekehrt eine sehr starke *Schrumpfung.*

Quellung und Schrumpfung treten besonders stark bei tonreichen Böden, insbesondere Natriumböden, auf. Hier führt die Schrumpfung zu unterschiedlichen Strukturen des Bodens, wie z. B. Säulen-, Prismen- oder Nußstruktur.

Auch die Plastizität des Bodens steht mit dem Quellungsvermögen in Verbindung. Unter einem bestimmten Wassergehalt ist der Boden nicht mehr plastisch und zerbröckelt. Oberhalb eines bestimmten Wassergehaltes zerfließt er (sticky point nach *F. Hardy* [73]). Die Bearbeitung des Bodens kann nur bei einem Wassergehalt stattfinden, bei dem er nicht mehr plastisch ist, da er sonst verschmiert. Stark plastische Böden wiederum weisen beim Austrocknen eine so starke Kohäsion auf, daß ihre Bearbeitung dadurch sehr erschwert wird.

7. *Das Kapillarpotential*

Haben verschiedene Böden den gleichen Feuchtigkeitsgehalt, so ist damit nicht gesagt, daß sie sich hinsichtlich der Wasserabgabe an die Pflanze gleich verhalten. Ein Sandboden wird z. B. bereits bei einem verhältnismäßig geringen Feuchtigkeitsgehalt als feucht anzusprechen sein, während ein Tonboden unter den gleichen Bedingungen noch als vollkommen trocken gelten muß. Wenn Böden hinsichtlich ihrer Wasserlieferung an die Pflanzen verglichen werden sollen, so muß in Betracht gezogen werden, welche Energiemengen nötig sind, um ihnen Wasser zu entziehen bzw. ihren Wassergehalt überhaupt zu verändern. Man muß das Potential messen, unter dem das Wasser in ihnen steht; denn genau wie die Fähigkeit, Wärme oder elektrischen Strom abzugeben, von der Potentialdifferenz eines Körpers gegenüber seiner Umgebung abhängt, ist auch die Möglichkeit der Wasserabgabe von einer solchen Differenz abhängig. Eine Feuchtigkeitsbewegung im Boden ist nur dann möglich, wenn ein Potentialunterschied besteht, wenn also eine geringere Kraft erforderlich ist, um den Wassergehalt an einer bestimmten Stelle im Boden zu erhöhen, als dazu nötig ist, um ihn an der benachbarten Stelle herabzusetzen. Den Begriff des Potentials hat *Buckingham* (74) in die Bodenkunde eingeführt, und zwar bezeichnet er als Kapillarpotential die Zentimeter Wassersäule, die dem Unterdruck entsprechen, der nötig ist, um Wasser aus dem Boden herauszubewegen, bzw. den Überdruck, den es erfordert, um Wasser in den betreffenden Boden hineinzubringen. Das Kapillarpotential kennzeichnet er als den Unterschied zwischen der freien Energie von Wasser in gewöhnlichem Zustande und dem im Boden vorliegenden Wasser. Die Bewegung des Wassers im Boden wird stets von der Stelle mit einem niedrigen Potential zu derjenigen mit dem höheren Potential erfolgen, da der Wasserentzug bei der ersteren einen geringeren Kraftaufwand erfordert als bei der zweiten. Auf Grund des Kapillarpotentials kann man die verschiedenen Arten des Wassers im Boden unterscheiden. Das *hygroskopische Wasser* hat ein außerordentlich hohes Potential, bis zum *Welkepunkt* fällt es auf etwa 10000 cm ab, während das freibewegliche Wasser nach *Sekera* bei einem Potential von etwa 1000 cm liegt.

Um das Verhalten des Wassers über einen sehr großen Bereich in einer einzigen Kurve ausdrücken zu können, hat *Schofield* (75) vorgeschlagen, den Logarithmus pF des Kapillarpotentials einzuführen. Unter pF = 3 wäre also in diesem Falle zu verstehen, daß eine Saugkraft von 1000 cm Wassersäule notwendig ist, um dem Boden das Wasser zu entziehen. Bei den Untersuchungen von *Schofield* hat sich herausgestellt, daß in dem gleichen Boden bei dem gleichen pF-Wert verschiedene Feuchtigkeitsgehalte auftreten, je nachdem ob man den Boden von einem feuchteren Zustande her austrocknet oder ihn von einem trockneren Zustande her sich anfeuchten läßt. Auch die Verteilung der Porenräume im Boden kann aus der Form der Kurve pF-Feuchtigkeitsgehalt abgelesen werden, insbesondere aus der Hysteresewirkung, die dazu führt, daß sich ein Boden beim Austrocknen anders verhält als beim Anfeuchten, beim Quellen anders als beim Schrumpfen.

Die lebende Pflanzenwurzel entzieht dem Boden Feuchtigkeit, wobei sich das Kapillarpotential des Bodens erhöht. Der Boden ist schließlich nicht mehr in der Lage, genügend rasch Wasser zu liefern, um die Transpirationsverluste zu decken, und die Pflanze verwelkt. Nach *P. Vageler* (76) sind für das kapillare Verhalten eines Bodens verschiedene Größen maßgebend, nämlich die Hydratation der Schwarmionen, das osmotische Potential der Bodenlösung und das eigentliche Kapillarpotential. Der „Flex point“, die Höhe des geschlossenen

Wassers in den Makrokapillaren, zeigt den Übergang vom offenen zum geschlossenen Kapillarwasser an.

8. *Geschwindigkeit der Nachlieferung*

Die Dicke der Wasserschicht, welche durch die kapillaren Kräfte festgehalten wird, stellt sich durch die Oberflächenspannung des Wassers wieder neu ein, sobald sie durch Verdunstung oder durch Wasserentzug seitens der Wurzeln gestört wird. Die Geschwindigkeit des Wassers unter dem Einfluß dieser Kräfte, wie auch die Höhe, bis zu welcher die Saugkräfte das Wasser heben können, hängen von der Reibung des Wassers in den Hohlräumen und Hydrathüllen ab. Die Bewegung erfolgt nur so lange, bis der Zug der Saugkraft durch die Reibung unterwegs gerade kompensiert wird. Der Einfluß der Schwerkraft fällt demgegenüber kaum ins Gewicht.

Für die Wasserversorgung der Pflanzen ist nicht nur die statisch verfügbare Menge der Bodenfeuchtigkeit von großer Wichtigkeit, sondern auch die durch die *Beweglichkeit des Bodenwassers* bedingte Wasserergiebigkeit des Bodens. Wenn die Pflanze ständig ausreichend mit Wasser versorgt werden soll, muß das Wasser im Boden der Pflanzenwurzel mit einer Geschwindigkeit zuströmen, die der Abfuhr des Wassers durch den aufsteigenden Saftstrom der Pflanze entspricht. Die Größe der Geschwindigkeit, mit der das Wasser sich zu der Wurzel hinbewegen muß, ergibt sich aus folgender Berechnung: Für die Produktion von 10 t Trockensubstanz je ha werden in einer Vegetationsperiode von 150 Tagen rund 4000 t Wasser benötigt, entsprechend etwa 1 m^3 je ha und Stunde. Dächte man sich sämtliche Wurzelspitzen in einer Ebene angeordnet, so müßte das Wasser, um den Wasserbedarf der Pflanze zu decken, dieser Ebene mit einer Geschwindigkeit von 0,1 mm in der Stunde zuströmen.

Für die Wasserversorgung der Pflanze kommt mithin nicht der Wasserinhalt der gesamten Bodenschicht in Frage, sondern nur derjenige Teil der Schicht, innerhalb dessen das Wasser die bestehenden Reibungswiderstände noch mit einer ausreichenden Geschwindigkeit überwinden kann.

Ein gewisser Teil der vertikalen Bewegung von Wasser kann nach *A. Lebedew* (77) auch im Dampfzustande erfolgen. Während der Wintermonate ist die Oberfläche des Bodens kälter als der Untergrund, und dies kann infolge des Unterschiedes im Dampfdruck zu einer Destillation und Wiederkondensation von Wasser von unten nach oben führen. Dies ist ein Grund mit für die anhaltende Feuchtigkeit der Böden im späten Winter und im zeitigen Frühjahr. Andererseits kann während der Sommermonate eine Destillation von Wasser abwärts, also von dem wärmeren Oberflächenboden nach dem kälteren Unterboden erfolgen, wodurch die Wasserverluste der Oberkrume durch Oberflächenverdunstung noch verstärkt werden. Untersuchungen von *M. Trénel* (78) haben gezeigt, daß im Boden Wassergewinne in Dampfform aus der Atmosphäre möglich sind, da die Umkehrung des Temperaturgefälles Atmosphäre–Boden am Morgen Wassermoleküle in den Boden hineinführt.

9. Verdunstung

Der Wasserhaushalt des Bodens wird durch die an der Bodenoberfläche stattfindende Verdunstung wesentlich beeinflußt. Diese wird, von den atmosphärischen Faktoren abgesehen, durch die Größe der Oberfläche des Bodens, den Wassergehalt der Bodenoberfläche und den Ersatz des verdunsteten Wassers durch Zuleitung aus tieferen Schichten bestimmt. Von einer rauhen, unebenen Oberfläche ist die Verdunstung größer als von einem eingeebneten Boden. Dunkle Böden verdunsten schneller als hellere. Mit steigender Größe des Hohlraumvolumens des Bodens nimmt die kapillare Nachleitung von Wasser ab. Ein durch Bearbeitung gelockerter Boden wird daher weniger Wasser verdunsten als ein unbearbeiteter. Die Vegetation wirkt in verschiedenen Richtungen: einmal austrocknend durch den Wasserverbrauch der Wurzeln, zum anderen feuchtigkeithaltend durch die Beschattung des Bodens.

Man hat verschiedentlich versucht, die Wirkung der verschiedenen Klimafaktoren, also die Höhe der Niederschläge und der Temperatur, durch einen einzelnen Zahlenwert auszudrücken. Alle hierfür vorgeschlagenen Methoden beruhen darauf, daß sie die Beziehungen zwischen Regenfall und Verdunstung wiedergeben sollen. Da im allgemeinen die Verdunstung mit der Temperatur ansteigt, hat man vorgeschlagen, die Verdunstung als Funktion von Regenfall und Temperatur auszudrücken. Die erste dieser Methoden war der Regenfaktor von *R. Lang*, der durch den Quotienten der mittleren Jahresniederschläge und der mittleren Temperatur $\frac{N}{T}$ ausgedrückt wird. Dieses Verhältnis nimmt sehr hohe Werte an, wenn die Temperatur Null ist. Um diesen Einfluß zu korrigieren, hat *Lang* vorgeschlagen, nur die Monate zu berücksichtigen, die eine mittlere Temperatur über 0° C haben. Ein anderes Maß für die Feuchtigkeit eines Klimas ist der NS-Quotient von *Meyer*. Dieser ist der mittlere jährliche Regenfall in mm geteilt durch das Sättigungsdefizit in mm Hg. Dieses Sättigungsdefizit wird berechnet als Differenz zwischen dem Wasserdampfdruck bei voller Sättigung bei der betreffenden Temperatur und dem tatsächlichen Partialdruck des Wasserdampfes, der sich aus der relativen Luftfeuchtigkeit ergibt.

Die Verdunstung wird nun stark erhöht durch die Transpiration der angebauten Pflanzen, die vor allem im Sommer sehr stark ist. In den Sommermonaten wächst also die Verdunstung nicht in demselben Maße wie das Sättigungsdefizit, sondern ihr Anwachsen erfolgt unverhältnismäßig stärker. *Laatsch* (19) bezeichnet diesen Wert als den Bodenfaktor. Dieser Bodenfaktor kennzeichnet die Wirkung auf die Verdunstung, welche grasbewachsene Sandböden mit tiefem Grundwasser zeigen. Für die Verdunstung eines solchen Bodens ergibt sich die Gleichung: Verdunstung = Sättigungsdefizit · Bodenfaktor. Eigentlich müßte diese Gleichung noch mit dem Windfaktor erweitert werden, da die Unterschiede der Windfaktoren aber verhältnismäßig gering sind, kann man sie in roher Annäherung vernachlässigen. Die Differenz Niederschläge minus Verdunstung ergibt die Durchfeuchtung. Die Durchfeuchtungswerte betrachtet *Laatsch* als besonders brauchbare Kennzeichen für den Einfluß des Klimas auf die Bodenbildung.

Ein trockener Boden läßt sich vielfach mit Wasser überhaupt nicht benetzen (Puffigwerden von Moorböden). Dies erklärt sich daraus, daß die Bodenteilchen Luft angelagert haben, so daß das Wasser nicht mit ihnen in Berührung kommen kann. Der *Benetzungswiderstand* wird überwunden, wenn auf den Boden *Wasserdampf* einwirkt (also bei hoher Luftfeuchtigkeit), da dieser leichter an die Bodenteilchen herantreten kann als das flüssige Wasser.

10. Das Grundwasser

Grundwasser fließt auf wasserundurchlässigen Schichten im Untergrunde dem Gefälle entsprechend oder es steht in Senken. Wir haben also auch im Untergrunde mit Strömen, Bächen und Seen zu rechnen. Im allgemeinen schwankt die Lage des Grundwasserspiegels mit der Jahreszeit: sie erreicht in der Regel einen Höchststand am Ende des Winters und einen Tiefstand am Ende des Sommers, es sei denn, daß abnorme Regenfälle oder Trockenheiten diese Reihenfolge stören. Komplikationen können eintreten, wenn im Bodenprofil wasserundurchlässige Schichten auftreten. Es bildet sich dann ein sogenannter hängender Grundwasserspiegel aus. Steht der Grundwasserspiegel zu hoch, so tritt übergroße Feuchtigkeit im Boden auf, und es macht sich eine Verbesserung durch künstliche Entwässerung nötig.

Früher schrieb man dem kapillaren Wasseraufstieg aus dem Grundwasser große Bedeutung zu. Eine solche Wasserbewegung findet in begrenzter Ausdehnung zwar statt, dem Aufstieg ist aber bald eine Grenze gesetzt. So fand *Shaw* (79), daß der Grundwasserverlust durch Aufstieg und Verdunstung monatlich 3,6 cm betrug, wenn Erdsäulen in Röhren 120 cm über den Grundwasserspiegel reichten. Reichten die Erdsäulen aber 300 cm über den Grundwasserspiegel, so betrug der Verlust nur noch 0,16 cm. Bei einer Grundwassertiefe von 3 m ist also der kapillare Aufstieg aus dem Grundwasser, von dem man früher annahm, daß er den Wasserhaushalt des Bodens beherrsche, zu vernachlässigen. Nach Beobachtungen von *Wittich* hat sich allerdings der Einfluß von Grundwasser bei Kiefern noch in einer Tiefe von 6 bis 7 m bemerkbar gemacht. Es ist schwierig, die Grenze zu bezeichnen, unterhalb derer der Grundwasserspiegel die Bedingungen im Oberflächenboden nicht mehr berührt. Man kann aber wohl im allgemeinen sagen, daß der Grundwasserspiegel, wenn er mehr als 6—7 m unter der Oberfläche liegt, ohne Einfluß auf die Feuchtigkeitsverhältnisse des Bodens ist. Es herrschen dann die Bedingungen des freien Durchsickerns des Bodenwassers, und nur das der minimalen Wasserkapazität entsprechende Wasser, bzw. zeitweise darüber hinausgehend das Senkwasser, kommen den Pflanzen zugute. Steht das Grundwasser in einer für die Wurzeln erreichbaren Tiefe an, so bessert sich der Ertrag, es sei denn, daß die durch das Grundwasser bewirkte mangelhafte Durchlüftung stört. Günstig für die Vegetation sind ein sauerstoffreiches und kalkreiches Grundwasser, sie begünstigen im Walde die Bildung von Mull an Stelle von Rohhumus. Vor allem ist dies der Fall, wenn der Grundwasserspiegel sehr hoch liegt, also etwa einen Meter unterhalb der Erdoberfläche, so daß er auf die Entwicklung der Feuchtigkeitsverhältnisse im Oberboden stärker einwirken kann.

Im allgemeinen heißt es, daß kalkreiches Grundwasser bei der Kiefer ein besseres Höhenwachstum bewirkt, aber ein grobringiges Holz erzielt. Für das Wachstum der Pappel ist fließendes Grundwasser in Wurzelhöhe vorteilhaft. Liegt der Grundwasserspiegel so tief unter der Oberfläche, daß er praktisch keine Wirkung mehr auf die Feuchtigkeit an der Oberfläche hat, so kann dies das Gelingen der Wiederaufforstung nach Kahlschlag erschweren, da zwar die tiefgehenden Wurzelsysteme des alten Bestandes den Anschluß an das Grundwasser hatten, die schwach entwickelten Wurzelsysteme des Nachwuchses aber den Anschluß an das Grundwasser nicht finden können. Auch in den Tropen hat dies vielfach beim Roden von Urwald zwecks Anlage von Plantagen zu schweren Enttäuschungen geführt. Die üppige Entwicklung des Urwaldes ließ vermuten, daß sein Boden sehr fruchtbar sein müsse. Nachdem der Urwald aber gerodet war, ging der Anschluß der Wurzeln an das mehrere Meter tiefe Grundwasser verloren, und die neuangebauten Kautschukbäume, Kaffee- oder Kakaobäume verkümmerten infolge Trockenheit.

XI. DER ENERGIEHAUSHALT DER BÖDEN

1. Mechanische Energie

Daß die Gesteine so außerordentlich tiefgreifenden Veränderungen unterworfen werden, wenn sie an die Grenzfläche zwischen Erdball und Atmosphäre gelangen, — Veränderungen, die aus dem toten Gestein einen Boden entstehen lassen, der befähigt ist, die Heimstätte des Lebens zu sein —, beruht darauf, daß ihnen an der Oberfläche der Erde ungeahnte Mengen von Energie aller Art zugeführt werden.

Schon der erste Schritt zur Bodenbildung, die Zerkleinerung der Gesteine, beruht auf der Zufuhr von Energie. Die Temperaturschwankungen der Atmosphäre leisten eine gewaltige Arbeit, indem sie die einzelnen Bestandteile der Gesteine einer ungleichen Ausdehnung und Zusammenziehung unterwerfen. Sie lockern auf diese Weise den Zusammenhang der Teile, so daß Risse und Spalten entstehen. Das Wasser, welches in diese Risse und Spalten eindringt, dehnt sich beim Gefrieren mit unwiderstehlicher Kraft aus und bewirkt dadurch eine weitere Zerkleinerung. Durch die Kraft des strömenden Wassers wie auch durch die Bewegung des Windes werden dann die abgespaltenen Teile in Bewegung gesetzt, und durch Reibung an der Unterlage werden sie weiter zerkleinert, so daß sich immer feinere Teilchen bilden.

2. Chemische Energie

Durch die Zerkleinerung wird die Oberfläche der Gesteinsteilchen außerordentlich stark vergrößert, und den chemischen Energien wird erhöhte Gelegenheit geboten, sich zu betätigen. Die kleinen Teilchen bieten dem Wasser eine viel größere Angriffsfläche dar, so daß dessen lösende Wirkung beschleunigt wird und eine weitgehende chemische Veränderung der Gesteinsteilchen eintreten kann. Auch ist die Löslichkeit feinverteilter Stoffe infolge Steigerung ihrer Oberflächenenergie bekanntlich größer als diejenige derselben Stoffe, wenn sie in einem gröberen Korn vorliegen. Die atmosphärischen Niederschläge, die in den Boden eindringen, liefern das Lösungsmittel für die Durchführung der chemischen Prozesse im Boden, nämlich das Wasser, dessen Lösungsvermögen durch einen Gehalt an Kohlensäure noch erhöht wird.

3. Licht

Die chemischen Vorgänge, die bei der Einwirkung des Wassers und der in ihm gelösten Stoffe auf die Gesteine auftreten, erhalten dadurch eine einheitliche Ausrichtung, daß dem Boden an der Grenzfläche der Bodenatmosphäre infolge der Strahlung der Sonne ständig reichliche Mengen Energie zugeführt werden. Man kann diese Energie mit 2 cal. je Minute und cm^2 annehmen. Wichtig für die Bodenbildung ist besonders derjenige Teil der *Sonnenenergie*, der als Lichtenergie ausgenutzt und von der Pflanze in Form chemischer Energie aufgestapelt wird. Die Pflanzen, welche den Boden bedecken, haben die Fähigkeit, mit Hilfe des Blattgrüns einen Teil der eingestrahlten Lichtenergie in chemische Energie umzuwandeln. Es ist dies die chemische Reaktion, die für unser ganzes Leben bestimmend ist; denn sie liefert nicht nur die Nahrung für Mensch und Tier, sondern die angehäufte Lichtenergie der Vorzeit dient uns gleichzeitig in Form von Holz, Torf oder Kohle als Grundlage für die Gewinnung von Energie für technische Zwecke. Um welche Energiemengen es sich dabei handelt, zeigt die folgende Überlegung: in einem Gefäßversuch zu Hafer wurden von einem Gefäß mit einer Fläche von 315 cm^2 130 g Trockensubstanz, entsprechend etwa 550000 cal, geerntet. Die Vegetationsdauer betrug 120 Tage, also ca. 100000 Minuten Sonnenlichtdauer. Wenn in der Minute 2 cal je cm^2 einstrahlten, berechnet sich die Gesamteinstrahlung zu $2 \cdot 315 \cdot 1000000 = 63000000$ cal. Die Energieausbeute, die durch die Bildung von Pflanzensubstanz erzielt wurde, beträgt somit

$$63000000 : 550000 = 100 : x$$
$$x = 0,9\%$$

Im Freiland ist natürlich die Ausnutzung der Sonnenenergie niedriger als im Gefäßversuch, der auf Grund optimaler Wachstumsbedingungen eine besonders starke Bildung von Pflanzensubstanz ermöglicht. Man kann auch hier die Energieausbeute feststellen, indem man den Energieinhalt der auf einer bestimmten Bodenfläche erzeugten organischen Substanz ermittelt und gleichzeitig mit einer Thermosäule die Gesamtmenge der durch die Sonnenstrahlung erzeugten Strommenge bestimmt. Man hat auf diese Weise gefunden, daß unter normalen Verhältnissen etwa 0,6—0,8% der Energie des einstrahlenden Sonnenlichtes von den Pflanzen zum Aufbau der Pflanzensubstanz ausgewertet werden (80).

Die gebildete Pflanzensubstanz gibt aber noch nicht das volle Maß für die Ausnutzung der Lichtenergie für die Bodenbildung. Wie man festgestellt hat, wird etwa die gleiche Menge organische Substanz, die als fertig gebildete Pflanzensubstanz bestehen bleibt, von der Pflanze wieder veratmet. Der größte Teil des dabei gebildeten Kohlendioxyds wird durch die Wurzeln an den Boden abgegeben, wodurch sich die aufschließende Kraft des Wassers auf den Boden stark erhöht. Die von der Pflanze aufgestapelte Sonnenenergie wird dem Boden auch auf die Weise zugeführt, daß sich nach dem Absterben der Pflanze die Wurzeln und sonstigen Rückstände im Boden zersetzen und dabei neben Kohlensäure Humussäuren bilden, die — wie der Unterschied zwischen siallitischer und allitischer Verwitterung zeigt — von starkem Einfluß auf die Bodenbildung sind. Alle diese Wirkungen gehen somit indirekt auf die Lichtenergie der Sonne zurück. Nach *Dhar* und *Mukerdjee* (81) sollen die ultravioletten Strahlen der Sonne auch direkt zur Bindung von Stickstoff an Sauerstoff führen, so daß Nitrate entstehen und die Lichtenergie auch auf diesem Wege auf die Bodenbildung einwirkt. Untersuchungen von amerikanischer Seite (82) konnten dies allerdings nicht bestätigen, und es ist möglich, daß eine solche Wirkung nur in den Tropen vorliegt.

4. Wärme

Die weitaus stärkste Energiezufuhr, die der Boden erfährt, ist die *Zufuhr von Wärme,* da der größte Teil der Sonnenstrahlung vom Boden als Wärme absorbiert wird. Ein Boden wird um so wärmer, je mehr er gegen den Einfallswinkel der Sonnenstrahlen geneigt und je dunkler seine Farbe ist, da dunkelgefärbte Böden die Sonnenstrahlen weniger stark reflektieren als helle und daher mehr Wärme aufnehmen. Für besonders wärmebedürftige Pflanzen wird man daher Böden bevorzugen, die an einem Südabhang liegen oder die dunkel gefärbt sind. Insbesondere humusreiche Böden werden durch die größere Wärmeadsorption rascher erwärmt. Hinzu kommt die Wärmeerzeugung durch die Zersetzung der organischen Substanz des Bodens, eine Wärmequelle, die sich besonders der Gärtner für die Anzucht von Pflanzen in Mistbeeten zunutze macht. Durch die Lebenstätigkeit der Bodenorganismen, die die organische Substanz des Bodens oxydieren, werden ganz beträchtliche Mengen Wärme erzeugt. Ebenso kann das Eindringen wärmeren Wassers eine wichtige Rolle für die Erwärmung des Bodens spielen. Wie die Tatsache, daß die Wärme mit zunehmender Tiefe ansteigt, beweist, kommt auch die Erde als Wärmequelle für den Boden in Frage.

Die *Temperatur,* die ein Boden unter dem Einfluß einer bestimmten Wärmezufuhr erreicht, hängt von seiner Wärmekapazität, seiner *Wärmeleitfähigkeit* und seiner Wärmeemission ab. Die *Wärmekapazität* oder spezifische Wärme der bodenbildenden Mineralien ist ziemlich gleich, und zwar beträgt sie — auf das gleiche Volumen bezogen — etwa 0,5—0,6. Diese spezifische Wärme der festen Bodenteile bildet aber nur einen Teil der spezifischen Wärme des Gesamtbodens, da diese auch von der spezifischen Wärme des Bodenwassers und der Bodenluft abhängt. Im Vergleich zur spezifischen Wärme des Bodenwassers, welche 1 beträgt, ist die der Bodenluft so niedrig, daß man sie praktisch vernachlässigen kann. Je nach dem Grade, in welchem die Hohlräume des Bodens von Wasser erfüllt sind, ist daher seine spezifische Wärme verschieden.

Nasser Boden braucht zur Erreichung einer bestimmten Temperatur eine viel höhere Wärmemenge als trockener Boden, einmal der höheren spezifischen Wärme des Wassers wegen, vor allem aber auch deshalb, weil das Wasser beim Verdunsten viel Wärme verbraucht. Nasse Böden sind daher kalt, sie erwärmen sich nicht so rasch wie trockene bzw. durch Dränage entwässerte

Böden. Die Wärmeleitung im Boden wird ebenfalls in der Hauptsache durch den Wasser- und Lufthaushalt der Böden beeinflußt; in einem feuchten Boden ist die Wärmeleitung besser als in einem trockenen Boden.

Der Wärmeübergang kann durch direkte Wärmeüberleitung von Bodenteilchen zu Bodenteilchen, durch Strahlung durch den Porenraum und durch Konvektion auf Grund von Luftströmungen erfolgen.

Nicht nur die Wärme*aufnahme* bestimmt die Temperatur des Bodens, sondern auch die Wärme*abgabe* an die Atmosphäre macht ihren Einfluß geltend. Die *Verdunstung des Wassers* aus dem Boden ist um so stärker, je feuchter der der Boden an der Oberfläche ist. Die Abkühlung durch Verdunstung kann so groß sein, daß die Temperatur des Bodens unter derjenigen der Luft liegen kann, daß also z. B. Wasser im Boden zu Eis gefriert, während die Temperatur der Luft noch über dem Gefrierpunkt liegt. Wird die Verdunstung durch Nebel herabgesetzt, so besteht umgekehrt nicht die Gefahr, daß Bodenfröste auftreten. Für die Verdunstung ist auch die Lage des Bodens wichtig und der Grad, in dem er der Einwirkung der Winde ausgesetzt ist.

Infolge der wechselnden Ein- und Ausstrahlung unterliegen die oberen Bodenschichten *großen Temperaturschwankungen*, die nach der Tiefe zu merklich abnehmen. In der Tiefe von 1 m sind die täglichen Schwankungen meist nicht mehr wahrnehmbar. Das Maximum der Bodentemperatur liegt bei Tage höher als die Lufttemperatur, ihr Minimum bei Nacht tiefer; die Temperaturschwankungen im Boden sind demnach größer als die der Luft. Von Einfluß ist auch die Bodenbedeckung, da auf einem bewachsenen Boden die Pflanzendecke die eingestrahlte Wärme aufnimmt. Eine Schneedecke schützt den Boden während einer Frostperiode vor zu tiefer Abkühlung; umgekehrt verursacht die Schneeschmelze im Frühjahr eine Verzögerung in der Bodenerwärmung, da die Schmelzwärme des Schnees den Boden abkühlt. Zur Zeit der Schmelze kann es vorkommen, daß das Auftauen des Bodens von unten nach oben erfolgt, was durch Abreißen der Wurzeln zum Ausfrieren der Wintersaat führen kann.

Für das Wachstum der Pflanze ist das Verhalten des Bodens gegen Wärme von großer Bedeutung; denn jede Pflanze benötigt bestimmte Wärmemengen. Da die Geschwindigkeit aller chemischen Reaktionen durch eine Temperaturerhöhung gesteigert wird, wobei eine Temperatursteigerung von 10° ungefähr einer Verdoppelung der Reaktionsgeschwindigkeit entspricht, werden auch die Prozesse, die das Wachstum der lebenden Pflanze regeln, durch eine erhöhte Temperatur günstig beeinflußt. Dies gilt allerdings nur bis zu einem Optimum, das für die Pflanzen der gemäßigten Zone bei etwa 30° liegt. Eine weitere Steigerung der Temperatur ist für den Organismus der Pflanze schädlich und bringt diese bei Erhöhung auf etwa 50—60° zum Absterben.

Die Wärmeenergie, die der Boden der Pflanze zur Verfügung stellen kann, hängt von der jeweiligen Bodentemperatur ab. Die im Boden herrschende Temperatur ist vor allem für die Keimung der Saat von Bedeutung. Voraussetzung für das Keimen der Pflanze ist die Einwirkung einer bestimmten Wärme, die nötig ist, um die chemischen Umsetzungen einzuleiten, welche die Keimung der Saat verursachen. Oberhalb und unterhalb gewisser Temperaturen ist eine Keimung nicht möglich; innerhalb dieser Temperaturen liegen die Optima der Keimungsenergie.

Eine hohe *Keimungstemperatur* verlangen

	Minimum ° C	Optimum ° C
Mais	4,8—10,5	37—44
Hirse	4,8—10,5	37—44
Sonnenblume	4,8—10,5	31—37
Kürbis	10,5—15,6	37—44
Gurke	15,6—18,5	31—37

während geringe Anforderungen an die Keimungstemperatur von folgenden Pflanzen gestellt werden:

	Minimum ° C	Optimum ° C
Weizen, Gerste, Roggen, Hafer	0—4,8	25—31
Erbse	0—4,8	25—31
Rotklee	0—4,8	31—37

Auch während der weiteren Entwicklung sind die Anforderungen der einzelnen Pflanzenarten an die Temperatur verschieden. Hohe Ansprüche an die während der Vegetationszeit herrschende Temperatur stellen Hirse, Mais, Sojabohne, Rebe, Tabak, Tomate, Kürbis, Gurke; anspruchsloser in dieser Hinsicht sind Sommergerste und Kartoffeln, die selbst noch in hohen Gebirgslagen und in arktischen Gebieten angebaut werden können.

Bei der Auswahl der anzubauenden Pflanzen muß daher die Temperatur des Bodens berücksichtigt werden. Ist sie für die betreffende Kultur zu niedrig, so kümmern die Pflanzen und wachsen so langsam, daß sie in ihrem Jugendstadium anfällig für allerlei Krankheiten und Schädlinge sind oder daß sie mit dem Eintritt des Herbstes ihr Reifestadium nicht voll erreichen. Umgekehrt aber bewirkt eine für die betreffende Kultur zu hohe Temperatur ein zu üppiges Wachstum, so daß die Zellen zu schwächlich ausgebildet und die Pflanzen anfällig werden, was besonders in Treibhäusern häufig zu beobachten ist. Die Temperatur beherrscht weiterhin die Länge der vegetativen Wachstumsperiode und der Reifezeit. Wird die Pflanze zu früh einer erhöhten Temperatur ausgesetzt, so wird die vegetative Periode abgekürzt, und es tritt die sogenannte Notreife ein, welche den Ertrag verringert. Daß die Temperatur des Bodens auf dem Wege der Beeinflussung der auf ihm wachsenden Pflanzen somit auch einen mittelbaren Einfluß auf die Bodenbildung ausübt, liegt auf der Hand.

5. *Elektrische Energie*

Bereits frühzeitig wurde an die Möglichkeit gedacht, daß elektrische Vorgänge im Boden für das Wachstum der Pflanzen von Bedeutung sein könnten.

So glaubte man, daß das relativ gute Gedeihen der Pflanzen im hohen Norden mit starken, durch das Nordlicht verursachten elektrischen Einwirkungen auf den Boden in Zusammenhang stünde. Daß im Boden elektrische Kräfte wirksam sind, ist sicher; schon die Erscheinung des Erdmagnetismus weist darauf hin. Auch durch die Niederschläge, insbesondere bei Gewittern, sowie durch den Tau erfolgen elektrische Beeinflussungen des Bodens. Die im Boden auftretenden Störungen sind an Störungen des Erdmagnetismus zu erkennen. Welche Bedeutung die elektrischen Vorgänge im Boden für die Pflanzen haben, ist noch nicht geklärt; sicher ist nur, daß alle Versuche, das Pflanzenwachstum durch Beeinflussung der elektrischen Verhältnisse des Bodens zu fördern, also Methoden der sogenannten *Elektrokultur*, einwandfrei fehlgeschlagen sind.

6. Kosmische und terrestrische Strahlen

Man hat in früherer Zeit vielfach den Einfluß verschiedener Strahlungsenergien auf den Boden erörtert. Außer den Strahlen der Sonne glaubte man, auch anderen kosmischen und terrestrischen Strahlen eine Wirkung auf Boden und Pflanze zuschreiben zu sollen, z. B. den *Höhenstrahlen*, einer besonders kurzwelligen γ-Strahlung aus dem Weltall, die man vor allem im Hochgebirge feststellen kann. Ein Einfluß dieser Strahlen auf die Vorgänge im Boden oder auf das Leben konnte jedoch nicht nachgewiesen werden.

Auch über einen etwaigen Einfluß von Strahlen terrestrischer Herkunft, die im Boden auftreten, ließ sich bisher noch nichts Bestimmtes feststellen. Im Inneren des Erdballs werden bei der Bildung von Elementen durch Kondensation kleinerer Atome infolge des dann auftretenden sogenannten Massendefekts ungeheure Energiebeträge frei, die den Strahlungsverlust, den die Erdoberfläche im Weltenraum erfährt, wieder ausgleichen. In ähnlicher Weise tritt Energie in Form der Strahlung auf, die beim Zerfall von unbeständigen, *radioaktiven* Elementen ausgesandt wird. Diese sind nicht nur in den stärker radioaktiven Gesteinen enthalten, sondern ihre Verbreitung im Boden ist ziemlich allgemein. Besonders häufig ist vor allem die Strahlung, die von dem Kaligehalt des Bodens herrührt; denn ist das Kali auch nur sehr schwach radioaktiv, so ist es doch im Boden sehr weit verbreitet. Manche Forscher haben die Notwendigkeit des Kalis für das Pflanzenwachstum mit seiner Radioaktivität (83) in Verbindung gebracht und die Ansicht vertreten, daß die Energie radioaktiver Strahlen an den Lebensprozessen mitwirke. Auch diese Frage ist jedoch keineswegs geklärt. Von *Fehér* wurde auch die Möglichkeit erörtert, daß Körper wie Chlornatrium und Schwefel, die keine physikalisch nachweisbaren Strahlen aussenden (84), doch Energien auszustrahlen vermögen, die nur physiologisch durch ihre Wirkung auf das Wachstum von Pflanzen festzustellen sind. Der Nachweis, daß die beobachteten Wirkungen auf derartige Energiestrahlungen zurückgehen und nicht auf etwaige geringe Verunreinigungen durch Stoffe mit physikalisch feststellbarer Strahlung, ist aber noch nicht erbracht worden.

XII. DIE KLEINLEBEWELT DES BODENS

1. *Biologische Umsetzungen im Boden*

Eine höchst wichtige Rolle für die Fruchtbarkeit des Bodens spielen die Kleinlebewesen, die ihn bewohnen und die zum weitaus größten Teil dem Pflanzenreich, zu einem kleineren dem Tierreich angehören. Die Kleinlebewelt des Bodens baut die abgestorbenen Pflanzenreste ab und mineralisiert sie. Nach *Löhnis* (85) werden auf 1 ha Ackerland jährlich 50—60 dz organische Rückstände umgesetzt, in denen etwa 15—20 dz Kohlenstoff, ½—1 dz Stickstoff, ½—1 dz Kali und ¼—½ dz Phosphorsäure enthalten sind; die umgesetzte organische Substanz des Bodens reicht aus, um je ha eine 1000 kg Gewicht entsprechende Menge Kleinlebewesen zu ernähren. *E. Mischustin* schätzt die Menge der im Boden eines Hektars lebenden Mikroorganismen sogar auf 10—15 t. Maßgebend für den Einfluß dieser Mikroorganismen ist aber nicht sowohl ihre Gewichtsmenge, als ihre außerordentlich große reaktionsfähige Oberfläche, die auf 500 ha je ha Bodenfläche geschätzt wird. Bei der Umsetzung des Kohlenstoffs entstehen riesige Mengen Kohlensäure, die für die Verwitterung der Mineralsubstanz des Bodens von Bedeutung sind. Nach der Tiefe zu nimmt die Kleinlebewelt des Bodens rasch ab, weil die notwendige Luftzufuhr fehlt; auf den lebenden — garen — Boden folgen daher Schichten mit mangelnder Gare und schließlich der tote Untergrund.

Der dem Pflanzenreich angehörende Teil der Kleinlebewelt des Bodens entstammt den Klassen der *Bakterien*, der *Algen* und der *Pilze*. Aus dem Tierreich sind im Boden mehr oder weniger regelmäßig *Protozoen*, *Nematoden*, *Würmer* und *Insekten* vertreten.

2. *Bodenbakterien*

Die für die Bodenprozesse wichtigste Klasse der Mikroorganismen sind die Bakterien. Die Bodenbakterien sind gewöhnlich sehr zahlreich: Man hat in 1 Gramm Boden zwischen 2 und 600 Millionen Bodenbakterien gezählt. Nach *E. Mischustin* können in einem Gramm in guter Kultur befindlichen Boden bis 2 Milliarden Bakteriensporen, 5 Millionen lebende Bakterien, 1 Million Aktinomyzeten, 50000 Pilze, 50000 Algen und 50000 Protozoen und dergleichen enthalten sein. Die Zahl schwankt sehr stark — je nach Bodentyp und Bodenart, nach der Bodenbehandlung, nach der Jahreszeit und nach den Temperatur-,

Feuchtigkeits- und Luftverhältnissen eines Bodens. Die starken Schwankungen im Organismenbesatz des Bodens erklären sich dadurch, daß die Lebensbedingungen für die Bakterien außerordentlich stark wechseln. Es ist daher ein jahreszeitlicher Zusammenhang zwischen der Zahl der Bakterien und Pilze und der Temperatur und Feuchtigkeit des Bodens festzustellen. Im Frühjahr strebt die Tätigkeit der Kleinlebewesen des Bodens bei ausreichender Feuchtigkeit mit ansteigender Temperatur einem Maximum zu. Die einsetzende Trockenheit im Sommer führt zu einem Absinken, mit steigender Wasserversorgung im Herbst bildet sich ein zweites Maximum aus, auf welches dann infolge der niedrigen Temperatur im Winter ein Minimum folgt. Nach *Fehér* (86) geht das Mikroorganismenleben des Bodens dem Produkt aus Temperatur und Feuchtigkeit parallel. Die Bakterien bevorzugen eine neutrale Bodenreaktion, außerdem benötigen sie Feuchtigkeit, Wärme, Sauerstoff. Die Nährstoffe können organisch oder anorganisch sein. Man unterscheidet autotrophe Bakterien, die ihre Energie aus der Oxydation einfacher organischer Verbindungen und ihren Kohlenstoff aus dem Kohlendioxyd beziehen, und heterotrophe Bakterien, die ihren Kohlenstoff höheren organischen Verbindungen entnehmen.

Die wichtigsten Lebensprozesse, die unter der Einwirkung von Bakterien im Boden vor sich gehn, sind die Zersetzung der Kohlenstoffverbindungen, die Umsetzung der Stickstoffverbindungen, sowie die Umbildungen der Mineralien; chemisch wirksam sind dabei hauptsächlich die Enzyme der Bakterien, die möglicherweise auch als Wirkstoffe für die höheren Pflanzen in Betracht kommen.

Die Zersetzung der Kohlenstoffverbindungen liefert den Bakterien Material und Energie für ihren Aufbau. Der Zersetzung unterliegen Kohlenhydrate, Kohlenwasserstoffe, Fette, Fettsäuren, Eiweiß, Aminosäuren und Amide. Einige Bakterien sind bezüglich ihrer Nährstoffe selektiv, andere greifen jede vorhandene Masse an. *A. Afanassjewa* (87) stellte fest, daß die verschiedenen Pflanzen auf die Mikrobenflora des Bodens verschieden einwirken. So erfolgt z. B. die Nitrifikation und die Zellulosezersetzung unter Weizen nach Luzerne- und Kleegrasgemenge rascher als unter Weizen nach Quecke.

Im Boden kommen sowohl aërobe Bakterien, die zu ihrer Entwicklung Sauerstoff benötigen, als auch anaërobe Bakterien vor, die ein sauerstofffreies Medium fordern oder aber zum mindesten ohne freien Sauerstoff auskommen, da sie diesen sauerstoffhaltigen Verbindungen entziehen. Von den anaëroben Bakterien sind insbesondere die Zellulosezersetzer, Eiweißzersetzer sowie die Pektinzersetzer zu erwähnen.

Die letztgenannte Bakterienklasse hat teil an der Zersetzung von organischer Substanz, wenn nicht genügend Luft vorhanden ist. Das Ergebnis dieser Art von Zersetzung ist die *Fäulnis* im Gegensatz zur *Verwesung*, die eine Zersetzung unter aëroben Bedingungen ist. Die aëroben Bakterien entwickeln hauptsächlich Kohlendioxyd, die anaëroben Bakterien sind durch Entwicklung von Wasserstoff und Methan gekennzeichnet, außerdem entwickeln sie infolge der Reduktion von Nitraten elementaren Stickstoff.

Während die im Boden vor sich gehenden Oxydationsprozesse dem Pflanzenwuchs durchweg förderlich sind, können die Reduktionsprozesse infolge Bildung giftiger Stoffe (Nitrite, Sulfide) schädlich wirken. Die Bakterien enthalten 13—15% Stickstoff. Bei der Aufnahme der organischen Substanz durch die Bakterien findet eine Anreicherung von Stickstoff statt, da nur 10—14% des Kohlenstoffs assimiliert werden, während der Rest als Kohlensäure entweicht bzw. in Form von unzersetztem Material zurückbleibt. Das durch die Tätigkeit der Bakterien gebildete Eiweiß ist ein wesentlicher Bestandteil des Humus. Bei dem Aufbau der Stickstoffverbindungen nutzen die Bakterien nur einen Teil des Stickstoffgehalts der organischen Substanz aus; aus dem Rest entsteht Ammoniak. Sind die zu zersetzenden organischen Stoffe sehr stickstoffreich, so wird viel Ammoniak gebildet; überwiegen im Ausgangsmaterial die Kohlenhydrate, so wird wenig Ammoniak gebildet bzw. es wird wieder Ammoniak assimiliert. Je höher das Verhältnis der Kohlenhydrate zum Eiweiß liegt, desto weniger Ammoniak wird gebildet, wobei allerdings die Verschiedenheit der Bedingungen und der Organismen von Einfluß ist.

Der Entwicklung der Bakterien besonders zuträglich sind Kalkböden, weil die entstehenden Säuren sofort durch den Kalk neutralisiert werden. Der Abbau der organischen Substanz kann auf solchen „hitzigen" Böden sogar zu schnell erfolgen.

Kalk scheint nicht nur zur Aufrechterhaltung der Reaktion, sondern auch als Nährstoff für die Bakterien notwendig zu sein. Die Wichtigkeit das Nährstoffgehalts für die Tätigkeit der Bakterien ist sehr groß; *Reinau* hat sogar eine thermokinetische Bodenuntersuchungsmethode darauf aufgebaut, daß Bodenproben, die mit einer Zuckerlösung versetzt werden, sich infolge bakterieller Tätigkeit verschieden hoch erwärmen, je nachdem ob der betreffende Boden mehr oder weniger gut mit mineralischen Nährstoffen versehen ist (88). *Lyssenko* vertritt die Ansicht, daß überhaupt die durch die Düngung zugeführten Pflanzennährstoffe von den Pflanzen nicht direkt in der Form aufgenommen werden, wie sie in den Düngemitteln enthalten sind, sondern erst nach ihrer Verarbeitung durch die Bodenbakterien. Große Unterschiede im Bakteriengehalt der Böden werden durch die Jahreszeit bedingt; denn Feuchtigkeit und Wärme erhöhen die Bakterienzahl. Trockenheit und Kälte setzen sie herab. Die günstigste Temperatur für die Tätigkeit der Bakterien liegt zwischen 30 und 40°.

3. Wirkung der Bodenbakterien auf den Stickstoffhaushalt des Bodens

Als die dauerhafteste Stickstoffquelle im Boden ist der organisch gebundene Stickstoff anzusehen, der erst allmählich unter dem Einfluß von Bakterien pflanzenaufnehmbar wird.

Besondere Beachtung verdient daher die Klasse der Bodenbakterien, die an der Umsetzung des Stickstoffs beteiligt ist. Zu ihr gehören zunächst die *Nitrifikations-Bakterien,* die ihre Energie aus der Oxydation von Kohlenstoffverbindungen beziehen. Es sind dies das *Bact. nitrosomonas*, welches Ammoniak zu salpetriger Säure oxydiert, und ferner das *Nitrobacter*, welches Nitrite zu Nitraten weiter oxydiert. Bei der Bildung der Nitrate sind also drei Stufen zu unterscheiden: die Bildung von Ammoniak aus Eiweiß, die Oxydation von Ammoniak zu Nitrit und die Oxydation von Nitrit zu Nitrat. Unter normalen Verhältnissen geht von diesen Prozessen die Nitratbildung am raschesten vor sich, so daß Nitrite und Ammoniak in einem normalen Boden nur in Spuren oder überhaupt nicht auftreten. Begünstigt wird die Nitratbildung durch höhere Temperaturen bis zu 37,5°, ausreichende Durchlüftung, gute Wasserversorgung, neutrale Reaktion, Gegenwart von Pufferstoffen und Abwesenheit von größeren Mengen organischer Substanz.

A. Issakowa und *S. Anisskina* (89) beobachteten, daß in der Rhizosphäre zur Zeit der Blüte diejenigen Gruppen von Mikroorganismen in den Vordergrund traten, welche Stickstoff mobilisieren. Sie bringen dies mit der zu dieser Zeit erfolgenden Ausscheidung von Aminosäuren durch die Pflanzen in Zusammenhang.

Von Bedeutung für den Stickstoffhaushalt des Bodens sind ferner die *Denitrifikations-Bakterien*, die Nitratstickstoff zu Nitritstickstoff, freiem Stickstoff oder Ammoniakstickstoff reduzieren. Die Denitrifikation wird durch die reichliche Gegenwart von organischer Substanz und durch Luftabschluß begünstigt; sie erfolgt also, wenn der Boden auch nur für einige Tage mit Wasser gesättigt ist. Durch zu große Nässe wird die Kleinlebewelt des Bodens geschädigt, da durch das Wasser die Bodenluft verdrängt wird. Man darf daher Stallmist nicht tiefer einbringen, als die Durchlüftung des Bodens reicht, weil sonst durch Denitrifikation Stickstoffverluste eintreten. Eine große Bedeutung für das Gedeihen der Bakterien hat aus dem gleichen Grunde die Bearbeitung, welche dem Boden zuteil wird. Die Bodenbearbeitung fördert das Bakterienleben, weil sie den Boden durchlüftet; man muß aber vermeiden, durch zu tiefes Pflügen die bakterienhaltigen obersten Schichten der Krume, die sich durch besondere Bodengare auszeichnen, zu tief unterzupflügen, weil in dem Falle die Bakterien infolge Luftmangels zugrunde gehen, so daß die Bodengare vernichtet wird. Die tiefer liegenden Schichten werden nicht gewendet, sondern lediglich gelockert, um sie durchlässig für Wasser und Luft sowie für die Pflanzenwurzeln zu machen. Der Sauerstoffmangel, der bei Vorhandensein undurchlässiger Schichten im Untergrund auftritt, ist an der Bildung dunkelgefärbter Ferroverbindungen kenntlich. Den Bodenbakterien können auch Nitrate als Sauerstoffquellen dienen; *Bacterium coli* bewirkt die Reduktion von Nitrat zu Nitrit; *Bacterium denitrificans* reduziert Nitrit weiter zu freiem Stickstoff; *Azotobacter chroococcum* reduziert unter anaëroben Bedingungen Nitratstickstoff zu Ammoniak.

Neben den Bakterien, welche die Überführung des organisch gebundenen Stickstoffs in mineralischen Ammoniak- oder Nitratstickstoff regeln, ist eine weitere Bakteriengruppe für den Stickstoffhaushalt des Bodens von großer Bedeutung, nämlich die, die den atmosphärischen freien Stickstoff in die gebundene Form überführt. Diese *stickstoffsammelnden Bakterien* können entweder allein oder in Symbiose mit höheren Pflanzen auftreten. Von den freilebenden Bakterien gehört unter anaëroben Bedingungen *Clostridium* und unter aëroben Bedingungen *Azotobacter* in diese Gruppe.

Die *Stickstoffbindung* ist ein endothermer Prozeß, der eine reichliche Zufuhr von Energie erfordert. Diese Energie entnehmen die Bakterien der chemischen Energie von Kohlenhydraten und verwandten Stoffen, sowie Salzen von organischen Säuren, die sie zersetzen. Zellulose kann als Energiequelle dienen, wenn sie vorher durch zellulosezersetzende Bakterien teilweise angegriffen ist. Die Gegenwart von Nitraten verhindert dagegen die Bindung von Stickstoff durch Azotobacter. Gelegentlich treten auch Symbiosen zwischen stickstoffsammelnden Bakterien und Algen auf, wobei die Algen die notwendige Energie liefern.

Die Energieausbeute bei der Umwandlung der Kohlenhydrate ist bei den aëroben Bakterien größer, weil bei ihnen die Zersetzung bis zur Bildung von Kohlensäure erfolgt, während bei den anaëroben Bakterien nur Buttersäure und ähnliche Säuren entstehen.

Azotobacter bindet 15—20 mg N auf 1 Gramm Zucker, *Clostridium* nur 2—3 mg.

Die untere Reaktionsgrenze für das Auftreten von *Azotobacter* liegt bei p_H 6; dies Bakterium braucht anscheinend viel Phosphor und Kalk. Nach *I. Geller* (90) hängt die Dynamik und das Stickstoffbindungsvermögen von *Azotobacter* im Boden davon ab, daß organische Verbindungen mit einem niedrigen Oxydations-Reduktionspotential in ihm zugegen sind. Mit zunehmender Mineralisation der organischen Substanz nimmt die Entwicklung von *Azotobacter* und die Stickstoffbindung ab.

4. Die Knöllchenbakterien der Leguminosen

Von einer noch größeren landwirtschaftlichen Bedeutung als die freien stickstoffsammelnden Bakterien sind die mit Leguminosen zusammenlebenden. *Hellriegel* und *Wilfarth* gelang es, festzustellen, daß der günstige Einfluß des Leguminosenanbaus auf die Fruchtbarkeit der Äcker in dem Auftreten von stickstoffsammelnden Knöllchenbakterien an den Wurzeln der Leguminosen seine Ursache hat. Der die Knöllchenbildung hervorrufende *Bacillus radicicola* ist aërob und paßt sich den Ansprüchen der Wirtspflanzen weitgehend an, auch in bezug auf die p_H-Zahl. *Löhnis* (69) unterscheidet zwei Gruppen von Knöllchenbakterien, von denen die eine mit Klee, Luzerne, Wicke, Erbse, Lupine zusammenlebt, die andere mit Sojabohne, Erdnuß und Akazie. Andere Forscher sind in der Annahme besonderer Abarten von Bakterien für die einzelnen Pflanzen noch weiter gegangen; es scheint aber, daß die beobachteten Unterschiede nicht lediglich durch die Pflanzenart, sondern auch durch Bodenreaktion, Klima usw. bedingt sind und daß die Bakterien sich an andere Lebensbedingungen anpassen können (91).

Bei dem Anbau von Leguminosen hat es sich gelegentlich herausgestellt, daß diese auf gewissen Böden versagten, weil die Bildung von Knöllchen unterblieb. Dies hat sich besonders auf Böden, die neu in Kultur genommen wurden, gezeigt. In derartigen Fällen hat sich eine *Impfung* des Bodens mit einer Erde, auf welcher sich im Vorjahre Leguminosen gut entwickelt und Knöllchen getragen hatten, sehr erfolgreich erwiesen. An Stelle der natürlichen Impferde kann man auch Reinkulturen von Knöllchenbakterien benutzen. Die Anwendung der Kulturen hat auf solchen Feldern Erfolge gezeigt, bei denen es zweifelhaft war, ob die anzubauenden Leguminosen die ihnen zusagende Bakterienart finden würden. Versuche, Knöllchenbakterien zu züchten, die auch zur Symbiose mit anderen Pflanzen als Leguminosen befähigt wären, sind erfolglos verlaufen. Ebenso sind die Versuche, einem Boden selbständige stickstoffsammelnde Bakterien einzuverleiben, nicht von besonderem Erfolg begleitet gewesen. Es ist dies verständlich; denn da die Bakterien überall verbreitet sind, erreichen sie ohnehin auf jedem Boden das Maximum der Entwicklung, das der physikalische und chemische Bodenzustand zuläßt. Von Erfolg könnte eine derartige Impfung nur sein, wenn es gelänge, bisher noch nicht verbreitete stickstoffsammelnde Bakterien zu züchten, die in dem Boden geeignete Lebensbedingungen fänden.

5. *Algen*

Die Algen können mit Hilfe ihres Blattgrüns aus Kohlensäure organische Stoffe aufbauen. Durch den Aufbau organischer Substanz stapeln sie Energie, die von anderen Organismen ausgenutzt werden kann. Die Algen finden sich überall an der Erdoberfläche, wo Licht und Feuchtigkeit vorhanden sind; einige Arten können sich sogar im Dunkeln entwickeln. Sie sind auch gegen längere Trockenheit sehr widerstandsfähig; ihre Zahl im Boden, auch im Untergrund, ist daher sehr groß.

6. *Pilze*

Die Bodenpilze treten vor allem auf sauren Böden auf. Sie bevorzugen eine saure Reaktion, z. B. p_H 4; bei höheren p_H-Zahlen überwiegen die Bakterien. Während gute Ackerböden zwar viel Bakterien, aber nur wenige Pilze aufweisen, leben in sauren Heide- und Waldböden umgekehrt mehr Pilze, die dort die Zersetzung der Pflanzenrückstände übernehmen.

Die Pilze benötigen für ihren Lebensprozeß fertig gebildete organische Substanz. Sie bewirken eine rasche Zersetzung der Pflanzenreste; die Mycele der Pilze durchsetzen das abgefallene Laub und fördern eine rasche Humusbildung. Andererseits legen die Pilze Stickstoff in Form von Eiweiß aus löslichen Stickstoffverbindungen fest, was für den Anbau stickstoffbedürftiger Pflanzen ungünstige Vorbedingungen schafft. Die Pilze leben entweder frei im Boden oder als *Mykorrhiza* in Symbiose mit höheren Pflanzen. Die freilebenden Pilze kommen in allen Teilen des Bodens bis zu 1 m Tiefe vor und werden wahrscheinlich durch die Tätigkeit von Erdwürmern verteilt. Die Hauptgattungen der freilebenden Pilze sind: *Aspergillus, Penicillium, Mucor, Fusarium*. Die von ihnen hauptsächlich benötigten Nährstoffe sind Ca, N, K, P, Mg, S und Fe. Die von den Pilzen ausgeschiedenen Stoffe, wie Penicillin, Aureomycin, Terramycin, haben neuerdings als Antibiotica große Bedeutung gewonnen; es ist anzunehmen, daß sie auch die biologischen Verhältnisse des Bodens beeinflussen.

Bei der Smybiose mit höheren Pflanzen, also in Form der Mykorrhiza, bezieht der Pilz wahrscheinlich Kohlenhydrate von der Wirtspflanze, während er diese umgekehrt mit Eiweiß anreichert. Anscheinend fördert der Pilz auch die Wurzelausbildung bzw. übernimmt er die Funktionen der Wurzelhaare, also die Aufnahme von Wasser und mineralischen Nährstoffen. Manche Pilze leben als Schmarotzer auf Kulturpflanzen und wirken dadurch schädlich. Zu diesen gehören die Pilze *Fungus radicicola* und *Rhyzoctonia solani*, welche die irische Kartoffelkrankheit verursachen, ferner *Fusarium*, das Wurzelfäule hervorruft, und *Actinomycetes scabies*, der bei Kartoffeln und Zuckerrüben Schorf erzeugt.

Actinomyzeten zersetzen organische Substanz sehr kräftig, auch der widerstandsfähige Humus unterliegt ihrem Angriff. Ihre Tätigkeit wird durch Kalken und Dränage begünstigt.

7. Die Mikrofauna des Bodens

Von großer Bedeutung für den Boden ist die Tätigkeit der Regenwürmer, denn diese wirken nicht nur bei der Zersetzung der organischen Substanz mit, sondern auch bei ihrer gleichmäßigen Verteilung im Boden.

A. Stöckli (92) stellte fest, daß die Regenwürmer jährlich 90—800 dz Trokkenexkremente in der Krume absetzen, die infolge der guten Durchmischung von organischer und mineralischer Substanz eine besonders beständige Krümelstruktur aufweisen. In ähnlicher Weise wirken auch Asseln, Milben, Tausendfüßler sowie die verschiedenen Larven auf den Boden ein, sie zerkleinern sperrige organische Rückstände und vermischen sie mit dem Boden.

Die Düngung mit mineralischem Stickstoff wirkt sich nach *A. Jacob* (93) günstig auf die Entwicklung der Regenwürmer im Boden aus, da die bessere Entwicklung der Pflanzen zu einer stärkeren Beschattung des Bodens und einer erhöhten Anreicherung desselben mit organischer Substanz führt.

Nematoden finden sich in den meisten Böden und sind schädliche Parasiten für die Pflanzen, weil sie diese entweder direkt angreifen oder Pilzen und Bakterien den Weg freimachen. Weit verbreitet sind *Heterodera Schachtii*, welche die Wurzeln von Tomaten, Gurken und anderen Pflanzen schädigt, *Tylenchus devastatrix*, der Hafer und Klee angreift, und *Plasmodiophora*, die bei den Kohlarten die Kohlhernie hervorruft.

Die *Protozoen* nähren sich von Bakterien, begrenzen deren Zahl und sorgen durch ihre Zerstörung dafür, daß im Boden weitere biologische Umformungen hervorgerufen werden. Im Verlauf der täglichen Schwankungen der Zahl der Lebewesen im Boden weisen Protozoen und Bakterien ein entgegengesetztes Verhalten auf.

Eine Beeinflussung der biologischen Eigenschaften des Bodens ist mit Hilfe einer *partiellen Sterilisation* versucht worden, durch welche das im Boden bestehende Gleichgewicht der Organismenflora und -fauna verändert und der Einstellung eines neuen Gleichgewichts der Weg freigemacht wurde. Man hat festgestellt, daß eine solche teilweise Sterilisation zunächst zu einer starken Abnahme der Organismen im Boden führt, der dann aber eine beträchtliche Vermehrung über das ursprüngliche Maß hinaus, wahrscheinlich infolge einer Vernichtung der Protozoen, folgt.

Jede Änderung der im Boden herrschenden physikalischen und chemischen Bedingungen, der Zusammensetzung von Bodenluft und Bodenlösung, der Bodenreaktion und Bodentemperatur bedingt eine Veränderung im biologischen Zustande des Bodens. Man muß auch die ganze Kleinlebewelt im Zusammenhang betrachten, da erst ihr Zusammenwirken ein vollständiges Bild vom Kreislauf des Lebens im Boden vermittelt.

XIII. PFLANZE UND BODEN

1. Mechanische Einwirkung der Pflanze auf den Boden

Zwischen dem Boden und der auf ihm wachsenden Pflanzenwelt bestehen enge Wechselbeziehungen. Auf der einen Seite bietet der Boden der Pflanze Standraum, Wasser und Nährstoffe, und seine Eigenschaften sind daher bestimmend für ihr Gedeihen. Auf der anderen Seite aber haben auch die Pflanzen eine Rückwirkung auf den Boden, auf dem sie wachsen, und so stellt die Vegetationsdecke einen wichtigen Faktor der Bodenbildung dar, der zu dem Einfluß von Bodenart und Klima sehr maßgeblich hinzutritt.

Dieser Einfluß der *Pflanzengemeinschaften* auf den Boden ist sehr vielseitig. Die Einwirkungen sind in erster Linie mechanischer Natur und betreffen vor allem die Struktur; die Bedeckung des Bodens mit einem Pflanzenbestande schützt die oberste Bodenschicht vor Einwirkungen der Niederschläge, die zu Dichtschlämmung und Erosion führen könnten.

Dieser Schutz vor den mechanischen Folgen niederfallender Regen ist je nach dem Pflanzenbestand verschieden wirksam. Man spricht von einer Schattengare, die dadurch zustande kommt, daß unter dem Schutze eines dichten Pflanzenbestandes die Krümelstruktur des Bodens länger erhalten bleibt als unter einem lockeren Bestand. Was die Feldfrüchte anbelangt, so sind die Getreidearten der Bodengare nicht günstig; einen guten Einfluß üben die Leguminosen aus, während die Hackfrüchte wiederum weniger wirksam sind. Einen sehr starken Schutz vor aufschlagendem Regen bieten die Laubbäume. Ein geschlossener Fichtenbestand beschattet den Boden zwar ebenfalls sehr stark — so daß die Bodenvegetation unterdrückt wird —, er schützt aber weniger gegen den Regen, da die Fichte als Traufe wirkt, die den Boden verdichtet.

Der Schutz der Bodenoberfläche gegen die *mechanische Wirkung des Regens* trägt im Verein mit der Festigung, die der Boden durch das Wurzelsystem der Pflanze erfährt, zur Verhütung der Erosion bei, die umgekehrt besonders dann begünstigt wird, wenn der Boden im Gange der landwirtschaftlichen Bearbeitung zeitweise ohne Pflanzendecke bleibt.

Die allmählich immer tiefer in den Boden eindringenden Wurzeln der Pflanzen bewirken eine Krümelung. Diese tritt zunächst dadurch ein, daß bei der Hin- und Herbewegung der Pflanzen, insbesondere hochstämmiger Bäume, im Winde die Wurzeln den Boden mechanisch lockern. Noch wichtiger ist die

Wirkung der feinen Faserwurzeln, die sich zwischen die Bodenteile drängen und dadurch die Struktur des Bodens auflockern. Vor allen Dingen die Steppenböden sind von einem starken Wurzelsystem durchdrungen, dessen dichtes Fasernetz den Boden locker und lose erhält. Die verrotteten *Wurzeln* hinterlassen Poren, die besonders auf Lößböden deutlich zu erkennen sind; hierdurch wird eine bessere Durchlüftung des Bodens bewirkt. Die Durchlüftung wird vor allem durch tiefwurzelnde Bäume wie z. B. die Buche günstig beeinflußt, während Flachwurzler wie die Fichte in dieser Hinsicht keinen merklichen Einfluß ausüben, so daß die Struktur der Böden unter ihnen nicht gebessert wird. Das tiefere Eindringen der Wurzeln in den Boden ist von dessen Eigenschaften abhängig, vor allem davon, ob die Wurzeln angeregt werden, Nährstoffe und Wasser auch in tieferen Schichten aufzusuchen und dadurch den Boden allmählich zu vertiefen.

Gewisse Pflanzen führen das Gegenteil einer Verbesserung herbei, indem sie durch ihre Ausscheidungen Verdichtungen im Boden erzeugen, die zur Entstehung verhärteter Schichten wie *Ortstein* führen.

2. Einfluß der Pflanzendecke auf den Wasserhaushalt des Bodens

Auf die Bodenoberfläche wirkt der Pflanzenbestand dadurch ein, daß er sie beschattet und dadurch das Bodenklima verändert. Die Luftbewegung direkt über dem Boden wird vermindert, und zwar um so mehr, je höher und dichter der Pflanzenbestand ist. Die Verminderung der Luftbewegung führt dazu, daß der Wassergehalt der obersten Bodenschicht erhalten bleibt und daß die Temperatur daselbst geringere Schwankungen zeigt, als es bei einem unbedeckten Boden der Fall sein würde. Diese Einwirkungen der Pflanzendecke können sehr stark sein und dazu führen, daß die einzelnen *Pflanzenformationen* die Entwicklung der Böden, auf denen sie stehen, in ganz verschiedene Richtungen drängen. Umgekehrt werden sich vielfach auf bestimmten Böden auch ganz bestimmte Pflanzenformationen ansiedeln.

Mit dieser Verminderung der Verdunstung von der Oberfläche des Bodens, die eine Verbesserung seiner Wasserführung im Gefolge hat, geht andererseits ein erhöhter Wasserverbrauch Hand in Hand. Wasserverluste können schon dadurch eintreten, daß ein Teil der Niederschläge an den Pflanzen haften bleibt und von dort verdunstet, ohne auf den Boden zu gelangen; vor allem aber braucht die Pflanze sehr viel Wasser aus dem Boden zu ihrer Entwicklung. Der *Wasserbedarf der Pflanze* ist außerordentlich hoch; denn selbst wenn man nur rechnet, daß auf 1 kg Trockensubstanz ein Wasserverbrauch von 300 kg entfällt, so ergibt sich, daß eine Getreideernte von 60 dz Trockensubstanz 1800 t Wasser je ha verbraucht, entsprechend einer Niederschlagshöhe von 18 mm. Die Wiese nimmt in der Regel infolge ihrer längeren Vegetationsdauer größere Wassermengen aus dem Boden auf als das Ackerland; man wird daher Wiesenflächen, die zeitweise unter Dürre leiden oder einen zu niedrigen Grundwasserstand aufweisen, zweckmäßig als Ackerland zum Anbau von Feldfutterpflanzen benutzen. Ein ausschlaggebender Faktor ist der Wasserverbrauch der Pflanzen ferner bei der Ausdehnung des Zwischenfruchtbaus auf Ackerland; diese ist im wesentlichen davon abhängig, ob der Boden in der Lage ist, den durch den *Zwischenfruchtbau* wesentlich erhöhten Ansprüchen an die Lieferung von Wasser zu genügen. Treibt man Zwischenfruchtbau auf einem Boden, dessen Wasserhaushalt diesen erhöhten Ansprüchen nicht gewachsen ist, so wird der Schaden, den die Hauptfrucht durch eine zu große Austrocknung des Bodens erleidet, unter Umständen größer sein, als das Mehr an Pflanzensubstanz, das der Zwischenfruchtbau hervorbringt. Umgekehrt kann in Trockengebieten eine Ausdehnung der Brache geboten sein, da sie eine Speicherung von Wasser ermöglicht; in solchen Fällen muß man nur Sorge tragen, auflaufendes Unkraut, welches Wasser verbrauchen würde, durch Bodenbearbeitung zu vernichten und damit gleichzeitig eine Bodendecke zu schaffen, welche den kapillaren Anstieg an die Oberfläche verhindert. Eine Bedeckung des Bodens mit Stroh oder organischen Abfällen, bzw. mit Stallmist, ist in solchen Fällen ebenfalls angebracht; sie hält den Boden feucht und ermöglicht das Eintreten der Bodengare.

Auch durch den *Fruchtwechsel* kann der Wasserhaushalt des Bodens beeinflußt werden. Auf Früchte, welche stark Wasser zehren, läßt man Kulturen folgen, die eine allmähliche Anreicherung des Wassers im Boden zulassen. Günstig ist in dieser Hinsicht der langjährige Anbau der Luzerne, die mit ihrem tiefgehenden Wurzelsystem Wasser und Nährstoffe bis in große Tiefen erfaßt; es muß allerdings dafür gesorgt werden, daß bei Neuanlage der Luzerne diese zunächst genügend Wasser im Boden findet, um den Anschluß an den ständig Wasser führenden Untergrund erreichen zu können.

Der Wasserverbrauch des Waldes ist höher als der des Ackerlandes. Trotzdem aber kann der Wald *wassersparend wirken,* und zwar vor allem im Gebirge. Während nämlich hier die Niederschläge auf unbewaldeten, abschüssigen Böden unter Verursachung von Erosionsschäden größtenteils einfach ablaufen würden, ohne in den Boden zu gelangen, hält der Wald sie fest und wirkt dadurch günstig auf den Wasserhaushalt dieser Gebiete ein. Dies gilt besonders für die Zeit der Schneeschmelze im Frühjahr. Während das Schmelzwasser des Schnees auf freiem Felde abläuft, da es in den noch gefrorenen Boden nicht eindringen kann, schmilzt der Schnee im Walde erst später, wenn der Boden der benachbarten Äcker bereits aufgetaut ist; das Schneewasser des Waldes kommt also dann den benachbarten Ländereien zugute.

Im Walde ist die oberste Bodenschicht gewöhnlich feuchter als die Ackerkrume unbewaldeter Böden; dagegen werden die tieferen Bodenschichten durch die Wurzeln der Bäume stark ausgetrocknet. Ganz allgemein werden stets die von den Wurzeln der Pflanzen hauptsächlich durchzogenen Bodenschichten am wasserärmsten sein, da aus ihnen zu allererst das Wasser von der Pflanze aufgenommen wird. Der erhöhte Wasserverbrauch des Waldes aus dem Untergrund wirkt in Richtung einer Senkung des Grundwasserspiegels. Um Böden trockenzulegen, pflanzt man daher vielfach Bäume wie die Weide und die Erle, die einen besonders hohen Wasserverbrauch haben, an.

3. Abhängigkeit der Humusbildung von der Vegetation

Sehr wichtig für die Beeinflussung der Bodenbildung durch die Vegetation ist der *Humus,* der sich durch die Zersetzung der organischen Substanz der Pflanze bildet; in ihm sieht man besonders auf jungfräulichen Böden den hauptsächlichsten Träger der Bodenfruchtbarkeit. Es ist vielfach die Ansicht geäußert worden, daß die Böden an Humus verarmen, wenn sie dem Ackerbau unterworfen und ihnen auf Grund einer zweckmäßigen Bodenbearbeitung und angemessenen Zufuhr von mineralischen Nährstoffen hohe Ernten entnommen werden. Dies trifft keineswegs zu. Es steht fest, daß die Pflanze nicht am Humusgehalt des Bodens zehrt, da dieser kein Pflanzennährstoff ist, der aus dem Boden aufgenommen wird; sondern im Gegenteil bildet sie aus der Kohlensäure der Luft organische Substanz, so daß sich der Boden um so stärker mit Humus anreichert, je höher der Ertrag an Pflanzensubstanz ist. Trotzdem hat man beobachtet, daß nach dem Urbarmachen jungfräulicher Böden der Humusgehalt sich verringert. Diese Verminderung ist aber nicht etwa eine Folge des Wachstums der Kulturpflanzen, sondern eine Folgeerscheinung der Bodenbearbeitung; denn wenn der Boden stärker durchlüftet wird, tritt eine lebhaftere Tätigkeit der Bodenorganismen ein, und die organische Substanz des Bodens wird stärker zersetzt, so daß zuletzt nur der wirkliche Dauerhumus übrigbleibt.

Die Reste der organischen Pflanzensubstanz, die auf den Boden gelangen, sind in ihrem Einfluß auf die Bodenbildung verschiedenartig, je nachdem, ob aus ihnen ein *milder Humus* entstehen kann, in dem die Säuren durch einen ausreichenden Basengehalt abgebunden sind, oder *ob saurer Humus* entsteht, der zur Bildung von Trockentorf führt. Enthält das Laub nur wenig Mineralstoffe, so entstehen saure Produkte, die den obersten Bodenschichten Basen entziehen und den Boden nährstoffärmer und sauer machen, Nadelwald wirkt meistens dadurch, daß er die Entstehung von Rohhumus und Trockentorf fördert, ungünstig auf den Boden ein. Dies gilt besonders für Fichten und Kiefern. Der Trockentorf bleibt als unzersetzte Schicht oben liegen und gibt an den darunterliegenden Boden Säuren ab, was zur Bildung eines *Bleichhorizonts* führt. Aus diesem werden sowohl Basen, wie unter dem Einfluß der Humussäuren auch Eisen und Tonerde ausgewaschen, die in einen darunter befindlichen *Illuvialhorizont* einwandern. Hierdurch verschlechtern sich die Entwicklungsmöglichkeiten für die anspruchsvolleren Pflanzen; sie werden verdrängt durch genügsamere Arten, die geringere Ansprüche an den Nährstoffgehalt des Bodens stellen. Zu der letzteren Gruppe gehören z. B. gewisse Moosarten, deren Auftreten zur Bildung von *Hochmooren* führt. Außer den Moosarten, die ein Zeichen beginnender Moorbildung sind, kennzeichnen Heidelbeere und Preiselbeere, die als starke Bildner von *Rohhumus* den Boden ungünstig verändern, sowie die Heide, die einen nährstoffarmen Boden bevorzugt und vor allem auf saurem Boden gedeiht, die Vegetation ärmerer Böden.

Böden mit einem Pflanzenbestand, der ein basenreiches Laub abgibt, machen eine andersartige Zersetzung durch. Aus basenreichem Laub entsteht ein mit

Nährstoffen gesättigter Humus, der die Gare der obersten Bodenschichten günstig beeinflußt.

Auf Steppenböden bleiben der mangelnden Durchwaschung wegen die Basen weitgehend erhalten, so daß die Zersetzung des Humus in einem günstigen Sinne erfolgt. Auf derartigen Böden entwickelt sich eine besonders wertvolle Humusform, die man als *Grauhumus* bezeichnet.

Nach *A. Winter* und *L. Willeke* (94) sind in den grünen Pflanzen antibiotisch wirkende Stoffe weit verbreitet, deren Häufigkeit nach dem Herbst hin zuzunehmen scheint. Es existieren spezifische Hemmungs- und Förderungsstoffe, die beim Einbringen einer bestimmten Blattstreu in den Boden oder ihrer Verwesung auf der Erde eine in fast jedem Falle typische Mikroflora und damit spezifische Umsetzungen und Bodenbildungsprozesse hervorrufen können. Eine besonders kräftige antibiotische Wirkung hat die Blattstreu von Ericaceen und Vaccinium vitis idea. Im Verlauf der Untersuchungen zeigte sich, daß diese antibiotischen Stoffe in den Blättern fast aller Kulturpflanzen (Runkelrüben, Zuckerrüben, Karotten, Klee, Bohnen) fehlen.

4. Rückwirkung der Vegetation auf den Nährstoffgehalt des Bodens

Auf den Gehalt des Bodens an aufnehmbaren Nährstoffen wirkt das Pflanzenwachstum günstig ein, solange der Boden mit Wald oder Steppe bedeckt und nicht kultiviert worden ist. In diesem Falle schließen die Pflanzen gewisse Mengen der Mineralstoffe des Bodens auf und führen sie bei ihrer Zersetzung dem Boden in leichtlöslicher Form wieder zu. Indem die Wurzeln Nährstoffe aus dem Untergrund heranholen und bei der Zersetzung an die Oberkrume abgeben, tritt sogar eine Erhöhung der Fruchtbarkeit ein. Gänzlich anders wird die Lage, wenn der Boden in Kultur genommen wird und ihm jährlich durch die Ernten mineralische Nährstoffe entzogen werden; einen derartigen *Raubbau* verträgt er nicht und antwortet darauf mit einem ständig zunehmenden Rückgang der Erträge, wenn nicht durch Düngungsmaßnahmen der Verarmung Einhalt geboten wird. Unter gewissen Verhältnissen kann allerdings die Fähigkeit der Pflanzen, dem Boden gewisse Mineralstoffe zu entziehen, dessen Beschaffenheit verbessern. Einen solchen Fall stellt z. B. die Verminderung des Natriumgehalts frisch eingedeichter *Polderböden* durch den Anbau von Futterrüben dar, die zu einer Verbesserung der Krümelstruktur dieser Böden führt.

5. Wechselbeziehungen zwischen Boden und Vegetationsform

Die mannigfachen charakteristischen Unterschiede, die sich in dem Einfluß von Pflanzengemeinschaften auf den Boden zeigen, haben veranlaßt, daß man die *Bodentypen* auf Grund ihres Pflanzenbestandes unterschied. So hat man die große Klasse der *Waldböden* von derjenigen der *Steppenböden* getrennt, da die Einwirkung der baumartigen Pflanzen des Waldes auf den Boden von derjenigen der krautartigen Gewächse der Steppe sich stark unterscheidet.

Die tiefgehenden Wurzeln der Waldbäume holen Nährstoffe aus dem Untergrunde und reichern durch ihren Laubfall die Oberflächenschichten des Bodens ständig wieder an Nährstoffen an. Das fallende Laub bildet Auflagehumus, dessen Zersetzung je nach Menge und Zusammensetzung zu Humusstoffen führen kann, die den Boden ganz verschieden beeinflussen. Auch die Beeinflussung des Bodenklimas ist von Wichtigkeit, also der mehr oder weniger starke Lichtentzug durch die Kronen, das Zurückhalten eines Teiles der Niederschläge durch die Kronen, die Verminderung der Verdunstung, die infolge Einschränkung der Luftbewegung und Herabsetzung der Temperatur eintritt.

Wenn der Wald längere Zeit auf einem Boden steht, so kommt es daher zu bestimmten Veränderungen des Bodens. Diese Bodenveränderung kann dann wiederum auf die anstehende Pflanzengesellschaft verändernd einwirken, so daß sich zwischen Boden und Pflanze ein ständig erneuertes Gleichgewicht einstellt. Bei unseren Wäldern darf nun aber nicht außer acht gelassen werden, daß sie keine natürlichen Urwaldformen mehr sind, sondern eine von den Menschen geschaffene Vegetationsform. Der Einfluß des Menschen auf den Wald äußert sich in erster Linie in der Wahl der anzubauenden Holzarten, die den Standort verschieden beanspruchen und beeinflussen.

Infolge ihres tiefgehenden Wurzelsystems kann die Kiefer ihren Wasserbedarf auch aus einem verhältnismäßig trockenen Boden decken. Die besten Kiefernstandorte der ersten und zweiten Güte liegen auf tiefgründigen, lockeren, lehmigen Böden. Bei günstigem Wasserhaushalt wird hier vielfach jede Rohhumusablagerung vermieden. Der Kiefernwald ist in diesem Falle durch Buchen, Eichen, Hainbuchen, Birken und Sträucher unterbrochen, auch Wacholder tritt auf.

Die natürlichen Standorte der Fichte sind in der Regel winterkalte Gebirgsgegenden. Auch hier ist sie in vielen Fällen nicht von Natur angesiedelt, sondern durch den Menschen künstlich angebaut, weil die Fichte als schnellwüchsige Holzart geschätzt wurde. Humose, kalkhaltige Böden mit mäßigem Ton- und Lehmgehalt sind für das Gedeihen der Fichte günstig. Die Unterlage ist ziemlich gleichgültig. Bindige Böden werden den lockeren Böden vorgezogen. Auf reinem Sand- und Kiesboden gedeiht die Fichte nicht.

Der Fichtenwald unterdrückt die Bodenvegetation, da er die Lichtverhältnisse zu ungünstig für diese macht. Der Boden des Fichtenwaldes bedeckt sich vom Stangenalter an mit einer dichten, sauer reagierenden, praktisch nicht verwesenden Nadeldecke. Im höheren Bestandsalter treten Moose hinzu. Die Bodenstreu besteht dann aus den abgefallenen Nadeln und der Moosdecke. Das Ergebnis ist die Bildung von Trockentorf bzw. Rohhumus, der den Fichtenboden mit einer stark sauren Humusdecke überdeckt. Auflichtung des Bestandes kann eine gewisse Verbesserung bewirken. Im lichtgestellten Bestande nimmt die Bodensäure ab, und die Streu zersetzt sich schneller.

Der mineralische Boden unter der Humusdecke ist in der Regel stark ausgelaugt und bietet den Wurzeln daher keine Nährstoffe. Die Fichte wurzelt infolgedessen sehr flach, hauptsächlich im Bereiche der humusreichen Oberflächenschicht. Auch auf früheren Laubwaldböden nehmen die durch den Einfluß des Laubwaldes gelockerten, tieferen Schichten des Bodens unter dem Einfluß der Fichte eine dichtere Lagerung an. Dadurch sowie durch die Humusauflage schafft sich der Fichtenwald selbst einen dichten Boden in Einzelkornstruktur. Diese Bodenverschlechterung halten die Fichten aus, aber nicht die Konkurrenten. In Mischwäldern führt insbesondere die Entfernung der Laubstreu zum Verdrängen des Laubholzes durch die Fichten.

Die Tanne stellt an den Nährstoff- und Kalkvorrat des Bodens höhere Anforderungen als die Fichte; sie ist aber eine bodenpflegliche Holzart. Naturgemäß ist auch ein reiner Tannenbestand nicht. In natürlichen Tannenbeständen sind Buche, Ulme, Linde und Wildobst, auf durchlässigen Böden auch Eiche und Kiefer, die Begleiter der Tanne. Ebereschen, Faulbaum, Holunder und Hasel bilden das Unterholz. Ein solcher Bestand ist für den Boden sehr günstig. Eine Verdichtung und Entkalkung des Bodens findet unter der Tanne nicht statt. Die Tanne neigt auch nicht zur Rohhumusbildung.

Die Buche stellt beachtliche Ansprüche an den Boden; sie liebt vor allem milden, kalkhaltigen Lehm. Strenge kalte Lehmböden und Tonböden werden von der Buche gemieden. Auch auf Sand gedeiht die Buche, und zwar auf nährstoffarmem Sande, jedoch nur, wenn nährstoffreiches Grundwasser vorhanden ist. Trockene Sandböden kommen dagegen nicht in Frage. Ebenso werden aber auch Moorböden und mineralische nasse Böden von der Buche gemieden. Dies ist nicht eine Folge der Versauerung der Böden; denn auffälligerweise wächst die Buche auch auf ziemlich sauren Böden noch.

Die Erklärung für das Auftreten der Buche auf sauren Böden liegt darin, daß sie Kalk, den sie so stark benötigt, in der Tiefe findet, oder daß ihre Wurzeln nährstoffreiches Grundwasser erreichen. Ist der Boden aber sowohl im Obergrund wie im Untergrund kalkarm, so ist ein Gedeihen der Buche nicht möglich. Die Buche pflegt den Boden locker und fruchtbar zu erhalten. Es kommt aber auch Rohhumus und Trockentorfbildung unter der Buche vor, vor allem dort, wo die Buche der Natur aufgedrängt ist. Im allgemeinen ist die Buche durch den Kalkgehalt ihres Laubes dadurch von günstigem Einfluß auf den Boden, daß sie Kalk aus dem Untergrunde heraufschafft und durch ihren Laubfall dem Oberboden einverleibt. Dadurch wird ein milder Humus geschaffen, der den Boden krümelig macht, wenn er ihm durch die Tätigkeit von Regenwürmern und anderen Bodentierchen eingemischt wird. Bei der Buche macht die durch den Laubfall zugeführte Kalkmenge je ha 80 kg aus, während sie bei der Kiefer nur 20 kg beträgt. Infolge seines hohen Kalkgehaltes wirkt das Buchenlaub dem Auftreten einer sauren Bodenreaktion stärker entgegen als das Laub der Nadelhölzer.

Im Buchenwald kann sich der Kahlschlag stark rächen. Nach Kahlschlag erhält der Boden nicht mehr die jährliche Kalkzufuhr durch das Laub, er zeigt dann Rohhumusbildung, und es treten bodenverschlechternde Humussäuren auf.

Rohhumus kann im Buchenwald vor allem dort entstehen, wo geringer Nährstoffgehalt des Bodens (z. B. auf armem Sande), niedrige Temperaturen (z. B.

in Frostlöchern), Übermaß von Wasser und endlich jeweilige starke Trockenheit (auf den der Sonne und dem Wind ausgesetzten Kuppen) die Zersetzung des Buchenlaubes ungünstig beeinflussen. Es fehlt dann die gesunde, lockere Blattdecke und damit die Nahrung für die Bakterien. Die Streu der Buche reagiert sehr deutlich auf Störungen in der Zersetzungstätigkeit, die z. B. durch Einflüsse der Wirtschaft (zu dichter Schluß) und des Wasserhaushaltes im Boden bewirkt werden. Es kann dann auf einem an und für sich gleichartigen Mineralboden unter Buche je nach den Verhältnissen sowohl Trockentorf wie Mull entstehen.

Die Eiche ist der Baum der guten Böden, die heute für die Forstwirtschaft nicht mehr in Frage kommen können, sondern der landwirtschaftlichen Nutzung vorbehalten bleiben müssen. Wo in früheren Jahrhunderten Eichen wuchsen, wächst heute der Weizen und die Zuckerrübe oder erstrecken sich fruchtbare Wiesen und Weiden. Die Ansprüche der Eiche an den Boden sind verschieden, je nachdem es sich um Stieleichen oder Traubeneichen handelt. In beiden Fällen sind aber die Ansprüche etwas höher als die der Buche.

Die anspruchslosere Form ist die Traubeneiche; sie kommt auch auf verhältnismäßig flachgründigen Standorten, auf magerem Sand, auf kalkarmem Boden und auf kaltem Lehm vor. Trockenheit wird von ihr leichter vertragen als übermäßige Nässe. Die Stieleiche verlangt dagegen zur vollen Entwicklung einen nährstoffreichen Ton und humushaltigen, gut durchfeuchteten Aueboden, also mit anderen Worten, einen Weizenboden.

Der Eiche wird meist keine gute Wirkung auf den Boden zugeschrieben. Als ausgeprägtes Lichtholz beansprucht sie sehr viel Bodenraum und bildet nur einen lockeren Bestand mit unvollständigem Kronenschluß. Die Sonne hat also reichlich Gelegenheit, auf den Boden herabzubrennen. Die Laubbildung ist nicht reichlich, daher kann auch keine richtige Humusbildung stattfinden. Günstig wirkt die Eiche dagegen dadurch, daß sie mit ihren tiefen Pfahlwurzeln und mit ihren starken Seitenwurzeln den Boden stark durchlockert und durchlüftet und auf diese Weise das Gedeihen einer nützlichen Bodenflora fördert. Die Eichenstreu zersetzt sich leicht, Rohhumus bzw. Trockentorf kommt unter Eichen praktisch nicht vor. Die Einwirkung der Eiche auf ihren Standort hängt stark von der Bestandsdichte und infolgedessen von der Menge der auf den Boden fallenden Streu ab.

Im Mischwald wird die Ausnutzung des Standortes durch Mischung von herzwurzelnden Holzarten, wie Kiefer, Lärche, Douglasie, mit Holzarten von intensiver Durchwurzelung verbessert, wie Buche, Hainbuche und Eiche. Die Roterle, die Weißerle und die Akazie wiederum wirken dadurch günstig auf den Bestand ein, daß sie den Boden mit Stickstoff anreichern.

Neben dem Einfluß des Baumbestandes auf den Boden ist auch der Einfluß der niederen Bodendecke zu beachten. Ist der Boden mit Flechten bedeckt, so findet sich unter der abgestorbenen Flechtenschicht eine 20—25 cm mächtige gebleichte Bodenschicht, darunter tritt eine Ausscheidung von Eisenoxyd bzw. Ortsteinbildung auf, unter dem dann der unveränderte, durch Eisenoxyd gelb gefärbte Sand liegt. Der Boden ist also sehr arm an Nährstoffen. Es fehlt vor allem an Kalk, und die p_H-Zahl liegt in der Regel unter 4.

Während die Flechten mit ausgetrockneten Sandflächen verbunden sind, finden sich die Moose in feuchten, kühleren Fichtenwäldern, wo sie den Boden mit einer dichten Decke überziehen. Kennzeichnend für die Moose ist ihre große Anpassungsfähigkeit an einen wechselnden Wassergehalt des Bodens.

Reiserpflanzen sind hauptsächlich Heidelbeeren, Preiselbeeren und Heide, sowie Besenginster und Zwergbirke. Während Besenginster und Zwergbirke auf den Boden günstig wirken, sind die übrigen Reiserpflanzen gefährliche Rohhumusbildner, die aus diesem Grunde den Boden verschlechtern. Die Bildung von Rohhumus wird besonders begünstigt auf kalkärmerer Unterlage. Der Heiderohhumus besteht zum größten Teil aus Abfällen des Heidekrautes, die durch den dichten Faserwurzelfilz miteinander verbunden und von Pilzfäden durchzogen sind. Die wasserhaltende Kraft des Heidehumus ist sehr groß. In nassem Zustande bildet er eine tiefschwarze Masse, trocken zeigt er eine dunkelbraune Farbe. Sein hohes Wasserhaltungsvermögen macht ihn für Wasser undurchlässig. Dadurch wird gleichzeitig eine gesunde Durchlüftung des Bodens verhindert und Anlaß zur Bildung von Hochmoor gegeben. Durch Bildung von Bleichsand und Ortstein können schwere Bodenschädigungen auftreten.

Die Gräser stellen im allgemeinen hohe Ansprüche an den Boden. Im Walde finden sich gewöhnlich nur die sogenannten Hungergräser, die auch an die Wasserversorgung geringere Ansprüche stellen. Hierzu gehören insbesondere *Aira flexuosa* und *Holcus lanatus*. Der Einfluß dieser Gräser auf den Boden ist nicht schlecht. Allerdings hat die Grasdecke einen hohen Wasserverbrauch und wirkt dadurch austrocknend auf den Boden. Auf der anderen Seite lockert aber das dichte Fasernetz der Graswurzeln den Boden, reichert ihn an Humus an und verbessert seine Struktur, was namentlich auf Böden mit Trockentorf von Bedeutung ist. Die Dünengräser tragen zur Festigung des losen Sandes bei und sind daher auf Flugsandböden sehr erwünscht.

Die baumartigen Pflanzen lagern organische Substanz in Form von Laub und abgestorbenen Zweigen in einer lockeren Streuschicht auf dem Boden ab, führen der Bodenkrume selbst dagegen keine abgestorbene Substanz zu, da ihre Wurzeln im Boden ständig am Leben bleiben. Die krautartigen Pflanzen der Steppenvegetation bringen jährlich durch ihre abgestorbenen Wurzeln organische Substanz in den Boden, deren Menge die oberirdische Substanz dieser Pflanzen unter Umständen übertreffen kann. Wenn diese Pflanzen im Winter absterben, bleiben ihre Rückstände zunächst bis zum Frühjahr fast unzersetzt erhalten. Der im Frühjahr mit zunehmender Temperatur einsetzende Zersetzungsprozeß ist anaërober Natur, da der Boden mit Wasser gesättigt ist. Eine vollständige Zersetzung der organischen Substanz findet bei diesem Prozesse nicht statt, so daß der Boden, wenn die nächste Generation im Herbst abstirbt, noch vom Vorjahr her an organischer Substanz angereichert ist. Auf diese Weise vermehrt sich die organische Substanz von Jahr zu Jahr. Da die Zersetzung der organischen Substanz im Boden, also in Gegenwart von Mineralstoffen vor sich geht, kann sich ein neutraler, milder Humus bilden. Der Anteil des Bestandes an Leguminosen trägt nicht nur zur Stickstoffversorgung bei, sondern durch sein tiefgehendes Wurzelsystem versorgt er die Krume auch mit Kalk und Phosphorsäure. Unter geeigneten klimatischen Bedingungen bildet sich unter der Steppe die Schwarzerde aus.

Anders verläuft die Entwicklung im humiden Klima. Die Anhäufung an organischer Substanz führt hier zu einer Verlangsamung der Wasserbewegung im Boden. Eine aërobe Zersetzung, welche die in der organischen Substanz enthaltenen Nährstoffe durch Mineralisation pflanzenaufnehmbar macht, findet nur in der alleroberstsen Schicht statt, und da der Boden durch die kolloidalen Rückstände der in den unteren Schichten erfolgenden anaëroben Zersetzung verstopft ist, können die Nährstoffe nicht in die Tiefe dringen. Dadurch treten im Bestande jetzt saure Gräser in den Vordergrund, die flach wurzeln und geringere Ansprüche an den Mineralstoffgehalt des Bodens stellen. Durch diese Gräser wird die Anhäufung von organischer Substanz immer weiter verstärkt, und der oberste Horizont nimmt allmählich den Charakter eines rein organischen Horizontes an, der fast frei von mineralischen Beimengungen ist. Dadurch sind die Vorbedingungen für die Moorbildung gegeben.

Entscheidend für die Entwicklung der Böden ist nun aber der Einfluß des Menschen, der den Wald rodet oder die Steppe umbricht und dadurch die Entwicklung in andere Bahnen drängt. Im Ackerbau ist der Mensch bestrebt, durch Bodenbearbeitung dem Boden den Charakter einer Schwarzerde künstlich aufzuprägen. Durch die damit verbundene Durchlüftung vermindert er aber den Humusgehalt und durch die Entnahme der Ernten den Nährstoffgehalt. Besonders bei Monokulturen, die den Boden ständig in gleicher Weise beanspruchen, gehen die physikalisch-chemischen und biologischen Eigenschaften des Bodens stark zurück, welche die Grundlagen der Fruchtbarkeit sind. Der Landwirt ist daher bestrebt, durch Düngung mit Stallmist und Mineraldünger den Boden ständig wieder an Humus und Nährstoffen anzureichern, sowie durch einen Fruchtwechsel Bedingungen zu schaffen, welche die einseitige Beanspruchung des Bodens ausgleichen. Besonders stark beansprucht werden die Wiesen. Diesen werden durch das Heu ständig große Mengen von Nährstoffen entzogen, ohne daß diese durch Düngung wieder zugeführt werden, da die weiter vom Hof entfernten Wiesen nur schlecht mit Stallmist versorgt zu werden pflegen. Die Böden der Wiesen zeichnen sich daher meist durch eine besonders hohe Verarmung an Nährstoffen aus.

XIV. EINTEILUNG DER BODENARTEN

1. Physikalisch-chemische Einteilung der Bodenarten

Eine Einteilung der Böden vorzunehmen, ist verhältnismäßig leicht, wenn man Prinzipien zugrunde legt, die nur für bestimmte wissenschaftliche oder praktische Zwecke von Wert sind, ohne eine allgemeine Gültigkeit zu beanspruchen. Eine *Systematik* der Böden, die allgemein zutrifft, ist dagegen sehr schwer aufzustellen und kann nur auf Grund einer Zusammenfassung der Ergebnisse der reinen Bodenkunde angestrebt werden.

Der Praktiker pflegt die Böden auf Grund der Gesichtspunkte, die sich aus ihrer Zusammensetzung für die Bearbeitung ergeben, einzuteilen. Er unterscheidet leichte, mittlere und schwere Böden. Diese Einteilung deckt sich im allgemeinen mit dem Verhältnis, in dem die verschiedenen Korngrößen an der Zusammensetzung des Bodens beteiligt sind; denn die Bearbeitbarkeit und die sonstigen Eigenschaften der Böden hängen stark von dem Verhältnis Sand : Feinerde ab.

Da die *Einteilung* der Böden auf Grund der in ihnen enthaltenen *Korngrößenklassen* auch sonst ihr physikalisch-chemisches Verhalten gut wiedergibt, hat sich dies Einteilungsprinzip zur Kennzeichnung der verschiedenen Bodenarten sowohl wissenschaftlich wie praktisch bewährt.

Das älteste derartige System ist die *Bodeneinteilung von Thaer,* der folgende Klassen von Böden unterscheidet:

1. Tonböden
2. Lehmböden
3. sandige Lehmböden
4. lehmige Sandböden
5. Sandböden
6. Mergelböden
7. Kalkböden
8. Humusböden

Bei dieser Klassifikation sind die hauptsächlichsten Bodengemengteile zugrunde gelegt, die für die Eigenschaften der Böden ausschlaggebend sind, nämlich Ton, Sand, Kalk und Humus. Die verschiedenen Klassen werden jeweils wieder in Ordnungen unterteilt, und zwar teilt man die Klassen 1—5 in kalklose und kalkhaltige, die Klassen 6 und 7 in tonige, lehmige, sandiglehmige, lehmigsandige und humose Böden, die Klasse 8 in Böden mit mildem Humus, mit saurem Humus und Torf- sowie Moorböden ein. Die Unterscheidung der verschiedenen Bodenarten erfolgt also zum Teil nach physikalischen Gesichtspunkten, nämlich hauptsächlich auf Grund des Anteils der in ihnen vorherrschenden Korngröße, zum Teil auch auf Grund ihrer chemischen Zusammensetzung. Für praktische Zwecke bewährt sich diese Einteilung sehr gut, da sie gleichzeitig das Verhalten des Bodens in physikalischer, chemischer und biologischer Hinsicht weitgehend zum Ausdruck bringt. Die von *Thaer* vorgeschlagene Einteilung hat man in der Bodenkunde noch erweitert. So unterscheidet man als eine besondere Gruppe die Steinböden; hierzu gehören hauptsächlich meist von Wald bestandene Böden mit großen Steinblöcken, bei denen die Wurzeln der Bäume in Spalten und Zwischenräume eindringen, bis sie genügend Nährstoffe und Wasser erreichen. Kies- und Schotterböden sind Steinböden, die durch fließendes Wasser abgelagert sind und aus abgerundeten Bodenkörnern von ähnlicher Korngröße bestehen. Je nach Korngröße und Zusammensetzung der Gesteine weisen sie Unterschiede auf und finden sich meist im Untergrund.

Nach der internationalen Vereinbarung unterscheidet man folgende Gruppen von Bodenarten, bei denen die Zusammensetzung des Bodens aus den verschiedenen Korngrößenklassen die Unterlage für die Einteilung abgibt:

I. Böden mit weniger als 15% Ton

1. Lehmiger Grobsand
2. Lehmiger Feinsand
3. Grobsandiger Lehm
4. Feinsandiger Lehm
5. Lehm
6. Schluffiger Lehm.

II. Böden mit 15—25% Ton

7. Sandig-toniger Lehm
8. Toniger Lehm
9. Schluffig-toniger Lehm.

III. Böden mit 25—45% Ton

10. Sandiger Ton
11. Schluffiger Ton
12. Leichter Ton.

IV. Böden mit über 45% Ton

13. Schwerer Ton.

Der Verband der deutschen landwirtschaftlichen Versuchsstationen nimmt folgende Einteilung der Bodenarten vor:

I. Sandböden, bis 10% abschlämmbare Teilchen
II. Lehmige Sandböden, 10—15% abschlämmbare Teilchen
III. Sandige Lehmböden, 15—20% abschlämmbare Teilchen
IV. Lehmböden, 20—30% abschlämmbare Teilchen
V. Tonböden, über 30% abschlämmbare Teilchen.

Die frühere Reichsbodenschätzung sieht folgende Einteilung der Bodenarten vor:

	Grobsand 0,2—0,1	Feinsand 0,1—0,05	Staubsand 0,05—0,01	Abschlämmbares unter 0,01
Sandboden	45—60%	20—30%	5—10%	5— 8%
anlehmiger Sandboden . .	40—45	22—28	10—14	10—12
lehmiger Sandboden . . .	35—40	20—25	12—15	18—25
sandiger Lehm	20—30	10—15	15—25	25—30
schwach sandiger Lehm .	15—20	10—15	25—30	30—35
Lehm	8—15	10—12	25—35	35—40
kräftiger Lehm	8—10	8—12	20—25	40—45
schwerer Lehm	8—10	8—10	20—25	50—60
strenger Lehm	6— 8	6—10	15—20	60—65
lehmiger Ton	4— 5	4— 5	15—20	65—75
Ton	4— 5	4— 5	10—15	über 75

Die Schluff-Fraktion von 0,02 bis 0,002 ist für diese Einteilung nicht zugrunde gelegt worden.

Sandböden sind solche, in denen die Gesteine eine weitere Zerteilung erfuhren; sie sind aus kleinen Sandkörnern gebildet, die sich aus dem Wasser abgesetzt haben. Neben den Sandkörnern enthalten diese Böden auch humose Bestandteile. Sie sind um so ärmer, je mehr der Quarz an ihrer Zusammensetzung teilhat. Gewöhnlich sind sie locker gelagert und sehr tiefgründig. Ihr Wassergehalt ist gering; das Wasser dringt leicht ein, ein Speicherungsvermögen für Wasser ist aber nur in geringem Maße vorhanden. Infolge des geringen Wassergehalts erwärmen sich die Böden leicht, so daß sie stark austrocknen. Tiefgehende Wurzeln älterer Pflanzen finden zwar trotzdem noch genügend Wasser im Untergrund, dagegen besteht für junge Pflanzen, deren Wurzeln noch nicht tief gehen, die Gefahr der Vertrocknung. Infolge ihrer starken Wasserdurchlässigkeit und ihres geringen Gehalts an adsorbierenden Bestandteilen erleiden die Sandböden erhebliche Auswaschungsverluste an Mineralstoffen. Ihre Durchlässigkeit ist gut, so daß infolge der reichlichen Wärme- und Sauerstoffzufuhr die Zersetzung rasch erfolgt. Von Bedeutung für die Fruchtbarkeit der Sandböden ist es, daß der Grundwasserspiegel nicht zu tief sinkt. Enthält ein Boden neben dem Sand noch geringe Mengen toniger Bestandteile, so bezeichnet man ihn als schwachlehmigen bzw. lehmigen Sand. *Sandböden* mit einem Gehalt an Humus, humose Sande, zeichnen sich durch ein höheres Adsorptionsvermögen für Wasser und Nährstoffe aus.

Böden, die außer dem Sand hauptsächlich noch Schluff enthalten, nehmen viel Wasser auf und treiben leicht. Bei vorherrschendem Schluff bezeichnet man solche Böden als *Flottlehm*. Die Arten, die mehr Feinsand enthalten, bilden schwimmende Sande. Vom *Löß* unterscheiden sie sich durch den Kalkgehalt des letzteren.

Der Löß hat gewöhnlich eine gute Wasserführung, die den Pflanzenwurzeln ein tiefes Eindringen ermöglicht. Infolge seines ausreichenden Gehalts an mineralischen Pflanzennährstoffen ist Lößboden gewöhnlich guter Boden.

Mischungen von Sand und tonigen Bestandteilen bezeichnet man als *Lehmböden*, wobei man je nach der Menge des Sandes zwischen *lehmigem Sand, sandigem Lehm* und eigentlichem Lehm unterscheidet. Lehmböden zeichnen sich im allgemeinen durch eine günstige Krümelbildung aus. Für ihren Nährstoffgehalt und ihr Verhalten in chemischer Hinsicht ist hauptsächlich die Zusammensetzung der tonigen Bestandteile ausschlaggebend. Günstig ist ein Gehalt an Kalk, der die Krümelung fördert. Was den Wasserhaushalt der Lehmböden anbelangt, so ist vor allem ihre Fähigkeit, die Winterfeuchtigkeit aufzustapeln, landwirtschaftlich von großem Nutzen. Die Wasseraufnahme des Lehmbodens erfolgt weniger intensiv als die des Sandbodens; die Menge des Sickerwassers ist geringer, und da außerdem die tonigen Bestandteile Nährstoffe adsorbieren, sind auch die Auswaschungsverluste geringer. Die Erwärmbarkeit wie auch die Durchlüftung der Lehmböden nimmt mit ihrem Gehalt an Sand zu. Die Zersetzung der organischen Substanz, die Tätigkeit bzw. Gare der Lehmböden ist im allgemeinen gut, jedoch bestehen nach der mineralogischen Zusammensetzung des Bodens Unterschiede. Der Wert der Lehmböden ist von der Tiefe abhängig, bis zu der die Krümelung reicht. Je tiefer der Boden, desto größer ist die Bodenmenge, die den Pflanzen zur Verfügung steht.

Wenn die Tonteilchen überwiegen, so bezeichnet man die Böden als *Tonböden*. Über den Wert der Tonböden entscheidet ihre Struktur; während sie bei guter Krümelung äußerst leistungsfähig sind, können Tonböden in Einzelkornstruktur gänzlich unfruchtbar sein. Das Verhalten der Tonböden gegen Wasser sowie ihre Erwärmung und Durchlüftung werden ganz und gar durch den Krümelungszustand bestimmt. Der Auswaschung unterliegen die Tonböden nur in geringem Maße, gefährlich ist aber ihre Dichtschlämmung unter chemischen Einflüssen. *Letten* sind Böden, deren Schwere durch einen hohen Gehalt an Schluff bedingt ist: sie weisen eine nur ungenügende Krümelung auf.

Kalkböden gehen aus der Verwitterung kalkhaltiger Gesteine hervor. Man unterscheidet reine Kalkböden, die noch einen reichlichen Gehalt an kohlensaurem Kalk aufweisen, sowie Lehmböden und Tonböden auf Kalk, bei denen in der obersten Bodenschicht der Kalk zwar weitgehend ausgewaschen, aber der Untergrund noch kalkhaltig ist. Die Durchlässigkeit des Untergrundes beeinflußt den Wasserhaushalt der aufliegenden, schweren Tonkrume in günstigem Sinne, auch ist der Gehalt der Krume an Kalk — selbst wenn er sich nur noch auf die beigemischten Gesteinsbrocken beschränkt — für die Krümelung des Bodens vorteilhaft. Die günstigen Verhältnisse in bezug auf Durchfeuchtung, Erwärmung und Durchlüftung bringen gute Bodengare und eine rasche Zersetzung der organischen Substanz mit sich.

Die *Humusböden* sind dadurch gekennzeichnet, daß ein höherer Humusgehalt ihre physikalischen, chemischen und biologischen Eigenschaften weitgehend beeinflußt. Man teilt sie in *anmoorige Böden,* worunter im wesentlichen die anmoorigen Sandböden fallen, sowie in *Niederungsmoor-* und *Hochmoorböden* ein. Die Niederungsmoorböden sind aus der Verwesung einer Pflanzendecke in Anwesenheit mineralstoffreichen Wassers entstanden; sie sind daher gewöhnlich reich an Kalk und Stickstoff. Die Hochmoorböden haben sich dagegen aus mineralstoffarmen Moosen gebildet, die eine saure Reaktion aufweisen und vollständig arm an Kalk, Kali und anderen Pflanzennährstoffen sind.

2. *Pflanzenphysiologische Einteilung*

Anderweitige, rein landwirtschaftliche Einteilungsprinzipien für Böden, die gleichfalls eine verbreitete Anwendung gefunden haben, gründen sich auf deren praktisch zu erprobende landwirtschaftliche Eignung. Da die Ansprüche der Kulturpflanzen hinsichtlich der Gehalte des Bodens insbesondere an Kalk und Humus sowie in bezug auf seine Wasserführung verschieden sind, hat man auf der Grundlage der *Thaer*schen Bodeneinteilung auch eine Einteilung nach den landwirtschaftlichen Kulturpflanzen vorgenommen, die für die Böden in erster Linie in Betracht kommen. So bezeichnet *Thaer* den Tonboden als *Weizenboden,* den Lehmboden als *Gerstenboden,* den sandigen Lehm als *Gersten- und Haferboden,* den lehmigen Sand als *Hafer- und Roggenboden,* den Sandboden als *Roggenboden. Hazard* unterscheidet empirisch nach den auf Grund der physikalischen und chemischen Eigenschaften der Böden, ihrer Oberflächengestaltung und ihrer Kulturfähigkeit anbaufähigen landwirtschaftlichen Gewächsen die folgenden Bodenarten:

1. Kartoffelböden
2. Roggenböden
3. Haferböden
4. Kleeböden
5. Zuckerrübenböden
6. Weizen- und Roggenböden
7. schwere Weizenböden
8. Ackerbohnenböden
9. Weiden- und Wiesenböden
10. Wiesenböden

Zwischen der Einteilung der Bodenarten auf Grund der Korngrößenklassenverteilung und auf Grund ihrer Eignung für bestimmte Früchte bestehen enge Zusammenhänge. So eignen sich *Heidesande* für Lupinen und Kartoffeln, nach längerer Kultur für Roggen. Reine Sande sollten mit Kiefern aufgeforstet werden. Bei 10% und mehr Feinerde wachsen Lupinen, Kartoffeln, Roggen, in feuchtem Klima auch Buchweizen und Spörgel. Lehmige Sande sind meist haferfähig, in feuchten Lagen gedeihen Serradella, Zottelwicke und Peluschken, und mit 20% Feinerde können sie bei guter Kultur Rotklee und Weizen tragen; sie sind überdies die besten *Kartoffelböden.* Humose Sande mit 3 bis 6% Humus werden bei sorgfältiger Kultur als *Gemüseböden* benutzt; anmoorige Sande mit 8—12% Humus als *Grünland.* Sandige Lehmböden mit 20—30% Feinerde sind rotklee- und weizenfähig. Roggen und Kartoffeln sind aber hier sicherer als Weizen und Zuckerrüben. Reine Lehmböden mit 30 bis

40% Feinerde werden für Getreide, Hülsenfrüchte und Futterpflanzen genutzt. Auf humusarmen Lehmböden ist der Hackfruchtbau der Dichtschlämmung wegen schwierig. Auf milden Lehmböden mit höherem Humusgehalt finden wir Zuckerrüben. Auf strengen Lehmböden mit 40—50% Feinerde, meist humusarm, ist die Sommergerste nicht mehr anbaufähig; aber der Futterbau (Ackerbohne und Wicke) spielt hier eine große Rolle; von den Hackfrüchten werden nur Futterrüben angebaut. Tonböden mit höherem Kalkgehalt sind fruchtbar und ertragreich. Flachgründige Muschelkalke sind unsicher. Gleichmäßig mit feinen Sandteilchen durchsetzte Letten sind schwierig zu bearbeiten. Von den Getreidearten wächst auf ihnen am besten der Hafer, von den Hülsenfrüchten Ackerbohne oder Wicke, und auch Kleegrasgemenge tragen sie. Die Luzerne gedeiht nach tiefer Bodenbearbeitung; als Hackfrucht wird nur die Futterrübe angebaut; Obstbau mit Weideuntersaat ist häufig. Die Flußmarschen sind milde Tonböden mit 3% Humus. Sie dienen als Wiesen und teilweise als Weiden. Seemarschen haben einen guten Kalkgehalt von 5 bis 8% sowie eine gleichmäßige Humusverteilung. Junge Marschböden liefern hohe Erträge als Grünland sowie an Weizen, Gerste, Erbsen, Ackerbohnen, Raps, Handelspflanzen und Feldgemüsen. Der Hackfruchtanbau ist wegen der tonigen Beschaffenheit schwierig.

Auf Moorböden besteht die Gefahr von Nachtfrösten im Frühjahr, besonders auf Hochmoor. Moore sind für Grünland geeignet, für den Anbau auf Hochmoor kommen Kartoffeln, Winter und Sommerroggen, Hafer, Ackerbohnen, Steckrüben und Futterrüben in Frage. Das Niederungsmoor ist ein guter Kartoffelboden, trägt aber auch alle Getreidearten und Hülsenfrüchte. Futterrüben und Mohrrüben geben gute Erträge. Hanf hat auf Niederungsmoor seinen besten Standort.

Bei der Bewertung der Böden auf Grund der Ertragsfähigkeit pflegt man in der Regel empirisch vorzugehen, indem man ihre Erträge feststellt und mit denjenigen von Böden vergleicht, die für die betreffende Gegend als normal betrachtet werden. Durch Aufgraben des Bodens unterrichtet man sich außerdem über den Typ der Krume, über deren Beschaffenheit und über die herrschende Bodengare.

Diese *Einteilung* der Bodenarten *nach pflanzenphysiologischen Gesichtspunkten* trachtet den praktischen Bedürfnissen des Landwirts möglichst entgegenzukommen. Gegen den Versuch einer solchen Klassifikation ist aber einzuwenden, daß die Bodenkunde überhaupt nicht in der Lage ist, die Böden nach ihrer Ertragsfähigkeit einzuteilen, da wichtige Eigenschaften des Bodens durch Bearbeitung ziemlich rasch verändert werden können und mithin die Fähigkeit des Landwirts, seine Intelligenz und sein Betriebskapital unter Umständen von gewaltigem Einfluß auf die Fruchtbarkeit sind. Die Einteilung auf Grund der Ertragsfähigkeit ermöglicht zwar einen Vergleich zwischen benachbarten Böden, ist aber nicht geeignet, um Grundlagen für eine allgemein gültige Bodeneinteilung zu liefern. Hierzu erweist es sich vielmehr als notwendig, vom Boden selbst auszugehen.

3. Einteilung auf Grund des Muttergesteins

Um vom Boden her zu einer Klassifikation der Böden zu gelangen, teilte man sie nach dem Charakter des Muttergesteins ein, aus dem sie hervorgegangen sind. Sowohl die Bodenkunde wie auch die Landwirtschaft verdanken der Feststellung der geologischen Herkunft der Böden sehr viele fruchtbare Gesichtspunkte. Ein Blick auf die bunten Farben einer geologischen Karte zeigt, welche Verschiedenheiten und welche Übereinstimmungen in der Struktur und stofflichen Zusammensetzung der Böden eines Gebietes zu erwarten sind; denn auf bestimmten Gesteinen kommen meist Böden gleicher Art vor.

Auf Grund des Muttergesteins ergibt sich etwa folgende Einteilung der Böden:

1. Die Böden der Eruptivgesteine

a) Böden der Tiefengesteine. Der aus *Granit* hervorgegangene Boden ist trotz seines Gehaltes an Steinen und Sanden ziemlich tonig. Von ausschlaggebendem Einfluß auf seine Beschaffenheit ist die Lage. Der auf kahlen und steilen Höhen gebildete Boden ist stets flachgründig und mager, da der Regen die feinerdigen Bestandteile wegführt. Ein solcher Boden eignet sich nicht mehr für landwirtschaftliche Bewirtschaftung, er trägt bestenfalls Fichten, oft aber kaum noch Kiefern und Birken. Je ärmer der Granit an Hornblende und Oligoklas war und je weniger das Mineral Apatit vorhanden war, um so saurer, kalk- und phosphorsäureärmer ist der Boden. Nicht selten besteht trotz reichlichen Feldspatgehaltes auch Mangel an leichtlöslichem Kali.

Aus dem groben Verwitterungsgrus des *Syenits,* in den dieser ähnlich wie Granit zuerst zerfällt, geht ein fruchtbarer toniger Boden hervor. Dieser Lehm- oder Tonboden besteht aber immer noch zu einem großen Teil aus unzersetztem Gestein. Im frischen Zustande enthält der aus Syenit entstandene Lehm in der Regel mehr Kali als der Granitboden. Infolge des Kalkgehaltes der Hornblende tritt auf dem Syenitboden viel seltener als auf dem Granitboden Rohhumusbildung auf, und er ist daher für viele Holzarten gut geeignet. Da er infolge seines Tongehaltes reich an Kolloiden ist, vermag er unter günstigen Umständen auch anspruchsvolle Früchte wie Gerste und Weizen zu tragen. Wo der Granit in Syenit übergeht, tritt in der Regel ein besseres Holzwachstum ein; Buchen, Ahorne, Eschen sowie wertvolle Kräuter und Gräser treten auf, während Heidekraut, Heidelbeere und Rohhumusansammlungen zurücktreten. Aus Syenit können sich sehr fruchtbare Böden bilden, wenn die Oberflächengestaltung einigermaßen günstig ist.

Diorit verwittert im allgemeinen nur langsam. Es bildet sich zunächst Grus, dann ein an Feinerde armer und an Steinen immer noch reicher Boden, der aber trotzdem fruchtbar ist. Besonders ist dies an schwach geneigten Abhängen der Fall. Im allgemeinen enthalten die Dioritböden mehr Kalk, aber weniger Kali als die Granitböden.

Aus *Gabbro* entsteht durch Verwitterung ein zäher Boden von dunkler Farbe.

b) Böden der Ergußgesteine. Die *Porphyre* sind ähnlich zusammengesetzt wie Granit, unterscheiden sich aber von diesem durch ihre Strukturverhältnisse. Die dichten Porphyre sind der Verwitterung nur wenig zugängig, und zwar ist dies um so mehr der Fall, je größer ihr Gehalt an Grundmasse ist und je dichter diese ist. Sie bilden nur wenig mit vielen Steinen und Felstrümmern durchsetzte Feinerde. Es entstehen auf diese Weise flachgründige ungünstige Waldböden mit reichlich Rohhumus. Die aus quarzreichem Porphyr gebildeten Böden tragen nur im unteren Teil feucht gelegener Abhänge Tannen und Eichen, auf den Gebirgshöhen sind sie dagegen mit Kiefern bestockt. Stärker verwittert der eigentliche Feldspat- oder Felsitporphyr. Obgleich die aus diesem entstehenden Böden noch viele Steine besitzen, sind sie doch schon mehr oder weniger tiefgründig, reicher an Feinerde und daher auch fruchtbarer. Am stärksten verwittern die tonigen Porphyre, welche in günstigen Lagen tonige Böden liefern, die gute Fichten- und Buchenbestände zu tragen vermögen, falls sie genügend tiefgängig sind.

Trachit, als das weichste der Feldspatgesteine, verwittert ziemlich gut. Er zerfällt leichter als Phonolit und Basalt. Der aus Trachit entstehende gelblichgrau gefärbte Boden zeigt aber nur dann die der Zusammensetzung des Gesteins entsprechende Fruchtbarkeit, wenn er aus weichem Trachit gebildet ist, während sich im anderen Falle ein flachgründiger, trockener und nur mäßig fruchtbarer Boden bildet. Wichtig ist dabei auch, ob das Gefüge des Gesteins körnig oder porphyrartig ist. Da die Trachite keinen Quarz enthalten, fehlen in dem aus ihnen durch Verwitterung entstandenen Boden die Quarzsande, und es entsteht ein ziemlich schwerer Lehm.

Der *Phonolit* bildet steile Felsen, auf denen sich nur eine wenig mächtige Decke von Trümmerschutt bilden kann. Bei der Verwitterung zerfällt der Phonolit in viele scharfkantige und plattenförmige Bruchstücke, und zwar um so mehr, je dichter seine Struktur war. Je reicher das Gestein an erdigen Tuffen war, um so mehr bildet sich unter sonst günstigen Verhältnissen ein tonhaltiger Boden, der zwar reich an Gesteinstrümmern ist, aber bei hinlänglicher Feuchtigkeit gute Waldbestände zu tragen vermag.

Diabas verwittert im allgemeinen, abgesehen von den dichteren Vorkommen, ziemlich leicht. An Hängen bilden sich aber nur flachgründige Böden, während in ebener Lage, wo die Verwitterung fortgesetzt einwirken kann, ein tiefgründigerer Boden entsteht. Infolge des hohen Kalkgehaltes des im Diabas enthaltenen Augits löst die Kohlensäure aus ihm Kalk als Calciumcarbonat auf, welches sich dann als Kalkspat in den Hohlräumen des Bodens wieder ausscheidet. Dieser Umstand, sowie die günstige Zusammenetzung des Gesteins im allgemeinen, trägt dazu bei, daß die Diabasverwitterungsböden sehr fruchtbar sind. Neben Kalk enthalten sie auch Phosphorsäure in größerer Menge. Sie sind gut geeignet für Laubhölzer; Nadelhölzer, aber auch die Eiche, gedeihen auf Diabasböden weniger gut. Wie auf allen guten Bodenarten tritt auf diesen Böden starker Graswuchs auf, eine Rohhumusbildung ist daher nicht zu erwarten.

Die dunkel gefärbten *Melaphyrböden* zeichnen sich gegenüber den aus sauren Gesteinen hervorgegangenen Böden durch ihren günstigen Nährstoffgehalt aus; sie sind im allgemeinen ziemlich tiefgründig. In nicht zu trockenen Lagen tragen sie vorzügliche Buchen und Tannen und infolge ihres Kalkgehaltes auch sonstige kalkliebende Gewächse. In sonniger Lage gedeihen auf ihnen Lärchen und Kiefern.

Die Verwitterung der *Basalte* ist je nach ihrer Struktur sehr verschieden. Der dichte Basalt widersteht der Verwitterung sehr lange und zerfällt zunächst nur in einzelne Bruchstücke mit zum Teil abgerundeten Kanten, die vielfach mit einer dünnen, rotbraun gefärbten Verwitterungskruste überzogen sind. Besonders an Hängen sind solche Steinfelder vielfach zu beobachten. Leichter verwittern die körnigen Basalte, vor allem, wenn sie leichter zersetzbare Begleitmineralien enthalten, ein Umstand, der überhaupt von großem Einfluß auf die Verwitterung nicht nur der Basalte, sondern auch der meisten übrigen Gesteine ist. Im allgemeinen entsteht bei der Verwitterung des Basaltes ein dunkelbrauner, toniger Boden, der nicht sehr tiefgründig und stark mit Gesteinstrümmern durchsetzt ist. Schon wegen der Oberflächengestaltung der steilen Basaltberge kann der Boden über dem Muttergestein nicht mächtig sein. Der am Fuße der Hänge abgelagerte Basaltboden ist im allgemeinen tiefgründiger. Wegen seines Reichtums an Kolloiden ist er ein zwar schwer zu bearbeitender, aber fruchtbarer Ackerboden, der allerdings für Nährstoffzufuhr immerhin noch dankbar ist. Bei ausreichender Niederschlagsmenge ist er für Grasnutzung gut geeignet, er eignet sich aber auch für den Ackerbau, wenn für Abfuhr des überschüssigen Wassers gesorgt ist. Seine dunkle Farbe hält ihn warm, was seiner größeren Feuchtigkeit wegen von Bedeutung ist. Auf Basaltboden bildet sich infolge seines Gehaltes an basischen Substanzen Rohhumus nur selten. Der Basaltboden sagt anspruchsvollen Laubhölzern, wie z. B. der Eiche, mehr als Nadelhölzern zu.

Im *Dolerit* sind infolge seines körnigen Gefüges die einzelnen Mineralbestandteile deutlich sichtbar. Der Doleritboden unterscheidet sich nicht wesentlich vom Basaltboden, im allgemeinen ist aber der Dolerit infolge seines körnigen Gefüges der Verwitterung etwas leichter zugänglich als der Basalt.

2. Die Böden der metamorphen Gesteine

Gneis verwittert im allgemeinen etwas rascher als Granit. Er bildet einen Boden, der dem Granitboden ähnlich ist, nämlich einen stark sandigen Lehm, der noch zahlreiche, darunter auch größere Gesteinsstücke des Muttergesteins von kantiger Beschaffenheit einschließt. Da die Hänge des Gneisgebirges im allgemeinen schwächer geneigt sind als die des Granits, geht die Bodenbildung im Gneisgebiet gewöhnlich besser vor sich. Je schwächer geneigt die Hänge sind, um so weniger werden die feineren Verwitterungsgebilde weggeführt, während auf stärker geneigten Lagen vor allem die Quarzkörner zurückbleiben, so daß steinige und grobsandige Böden entstehen. Auch die Mächtigkeit der Verwitterungsdecke wird dadurch beeinflußt. Während an stärker geneigten Hängen lediglich geringmächtige Böden möglich sind, findet sich in den Tälern der Gneisgebirge meist eine mächtige tonige Schicht, die durch die feinen Abschlämmassen gebildet wird und leicht der Versumpfung ausgesetzt ist. Es können somit alle Übergänge vom leichten, flachen Sandboden bis zum tiefgründigen Tonboden auftreten. In günstigen Lagen liefert der Gneis einen guten Waldboden, der Buchen und Fichten zu tragen vermag und auch landwirtschaftlich genutzt werden kann.

Der *Granulitboden* entsteht zwar aus den gleichen Mineralien wie der Gneisboden, jedoch haben diese im Granulit ein anderes Mischungsverhältnis. Infolge seiner Zusammensetzung ist der Granulit viel schwerer verwitterbar als Gneis. Besonders die feinkörnigen Granulite leisten der Verwitterung sehr lange Widerstand, so daß die aus ihnen hervorgehenden Böden durchweg flachgründig sind. Auch bezüglich ihrer Zusammensetzung sind sie ungünstiger zu bewerten als Gneisböden.

Der *Glimmerschiefer* ist ein ausgeprägt feinschiefriges Gestein. Die Stärke und Art der Schieferung sind für die Verwitterung von besonderer Bedeutung, und zwar zeigen diejenigen Glimmerschiefer die stärkste Verwitterung, deren Schichten am stärksten aufgerichtet sind. In den Spalten dieser Schichten setzt die Gesteinsumbildung und Verwitterung zuerst ein. Auch das Verhältnis, in dem Glimmer und Quarz auftreten, ist von Einfluß. Ist der Quarz nur in Form einzelner Körner zwischen den Glimmerblättern verteilt, so geht die Verwitterung am raschesten vor sich. Die Verwitterung ist ferner stark abhängig von der Art der Glimmer. Der Kaliglimmer zersetzt sich schwer und liefert dabei viele fein verteilte Glimmerblättchen. Es bildet sich aus ihm ein gelb bis braun gefärbter Boden von geringer Bindigkeit, der stark der Austrocknung ausgesetzt ist; er ist vielfach nur noch für Fichten geeignet. Auch der Untergrund vermag gewöhnlich nur wenig Wasser zu halten. Je mehr die Schichten der Oberfläche parallel liegen und je dünner das Gestein geschiefert ist, um so ungünstiger liegen die Verhältnisse und um so unfruchtbarer wird der aufliegende flachgründige und leichte Boden. Der Magnesiaglimmerschiefer liefert infolge seiner leichteren Verwitterungsfähigkeit einen besseren braunrot gefärbten Boden, der eventuell auch Buchen und Laubholz tragen kann. Bei der Unlöslichkeit des Quarzes und der geringen Löslichkeit des Glimmers spielt die Menge des im Glimmerschiefer noch vorhandenen Feldspates sowie der übrigen akzessorischen Bestandteile eine gewisse Rolle. Aus dem Kalkglimmerschiefer wird der Kalk dieses Gesteins zwar bei der Verwitterung weggeführt, er macht aber doch noch einen wesentlichen Bestandteil der daraus entstehenden Böden aus. Kalkglimmerschieferboden stellt einen geringmächtigen armen Boden von geringer Bindigkeit dar, da die reichlich vorhandenen Glimmer nur zu einem sehr geringen Teil Ton bilden können. Landwirtschaftliche Bearbeitung lohnt dieser Boden nicht, auf ihm kann nur Wald stocken, und auf den höheren Gipfeln der Kalkglimmerschieferberge gedeihen nur Heidekraut, Moos und Gestrüpp, vor allem wenn hier während eines großen Teiles des Jahres Schnee liegt.

Im *Chloritschiefer,* der dem Glimmerschiefer ähnlich ist, ist der Glimmer durch das feinschuppige Mineral Chlorit ersetzt. Der aus Chloritschiefer entstandene Boden ist ähnlich wie der Kalkglimmerschieferboden zu beurteilen. Für landwirtschaftliche Nutzung kommt er kaum in Frage.

Die *Phyllite* sind ein Übergangsgestein von den Glimmerschiefern zu den Tonschiefern. Auch für die Verwitterung der Phyllite ist die Lage der Schichten von großer Bedeutung. Je schiefriger das Gestein ist, um so schneller tritt die Verwitterung ein. Das Verhältnis, in dem die einzelnen Gesteinsbestandteile vorhanden sind, spielt für die Beschaffenheit der daraus entstehenden Böden eine große Rolle. Je mehr der Quarz vorwiegt und je dicker das Gestein geschiefert ist, um so schwerer verwittern die Phyllite und einen um so flachgründigeren und steinreicheren Boden liefern sie. Solche Böden, die auch noch kalkarm sind, neigen zu starker Rohhumusbildung und können allenfalls noch Fichten tragen. Die quarzarmen und zugleich dünnschiefrigen Phyllite liefern dagegen sandige Lehmböden, die tiefgründiger sind. Auf ihnen gedeihen dann in günstigen Lagen, wo die Böden keiner zu starken Abschlämmung ausgesetzt waren, sogar Laubhölzer. Normal zusammengesetzte Phyllite verwittern nicht allzu schwer und vermögen einen sandigen Lehmboden zu liefern, der zum größten Teil aus Feinerde besteht und einen geringen Kalkgehalt aufweist.

3. Die Böden der klastischen Gesteine

a) Böden aus Sanden

Lose Sande werden durch fließende Gewässer, durch das Meer und durch den Wind abgelagert. Für die Mächtigkeit der Sandablagerungen ist in erster Linie ihre geologische Bildungsweise entscheidend, während für die Beschaffenheit der aus den Sandablagerungen hervorgegangenen Böden die stoffliche Zusammensetzung sowie die Oberflächengestaltung der Sandablagerungen und die klimatischen Bedingungen maßgebend sind. Sande sind im allgemeinen lose Anhäufungsprodukte von mehr oder weniger gerundeten Mineralbruchstücken von über 0,2 mm Durchmesser. Bei Sanden, die einen langen Wassertransport hinter sich haben, überwiegt der Quarz, daneben treten Bruchstücke der härteren Mineralien auf. Durch den Wassertransport tritt mehr und mehr eine Abrundung der einzelnen Körner ein. Je nach der Größe der Sandkörner unterscheidet man Kiessand, Heidesand und Flugsand. Der Kiessand, der aus den größten Sandkörnchen besteht, findet sich hauptsächlich in der Tiefe der Ablagerungen. Da er meist aus Flüssen abgesetzt wurde, ist er nahezu frei von tonigen Bestandteilen. Je nach seiner Herkunft sind die verschiedensten Gesteinsbruchstücke in ihm vorhanden. Der Heidesand ist feinkörniger. Er hat eine weißliche bis hellgraue Farbe. Die einzelnen Sandkörner haben häufig Überzüge von humosen Substanzen oder sie sind von dem durch die Verwitterung löslich gemachten Eisen mit rotbrauner Farbe überzogen. Der Flugsand besteht aus sehr feinkörnigem Material und wird vom Winde fortwährend in Wanderung gesetzt, falls es nicht gelingt, ihn durch Gräser und sonstige Pflanzen zu befestigen. Wenn dies gelingt, so liefern die Dünensande wegen ihres Gehaltes an nährstoffreichen Mineralien, Muscheln und organischen Substanzen im allgemeinen Sandböden von ausreichender Fruchtbarkeit.

Je nach ihrer Zusammensetzung zeigten die Sandböden ein verschiedenes Verhalten. Sandböden mit mehr oder weniger lehmigen Beimengungen dienen in vielen Gegenden dem Ackerbau, allerdings können auf ihnen im allgemeinen nur die Früchte des leichten Bodens (Kartoffeln, Roggen, Lupine) angebaut werden. Je nach dem Humusgehalt geht die gewöhnlich gelb-graue Farbe der Sandböden in dunklere Töne, eventuell sogar in grau-schwarz über. Die wasserhaltende Kraft dieser Böden ist nicht groß, sie ist um so geringer, je grobkörniger die Böden sind. Auf ihren Wassergehalt ist die Mächtigkeit dieser Böden sowie die Art der Beschaffenheit des Untergrundes von großem Einfluß. Aus den Diluvialsanden ist der Kalk vielfach ausgewaschen und zum Teil in tiefere Schichten entführt. Durch den Verwitterungsprozeß nimmt der Boden eine gelbe bis bräunliche Farbe an. Häufig tritt Bildung von Bleicherde und Ortstein auf, jedoch braucht dies nicht der Fall zu sein, wenn Nährstoffgehalt und Humushaushalt des Bodens günstig sind. Im allgemeinen können derartige Böden als Waldböden mittlerer Güte gelten. Mergelsande, die aus sehr feinkörnigem Material bestehen, haben bei Gehalt an unzersetzten Silikaten und kohlensaurem Kalk einen gewissen Kulturwert, so daß sie als gute Wald- und Ackerböden dienen können. Mehrfach umlagerte Sande, insbesondere die sogenannten Talsande, die durch strömendes Wasser ausgelaugt sind, bilden geringwertige Böden, die entweder mit Kiefern oder mit Heide bestanden sind.

Auch im *Alluvium* finden sich Böden, die aus mehr oder weniger feinkörnigen Sanden entstanden sind. Häufig enthalten sie reichlich Kalk und humose Substanzen, und da sie ferner unter dem Einfluß von Grundwasser stehen, sind diese Böden gewöhnlich als fruchtbar zu bezeichnen und fördern das Gras- und Holzwachstum. Wenn bei Überflutungen diesen Böden toniges Material zugeführt wird, kann ihre Fruchtbarkeit stark erhöht werden, und es entstehen dann sogenannte Aueböden. Diese erhalten durch die Überflutungen nicht nur feinerdige Mineralien, sondern auch darin enthaltene feinverteilte Humusstoffe (Schlick). Je besser die Beschaffenheit dieses Materials ist und je rascher und vollständiger das Wasser wieder abzieht, um so wertvoller wird der Aueboden; er vermag insbesondere ausgezeichnete Erlen, Eschen und Pappeln zu tragen.

b) Sandsteinböden

Bei der Bildung der *Sandsteine* wurden verschiedenartige Mineralien und Gesteinsbruchstücke, die im allgemeinen die Größe einer Erbse nicht überschreiten und bereits mehr oder weniger chemisch verwittert waren, nachträglich durch ein Bindemittel wieder verkittet. Je nach der Art des Bindemittels verläuft die Bodenbildung auf Sandstein verschieden. Die kieseligen Sandsteine bilden nur wenig mächtige Sandböden, die nur dann einigermaßen fruchtbar sind, wenn die Muttergesteine mit tonigen und mergeligen Schichten wechseln. Die tonigen Sandsteine können je nach der Menge und Art des Bindemittels lehmig-sandige bis tonige Böden liefern, die ziemlich fruchtbar sein können, wenn die Sande reich an Feldspatkörnern sind und eine tonige Unterlage vorhanden ist. Die mergeligen Sandsteinböden besitzen bei hohem Gehalt an Bindemitteln sandig-mergeligen, bei geringem Gehalt an Bindemitteln mehr sandigen Charakter. Sie sind weißlich bis grau gefärbt. Je tonreicher die Mergelsandsteine sind, um so fruchtbarer ist der daraus hervorgegangene Boden. Kalkreiche Mergelsandsteine und kalkige Sandsteine geben arme, trockene Böden, die nur bei tonigem Untergrund und in feuchten Lagen noch nutzbar sind.

Die Sandsteine unterliegen in erster Linie der physikalischen Verwitterung, die zu einer Zerkleinerung und Zertrümmerung auf mechanischem Wege führt, und erst in zweiter Linie der chemischen Verwitterung, also einer Stoffumwandlung. Der Verwitterung geht fast stets eine Auflockerung und Zertrümmerung des Bindemittels durch das Wasser und den Frost voraus. Aus den im Sandstein eingebetteten Mineralien entstehen die Gerölle und Sande des Bodens, aus dem Bindemittel dagegen die nährstoffreiche Feinerde. Am verbreitetsten von den in fast allen Formationen vorkommenden Sandsteinen sind Buntsandstein, Keupersandstein, Liassandstein, Quadersandstein.

Bei dem *Buntsandsteinboden* unterscheidet man unteren, mittleren und oberen Buntsandstein. Der untere Buntsandstein besteht im allgemeinen außer aus feinkörnigem Sandstein auch noch aus roten Schiefertonen und Letten. Je nach Art der Bindemittel liefern diese Sandsteine Sand- oder Lehmböden. Im allgemeinen sind die Böden um so leichter und geringwertiger, je heller die Farbe des Sandsteins ist: die gelben Sandsteine geben die schlechtesten, die dunkelrot gefärbten die besten Böden.

Der mittlere Buntsandstein setzt sich aus roten, grobkörnigen Sandsteinen mit wenig Bindemittelsubstanz zusammen. Da das Bindemittel tonarm und kieselsäurereich ist, verwittert er nur schwer. Er liefert magere, steinige Böden, die nährstoffarm sind und sich nur für Waldbau eignen. Die Böden besitzen Neigung zu Rohhumusbildung, wodurch vielfach Ortstein entsteht. Derartige Böden sind sehr empfindlich gegen Streuentnahme.

Aus dem oberen Buntsandstein entstehen Böden mit verschiedenem Lehmgehalt. Auch diese Böden sind nicht reich an Nährstoffen; sie werden bedeutend verbessert, wenn ihnen Material aus dem tonreichen Röt zugemischt ist. Es entstehen dann tiefgründige, genügend warme, an feinen Teilen reiche Böden mit guter Krümelstruktur. Der Kali- und Phosphorsäuregehalt ist meist gering, und auch eine Kalkzufuhr ist nötig. Bei höherem Gehalt an Ton neigen diese Böden zur Nässe und dienen dann nur zum Wiesenbau.

Die *Keupersandsteine* sind im allgemeinen feinkörniger als der Buntsandstein. Ist das Bindemittel rein kalkiger Natur, so wird der Kalk durch kohlensäurehaltiges Wasser gelöst, und reiner Quarzsand bleibt zurück. Ist das Bindemittel tonig-kalkig, so verbleibt bei günstiger Bodenlage der Ton im Boden und verbessert den Boden. Während ein armer, grobkörniger Keupersandboden meist nur mit Kiefern bestanden ist, vermag ein tiefgründiger lehmiger Keupersandboden auch anspruchsvolleren Pflanzen zu genügen.

Der *Liassandstein* liefert meist einen tiefgründigen, kalkreichen und daher fruchtbaren sandigen Lehmboden. Für den Ackerbau sind diese Böden wesentlich günstiger als die meisten übrigen Sandsteinböden, und auch das Laubholz gedeiht auf diesen Standorten gewöhnlich sehr gut.

Die *Quadersandsteine* vermögen, da Kieselsäure das wesentliche Bindemittel ist, nur einen flachgründigen, lockeren Sandboden von geringer Fruchtbarkeit zu liefern. Wo die feineren Bestandteile durch Wind und Wasser fortgeführt werden, entsteht vielfach nur Gehängeschutt. Der aus Quadersandstein entstehende Boden ist für den Ackerbau nicht geeignet und daher zumeist von Fichten und Kiefern bestanden. Rohhumusbildungen sind auf derartigen Standorten keine Seltenheit.

c) Die Böden der Konglomerate und Breccien

Für die Bildung von Böden aus *Konglomeraten und Breccien* ist in erster Linie die Beschaffenheit und Menge des Bindemittels maßgebend; je toniger und mergeliger dieses ist, um so leichter zerfällt das Gestein und um so durchgreifender kann dann die weitere Verwitterung erfolgen, während bei Vorherrschen eines kieseligen Bindemittels sich kiesiger, wenig fruchtbarer Sand bildet. Im allgemeinen pflegen die aus Konglomeraten und Breccien entstandenen Böden weniger günstig zu sein als die aus Sandstein hervorgegangenen, sie besitzen häufig große Ähnlichkeit mit den aus Geröll entstandenen Böden.

Im Konglomerat des *Rotliegenden* können die verschiedensten Urgesteinsbruchstücke neben Quarz vorhanden sein, sie sind durch ein toniges Bindemittel von hohem Eisengehalt verbunden. Enthält der aus dem Rotliegenden entstandene Boden überwiegend Quarzgeröll, so gedeihen auf ihm nur Heidekraut und minderwertige Gräser. Nur wo der Boden tiefgründiger wird, kann Fichte auftreten. Werden dem Boden durch Regenwässer von höhergelegenen Stellen aus tonige Teile zugeführt, so kann er tiefgründiger, reicher an Feinerde und damit auch fruchtbarer werden.

Grauwacke ist ein Konglomerat von Quarz, Kieselschiefer, Tonschiefer, Feldspat, Glimmer usw. Die Bindesubstanz ist gewöhnlich kieselig oder tonig, es ist im allgemeinen nur wenig Bindemittel vorhanden. Grauwacke mit einem tonigen Bindemittel verwittert am leichtesten und liefert einen tiefgründigen, einigermaßen steinfreien Boden, der je nach der Lage als günstig zu beurteilen ist. Grauwacken, die ein kieseliges Bindemittel besitzen und arm an Bindesubstanz sind, verwittern schwieriger und geben sehr leichte, sandige Böden von geringer Mächtigkeit. Falls sie in günstigeren Lagen tiefgründigere Sandböden zu liefern vermögen, können auf diesen tiefwurzelnde Bäume, wie Kiefern und Eichen, gedeihen.

In der *Nagelfluh* sind alte Schotter aus Urgesteinen und Kalkgesteinen durch ein kalkreiches Bindemittel verkittet. Die Nagelfluh verwittert schlecht, etwas stärker wird die Verwitterung, wenn die Bindesubstanz mergelig-tonig ist. Der aus Nagelfluh entstehende Verwitterungsboden ist im allgemeinen leicht und nährstoffarm.

d) Die Böden der Schiefer- und Tongesteine

Bei der Verwitterung der *Tongesteine* bildet sich zunächst eine Masse, die nicht plastisch, sondern bröckelig ist. Erst nachdem die chemische Verwitterung zur Bildung von Eisenhydroxyd und Tonmineralien geführt hat, tritt Rotfärbung und in steigendem Maße Plastizität ein. In flachem Gelände und in den Tälern entsteht alsdann ein kräftiger, bindiger und schwerer Boden. Auf den Höhen und an den Hängen werden durch die Niederschläge besonders am Anfang, wo die Masse noch wenig bindig ist, in starkem Umfange die feineren tonigen Teile hinweggeführt. Die chemische Zusammensetzung der Tongesteine und der Tonschiefer ist sehr verschieden, und dies beeinflußt ebenso wie die zwischen den Tongesteinen eingelagerten Schichten anderen Materials das Ergebnis ihrer Verwitterung. Bei der Verwitterung verhalten sich die dünnschiefrigen, weicheren Arten anders als die härteren, splittrigen Arten. Die weichen Tonschiefer zerfallen leicht zu einem milden Tonboden, der keine Steine, dafür aber viele kleine Schieferblätter besitzt. Wenn Steingerölle doch auftreten, so beruht dies darauf, daß im Tonschiefer Zwischenlagen vorhanden waren. Der quarzreiche Tonschiefer verwittert dagegen schwer und bildet einen lockeren, steinigen und flachgründigen Boden. In der Regel gibt nur der im Tale befindliche Tonschieferboden einen fruchtbaren Ackerboden ab, während der Tonschieferboden der Gebirge nur einen flachgründigen Verwitterungsboden bildet, der zum größten Teil aus losem, unzersetztem Trümmerschutt besteht und nur waldbaulich genutzt werden kann.

Die *Grauwackenschiefer* unterscheiden sich vom gewöhnlichen Tonschiefer insbesondere dadurch, daß sie häufig Quarze und viel weiße Glimmer enthalten und härter sind. Die aus ihnen entstehenden Böden sind daher meist ein Gemisch von zersetztem und unzersetztem Gestein und reich an Steinen, Glimmerblättchen und Quarzkörnern. Sie sind flachgründig und mager. Ihre Bindigkeit wird erhöht, wenn Eisenhydroxyd in größerer Menge vorliegt. Gegen Wassermangel sind sie sehr empfindlich, da sie leicht austrocknen. Ihr Nährstoffgehalt ist gering. An Wert stehen sie dem Tonschieferboden bedeutend nach und kommen eigentlich nur für den Waldbau, und zwar nur für Nadelholz, in Betracht. Fichte und Tanne gedeihen aber recht gut auf ihnen.

e) Böden der vulkanischen Tuffe

Vulkanische Tuffe entstehen durch Einwirkung von Wasser auf die vulkanischen Schlamm- und Aschenmassen, die dabei verkittet werden. Die Böden dieser Tuffe gleichen im allgemeinen den Böden der entsprechenden vulkanischen Gesteine. Die Tuffe verwittern sehr leicht und bilden tiefgründige, lockere

Böden, die von hoher Fruchtbarkeit sind, wenn ihnen genügende Mengen von organischer Substanz beigemengt sind.

Die Böden des *Diabastuffes* sind infolge der leichteren Zersetzlichkeit dieses Materials tiefgründiger, schwerer und dabei auch etwas fruchtbarer als die aus Diabas entstandenen Böden. Der *Porphyrtuff* verwittert leichter als Felsitporphyr und liefert daher einen tiefgründigen, tonhaltigen Boden mit größerer Fruchtbarkeit. Der *Basalttuff* bildet wie der Basalt Böden von hoher Fruchtbarkeit.

4. Die Böden der Kalksteine

Die verschiedenen Formen der Kalksteine und die Art und Menge der in ihnen auftretenden Beimengungen sind für ihre Verwitterung und für die Bodenbildung von entscheidender Bedeutung. Der wesentliche Bestandteil dieser Gesteine, der kohlensaure Kalk, wird durch kohlensäurehaltiges Wasser gelöst. Die tonigen und sandigen Beimengungen bleiben zurück und liefern schließlich zusammen mit dem restlichen, noch nicht gelösten kohlensauren Kalk die entsprechenden Böden. Durch die Verwitterung entstehen vielfach Klüfte und Spalten im Gestein, welche die bodenbildenden Vorgänge beeinflussen. So können die mannigfaltigsten Verwitterungsprodukte entstehen, leichte und schwere Böden, fruchtbare und unfruchtbare Böden. Unfruchtbare Böden entstehen gewöhnlich aus den dichten und festen Kalksteinen, die nur wenig Beimengungen enthalten. Dagegen liefern die weniger festen, tonreichen Kalke einen meist steinarmen, bindigen und fruchtbaren tonigen Kalkboden. Diese schweren Böden werden durch das im Untergrund befindliche, stark zerklüftete und daher nicht wasserhaltende Gestein auf natürlichem Wege entwässert und leiden im allgemeinen nicht unter Nässe. Sie speichern dank ihrer hohen Wasserkapazität die Winterfeuchtigkeit, leiden aber bei anhaltender Trockenheit mehr oder weniger unter Wassermangel und zeigen daher in ihrem Wasserhaushalt gewisse Ähnlichkeiten mit den Steppenböden. Humusreiche Böden, die sich auf Kalken oder kalkreichen Mergeln entwickeln, bezeichnet man als Rendzina. Ihr mit Basen weitgehend gesättigter Humus ist dem Schwarzerdehumus nahe verwandt. Diese Böden sind aber entweder sehr flachgründig oder sie haben infolge starker Kalkauslaugung schluffig-lehmige oder tonig-lehmige Beschaffenheit. Der ackerbauliche Wert dieser Böden schwankt stark mit ihrer Tiefgründigkeit, der Bodenart und dem Humusgehalt. Ist der Kalk ganz ausgewaschen, so verlieren die Böden ihre gute Krümelung, sie werden zäh und bindig und bekommen beim Austrocknen Risse und Sprünge.

Aus dem *Grauwackenkalk* geht infolge seiner Armut an Ton und Nährstoffen und seines hohen Gehaltes an Kieselsäure ein kiesiger, leichter und flachgründiger Boden hervor, der stark der Austrocknung unterliegt, er besitzt keinen großen Wert. In dem Maße, als das Muttergestein reicher an Ton ist, bessert sich aber die Beschaffenheit der Grauwackenkalkverwitterungsböden.

Die *Zechsteinkalke* sind von sehr verschiedener Art. Dementsprechend sind auch die aus ihnen hervorgegangenen Böden sehr verschieden, sie können sehr leicht und trocken, aber auch ziemlich bindig und arm an Steinen sein.

Im unteren, mittleren und oberen Wellenkalk kommen nicht nur verschieden geartete Kalksteine, sondern auch Kalkschiefer, Mergel, Dolomite, sowie Sandsteine, Konglomerate und Tone vor. Aus dem tonarmen Wellenkalk geht ein leichter und flachgründiger kiesiger Boden hervor, der stark der Austrocknung unterliegt. Die tonigen Bestandteile werden in erheblichem Umfange durch die Niederschlagswässer weggeführt. Infolge ihrer geringen Mächtigkeit und ihrer ungünstigen physikalischen Beschaffenheit sind diese Wellenkalkböden nicht sehr günstig und scheiden — vom Anbau der Kartoffel abgesehen – für die Ackernutzung fast ganz aus. Sie tragen gewöhnlich Kiefern oder gemischte Waldbestände, Laubholz aber nur dann, wenn ihnen eine leichte Decke von Löß aufliegt. Der Aufforstung bereitet der Wellenkalkboden meist erhebliche Schwierigkeiten. Von großem Einfluß auf die Beschaffenheit der Wellenkalkböden ist die Ortslage. Auf den Höhen der Berge können diese Böden höchstens dürftige Grasnarben hervorbringen, wenn sie nicht ganz vegetationslos sind. Liegen sie aber am Fuße der Muschelkalkberge, so können sich hier gute Böden mit reichlicherem Ton- und Kalkgehalt bilden, die Weizenbau zulassen, gute Weinböden sind und auf denen auch Buchen gut gedeihen.

Im *Hauptmuschelkalk* haben die gutgeschichteten, graugelblichen Kalksteine gewöhnlich tonige Zwischenlagen, daneben treten Dolomite und mergelige Kalke auf. Auf diesen regelmäßig wechselnden Schichten entstehen durch die Verwitterung Böden, die je nach der Beschaffenheit der Schichten verschieden, vielfach aber mergelig-tonig sind. Die tonigen und schiefrigen Zwischenlagen sind reich an Phosphorsäure und Kali, wodurch die Bildung nährstoffreicher Böden bewirkt wird. Durch diese tonigen, zwischen den Kalkbänken liegenden Schichten wird der Muschelkalkboden auch schwerer. Es entsteht ein dunkelbraun gefärbter lehmig-toniger Boden, der aber durch seinen Gehalt an unverwitterten Kalkstücken im allgemeinen eine gute Struktur hat. Je mächtiger und härter die einzelnen Kalkbänke des Hauptmuschelkalkes sind, um so steiniger wird der Boden. Auf den Höhen können durch Abspülung der tonigen Bestandteile sehr arme, leichte Böden entstehen, die nur noch Kiefer, Wacholder und Hagedorn zu tragen pflegen. Solche kargen Muschelkalkberge können der Aufforstung große Schwierigkeiten bereiten. Die Böden am Fuße der Hänge sind dagegen durch die Einschwemmung von Feinbestandteilen häufig recht schwer.

Aus den einzelnen Gesteinen der *Juraformation* können ebenfalls sehr verschiedenartige Böden hervorgehen. Dichte und feste Kalksteine, die der Verwitterung großen Widerstand leisten, ergeben einen flachgründigen, steinigen und leichten Boden, während die mehr tonigen oder kantigen Kalksteine, die rascher verwittern, einen mehr tonigen oder lehmigen Boden liefern. Durch das unterliegende Gestein wird das Wasser gut abgeleitet, so daß feuchte Lagen im allgemeinen günstiger sind als trockene Lagen. Die Abspülung der feinen tonartigen Bestandteile, die je nach der Geländeneigung mehr oder weniger stark auftritt, ist für die Bodenbildung von großer Bedeutung.

Die Böden des *mittleren oder braunen Jura*, die häufig fast völlig entkalkt sind, stellen nasse, schwere Tonböden dar. Sie müssen entwässert werden und kommen nur für Wald- und Wiesenbau, an Hängen ausnahmsweise auch für Weinbau, in Frage. Die Böden des oberen oder weißen Jura sind fruchtbar, wenn in ihnen dem Ton noch reichlich Material aus den Kalkbänken beigemischt ist, im anderen Falle sind sie nicht sehr günstig zu beurteilen.

Für die Böden der *Kreideformation* gilt ganz allgemein, daß diese Formation der chemischen Verwitterung lange widersteht und daher einen leichten und minderwertigen Boden liefert. Er gewinnt aber an Kulturfähigkeit bei toniger Unterlage. Sind die Schichten der Kreideformation mit sandigen und tonigen Beimengungen vermischt, wie z. B. bei den Kreidemergeln, dann bildet sich ein tiefgründiger, sandiger oder lehmiger Mergelboden, der bei günstiger, feuchter Lage recht fruchtbar sein kann.

Die Verwitterung des *Dolomits* erfolgt im allgemeinen nicht so rasch wie die des Kalksteins. Je reiner die Dolomitgesteine sind, um so steiniger, flachgründiger und tonärmer ist der aus ihnen entstehende leichte bis sandige Boden. Tonreichere Dolomite bilden lehmartige Böden, die gut und fruchtbar sind. Ihre Farbe ist gelb bis bräunlich infolge des bei der Verwitterung gebildeten Eisenhydroxyds.

5. Die Böden des Tons

Die durch Verwitterung der Silikatgesteine gebildeten *Tonteilchen* unterliegen je nach der Geländegestaltung mehr oder weniger dem Wassertransport, und es kann dabei zu bedeutenden Anhäufungen derselben kommen. Am Ende der Eiszeit waren die Schmelzwässer sehr salzarm und übten infolgedessen keine ausflockende Wirkung auf die im Wasser suspendierten Tonteilchen aus. Diese waren sehr beweglich, was zu Ansammlungen von Ton sowie zu einer starken Auswaschung von Ton in tiefere Schichten führte. Noch heute bilden sich bei Überschwemmungen Ablagerungen des sogenannten Auetons. Unter dem Einfluß der Gezeiten scheiden sich im Unterlauf der Flüsse die Flußmarschen ab.

Die *Letten* sind in ihrem Charakter den Tonen ähnlich. Sie gehen, wenn auch nur allmählich, durch Verwitterung in einen sehr schweren und bindigen Ton über. Derartige Böden haben zwar günstige chemische, aber sehr ungünstige physikalische Eigenschaften und bedürfen daher gründlicher Bearbeitung.

Unter *Geschiebemergel* versteht man die Grundmoränen der Eiszeit. Bei der Verwitterung des Geschiebemergels ist das erste Stadium die Entkalkung, dann wird Eisenhydroxyd abgespalten. In dem gelbrotbraunen Geschiebelehm, der sich aus dem Geschiebemergel gebildet hat, werden im weiteren Verlauf der Verwitterung die Feldspate und anderen Silikate zersetzt. Es entsteht die für alle Lehmböden charakteristische Mischung von Ton und Sand, die aber auch aus anderen Gesteinen durch Verwitterung entstehen kann, wenn das Verwitterungsprodukt Ton und Sand in einem bestimmten Verhältnis enthält.

6. Der Lößboden

Der *Lößboden* nimmt auf Grund seiner Entstehung durch den Wind eine Sonderstellung ein. Vom Ton unterscheidet ihn der Mangel an jedweder Schichtung, vom Lehm das Fehlen gröberer Sande und Gesteinsreste. Besonders dort, wo die Lößablagerungen tieferliegende Geländestellen ausfüllen und genügend Feuchtigkeit bzw. Grundwasser vorhanden ist, konnte sich ein kräftiger Pflanzenwuchs entfalten. Die sich im Löß ansammelnden Pflanzenreste reichern diesen stark mit Humus an. Durch den Kalkgehalt des Lößes wird dieser Humus gesättigt und verbessert damit die Bodenstruktur. In dem ariden Steppenklima, das zur Zeit der Bildung des Lößes herrschte, kam es vielfach zur Bildung von Schwarzerde. Der Löß bildet sich häufig an Talhängen, die im Windschatten liegen, sowie in Form des Höhenlößes auf plateauförmigen Höhen. Die auf ihm sich ansiedelnden Steppenpflanzen und -gräser tragen rasch zu seiner Verfestigung bei. Der für ihn charakteristische Gehalt an Staubsanden macht den Löß für die Wasserführung besonders günstig, da er ihm eine hohe Kapillarität verleiht. Die Verwitterung des Lößes beginnt zunächst mit seiner Entkalkung. Danach spaltet sich Eisenhydroxyd ab, wodurch die zunächst gelbe Farbe in eine tief-rotbraune bis braune übergeht. Es findet eine Verlehmung statt, wodurch der Löß in den an tonigen Bestandteilen wesentlich reicheren *Lößlehm* übergeht.

7. Die Schotterböden

Große Schottermassen wurden in der Diluvialzeit durch die diluvialen Flußläufe gebildet. Je nach dem geologischen Alter und dem Material der Schotter ist auf ihnen eine Verwitterungsdecke von verschiedener Mächtigkeit und Zusammensetzung entstanden. Ganz allgemein sind diese Verwitterungsböden reich an Sanden der verschiedensten Korngrößen, an Kiesen und an Geröllen, und die durch die Verwitterung gebildeten Tonkolloide verbinden diese je nach ihrer Menge in geringerem oder höherem Maße. Es entstehen so verschieden mächtige Böden vom lehmigen Sand bis zum sandig-tonigen Lehm. Der ursprünglich vorhandene kohlensaure Kalk kann mehr oder weniger ausgewaschen sein. Die Farbe dieser Böden schwankt je nach der Art der Verwitterung von braungelb bis dunkelgelb.

XV. GENETISCHE EINTEILUNG DER BÖDEN

1. Die Bodentypen

Als Grundlage einer allgemeinen Einteilung ist die geologische Klassifikation der Böden deshalb nicht brauchbar, weil sie den Einfluß des Klimas und anderer für die Bodenbildung maßgebender Umstände nicht berücksichtigt; denn aus demselben Gestein können unter verschiedenen Bedingungen ganz verschiedene Böden entstehen. Die heute herrschende dynamische Auffassung verlangt, daß man bei der Einteilung der Böden Gesichtspunkte walten läßt, welche der Dynamik der Bodenbildung gerecht werden.

Mit dem Auftreten der neueren Richtung der reinen Bodenkunde, die in erster Linie den Einfluß der bodenbildenden Faktoren wie Klima, Art des Ursprungsgesteins, Wasserverhältnisse und Pflanzenbestand zu ergründen suchte, ergaben sich neue Einteilungsprinzipien. Man unterscheidet heute nicht nur *Bodenarten* auf Grund der stofflichen Zusammensetzung, sondern auch *Bodentypen* nach ihrer Entstehungsweise. Die Bezeichnung „Bodentypen" ist eine Abkürzung von „Typen der Bodenbildung", ein Ausdruck, den *F. von Richthofen* 1886 einführte, der bei seinen Reisen in Ostasien die Unterschiede der Böden auf das verschiedene Klima zurückführte. Während die Einteilung nach Bodenarten als statisch zu betrachten ist, trägt die Aufstellung von Bodentypen der Dynamik der Böden Rechnung.

Da der sichtbare Niederschlag der im Boden vor sich gehenden Entwicklung die *Profilgestaltung* ist, wurde der Einteilung der Bodentypen in erster Linie das morphologische Studium des Bodenprofils zugrunde gelegt. Gegenüber der früher üblichen Untersuchung von Durchschnittsproben der Bodenkrume im Laboratorium bedeutete es einen großen Fortschritt, daß man den Schwerpunkt auf das Studium des gewachsenen Bodens verlegte. Ein vollkommenes Bild von den Eigenschaften des Bodens kann nur gewonnen werden, wenn man die Bodenprofile bis zum Untergrund verfolgt und auf dem Felde beobachtet. Das Bodenprofil läßt das Zusammenwirken von Gesteinsverwitterung, Humusbildung und Verlagerung der Verwitterungs- und Humifizierungsprodukte, die aus dem Profil ausgelaugt werden oder in das Profil einwandern, erkennen. Alle diese Vorgänge werden durch Klima, Muttergestein, Vegetation und die Wasserverhältnisse und Oberflächengestaltung des Bodens beherrscht — Faktoren, die für die Entstehung der vorherrschenden Bodentypen maßgebend sind und bei der Einteilung der Böden daher berücksichtigt werden müssen.

Von den neueren Vorschlägen in dieser Richtung verdient als erster die Einteilung von *Dokutschajew* (95) Erwähnung, der zwei Gruppen unterschied, eine lediglich durch die bodenbildenden Prozesse bestimmte und eine andere, die abgetragene, erodierte oder durch Ablagerungen gebildete Böden umfaßt. Böden, bei deren Entwicklung die geologischen und topographischen Einflüsse überwogen haben, die sich also nicht den auf Grund der klimatischen Bedingungen entstandenen Bodentypen einreihen lassen, wurden als intrazonale Böden bezeichnet. *Hilgard* (96) teilte die Böden in humide und aride ein und wies nach, daß bei der Bodenbildung besonders die Feuchtigkeitsbedingungen maßgebend für die Art des entstehenden Bodens sind. Seine Befunde wurden von *Sibirtzew* (97) verallgemeinert, der darauf hinwies, daß sämtliche die Bodenbildung beeinflussenden Faktoren zum Ausdruck kommen müssen, nämlich die Verschiedenheiten des Muttergesteins, der an der Bodenbildung beteiligten Organismen und des Klimas. *Ramann* (98) baute diese Einteilung der Böden weiter aus, indem er die Böden, bei denen die Verwitterung hauptsächlich physikalischer Natur ist, von denjenigen trennte, die aus chemischer Verwitterung hervorgegangen sind. *Glinka* (99) schlug auf Grund der Betrachtung des Bodenprofils eine Einteilung in *ektodynamomorphe* Böden vor, bei denen der Charakter des Bodens hauptsächlich durch äußere Faktoren, im wesentlichen durch das Klima, bedingt wird, und *endodynamomorphe* Böden, bei denen das Muttergestein den Charakter des Bodens wesentlich beeinflußt.

Als bodenbildende Faktoren werden jetzt von *H. Stremme* im Anschluß an *Dokutschajew, Sibirtzew, Glinka, Treitz, Marbut* u. a.

1. die Vegetation einschließlich der Tiere und Kleinlebewesen
2. das Wasser
3. das Gestein
4. das Relief
5. die menschliche Arbeit

bezeichnet, die unmittelbar und sichtbar wirken, während

6. das Klima und
7. die Zeit

von mittelbarer und unsichtbarer Wirkung sind. Die vier erstgenannten Faktoren sind überall bei jedem Boden beteiligt, aber bald überragt die eine Wirkung, bald die andere, so daß für die Einteilung und Benennung der Bodentypen eine gute Grundlage gewonnen ist. Jedoch gibt es infolge ihrer Universalität Übergänge und Konvergenzerscheinungen. Die menschliche Arbeit spielt eine größere Rolle in den alten Kulturländern, während sie in der unbebauten Landschaft nicht vorkommt. Klima und Zeit können nur bei einem allgemeinen Überblick als Bodenbildner angesehen werden, beim einzelnen Boden lassen sie sich wissenschaftlich nicht fassen und beweisen. Als besonders typisch wird vielfach der Unterschied zwischen dem schwarzen Steppenboden (Tschernosem, Abb. 5) und dem bleichen Waldboden (Podsol = unter Asche, Abb. 6) angesehen.

Der hauptsächlichste klimatische Faktor ist die Feuchtigkeit, also das Verhältnis, in dem Regenfall und Temperatur zueinander stehen, da sich hieraus die Humidität oder Aridität eines Gebietes ergibt. Man unterscheidet die folgenden Extreme: Böden eines humiden Klimas mit starker *Auslaugung* vom Bodentyp der *Podsole* und Böden eines ariden Klimas mit geringer Auslaugung vom Typ der *Tschernoseme*, zwischen denen eine Reihe von Übergängen auftreten.

Der Bodentyp *Schwarzerde oder Tschernosem* ist dadurch gekennzeichnet, daß ein oberer Horizont von großer Mächtigkeit dem Muttergestein direkt aufliegt. Durch die Niederschläge sind aus dem oberen Horizont zwar die löslichen Salze entfernt worden, dagegen sind Calciumcarbonat und Calciumsulfat nur in geringem Ausmaß in die Tiefe gewandert, und eine Wanderung von Kieselsäure oder Sesquioxyden hat überhaupt nicht stattgefunden. Beim schwarzen Steppenboden auf Löß oder Geschiebemergel wird zumeist der kohlensaure Kalk aus der Oberkrume ausgelaugt und in tiefere Horizonte geführt.

Ein typisches *Podsolprofil* besteht im wesentlichen aus drei *Horizonten*. Der oberste oder A-Horizont ist eine aus humosem Material bestehende Schicht, die in eine humusarme, stark ausgebleichte Schicht übergeht. Diese letztere ist es, aus der die Auswaschung gewisser Bestandteile, nämlich der basischen Stoffe sowie der Sesquioxyde, durch sauren Humus erfolgt ist. Die Bildung der *Bleichschicht* im A-Horizont ist hauptsächlich eine Folge des allmählichen Verschwindens der Basen durch Auslaugung und der hierdurch bedingten Bildung von saurer organischer Substanz an der Oberfläche. Diese saure organische Substanz bringt Eisenoxyd in kolloidale Lösung und bleicht dadurch die darunterliegende Schicht. Unter dem A-Horizont liegt der B-Horizont; in ihm haben sich die aus dem A-Horizont abgewanderten Stoffe wieder ausgeschieden, und zwar tritt hier entweder eine Häufung von Humus und Sesquioxyden oder nur eine Anhäufung von Eisenoxydhydrat auf. Die Bildung des B-Horizontes kann das Auftreten einer wasserundurchlässigen *Ortsteinschicht* verursachen. Die Frage, warum in den darunterliegenden Schichten wieder eine Ausfällung von Humus und Eisen erfolgt, ist noch nicht restlos geklärt; man nimmt vielfach an, daß die Bildung dieser Schicht an einer Stelle erfolgt, an der Lösungen während einer trockenen Periode wieder aufsteigen: die Ausfällungen haben danach beim Eintrocknen stattgefunden. Unter dem B-Horizont liegt das unveränderte Muttergestein. Typisch für die starke Podsolbildung sind Böden mit einer rotbraunen und schwarzbraunen Auflage von „Rohhumus" oder „Trockentorf". Unter diesem Rohhumus befindet sich ein bleicher, auch grauer, violettgrauer oder grün-grauer Horizont, der auf jeder Gesteins- und Bodenart ein starkes Überwiegen von Kieselsäure hat. Etwa vorhandener Quarz ist blank, wie mit Säure übergossen, Feldspat ist stark angegriffen. Feines Chalcedon- oder Opalmehl ist vorhanden. Glastrichter (Lysimeter), die in solche Horizonte eingebaut werden, geben oft tagelang eine verdünnte Schwefelsäurelösung. Die Schwefelsäure ist ein zeitweises Produkt des Umbaues von Eiweißschwefel, der vorher in Schwefelwasserstoff verwandelt worden ist.

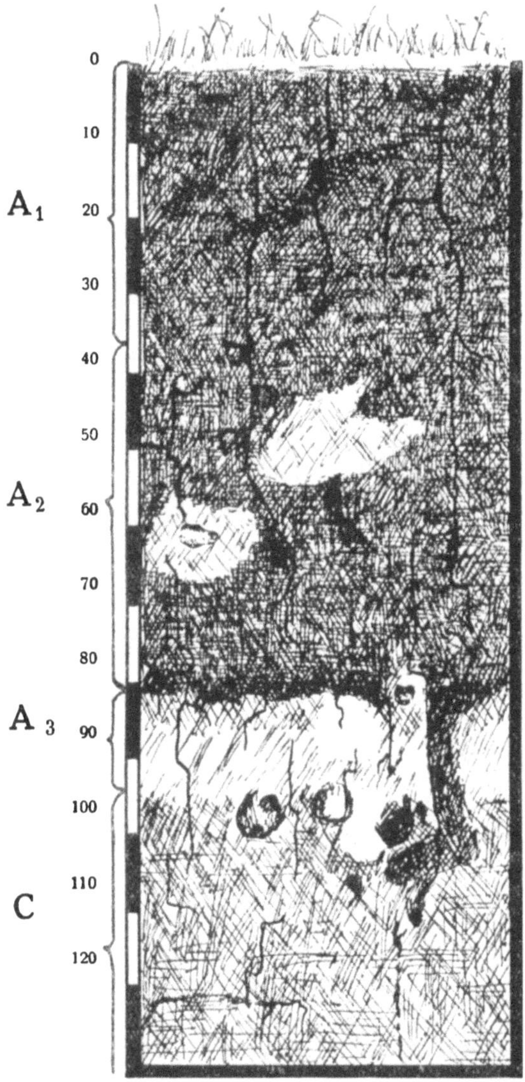

Unter Gerstestoppeln mit Luzerneeinsaat.

Kaffeebrauner humoser Lehm (verlehmter Löß).

Schwarzbrauner, stark humoser Lehm (verlehmter Löß) mit vielen Wurmkrümeln und Tierlöchern, die teils mit Löß, teils mit dem schwarzen Boden angefüllt sind.

Schwarzbraun gesprenkelter, stark humoser, karbonathaltiger Löß mit reichlichen Wurmkrümeln.

Schmutzig gelbbrauner, karbonathaltiger, schwach sandiger bis sandiger Löß, zu oberst weißgelber Karbonathorizont (Ca - Infiltrationszone) mit kleinen Lößkindeln; Tierlöcher und senkrechte Wurmgänge.

Abb. 5 Tschernosem von Olvenstedt bei Magdeburg, Ziegeleigrube von Reibnitz (nach *H. Stremme*)

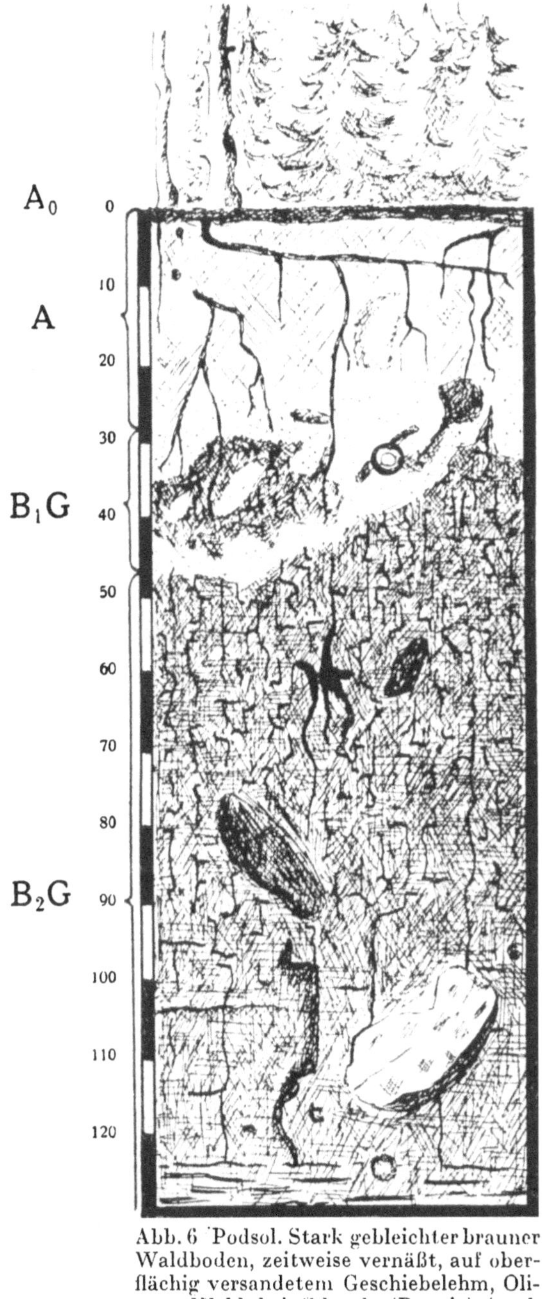

Abb. 6 Podsol. Stark gebleichter brauner Waldboden, zeitweise vernäßt, auf oberflächig versandetem Geschiebelehm, Olivaer Wald bei Gdansk (Danzig) (nach *H. Stremme*)

Im Vordergrund Fichtenabtrieb, im Hintergrund älterer Fichtenbestand, einzelne Douglasien und Buchen.

Dünne rötlichbraune Rohhumusdecke (vorwiegend Fichtennadelreste). Oben grauer humoser, nach unten zu hellgrauer, stark gebleichter, ziemlich feiner Sand mit einzelnen Geschieben, dicht, Einzelkornstruktur stark durchwurzelt und schwach gebunden, so daß der Boden in erdfeuchtem Zustand stückig bricht.

Grau-grünlicher, fleckiger, lehmiger Sand, dicht verschlämmt, zeitweise naß, sehr unregelmäßig begrenzte Auflösungs- und Versandungszone des braunen Bodens, der in Inseln und in zapfenartigen Gebilden sich hier noch gehalten hat, lebhaft gefärbt. Rostkonkretes, besonders ein mit weißem Quarzstaub gefülltes kugelartiges Gebilde mit mehreren Eisenringen.

Unregelmäßiger und allmählicher Übergang zu sattbraunem Lehm, in kleine vielgestaltige, im einzelnen in unausgerichtete, im ganzen in senkrecht ausgerichtete Bodenkörperchen zergliedert. Auf den Kluftflächen braunes Kolloidhäutchen aus Humus- und Eisenhydroxyd, das beim Zerreiben hell ockerfarbig wird; viel Nadelstichporen, überall mit grünlichen Reduktionsflecken durchsetzt (zeitweise Nässe); viel Geschiebe. Nach unten allmählich fahlgelbbrauner werdend weniger zergliedert, hauptsächlich nur noch senkrechte Risse, die den Lehm prismatisch absondern, die grünlichen Flecken treten ganz unten schon mehr flächenhaft auf, zahlreiche lebhaft gefärbte Rostabsätze.

Die *Braunerden* nehmen eine gewisse Zwischenstellung zwischen Schwarzerde und Podsolen ein, während bei noch extremeren trockenen Bedingungen die Schwarzerden in die grauen *Böden der Halbwüste*, bei denen die Kalk- und Gipshorizonte der Oberfläche sehr nahe liegen, übergehen.

Wie stark sich auch der Einfluß des Klimas auf die bodenbildenden Prozesse geltend macht: den *petrographischen Faktor* darf man bei der Einteilung der Bodentypen nicht unberücksichtigt lassen. Bei der Podsolbildung wirkt die Art des Muttergesteins insofern bestimmend, als Podsole besonders in quarzigen Sanden auftreten, die leicht durchlässig und arm an basischen Stoffen sind. In Lehm- und Tonböden mit hohem Basengehalt kann man die podsolierte Schicht in der Regel überhaupt nicht erkennen. Eine Sonderstellung in bezug auf ihr Muttergestein nehmen vor allem die Böden ein, die aus Kalkgestein entstanden sind, wie die *Rendzina-Böden*, die durch eine hohe Durchfeuchtung, einen Überschuß an Calciumcarbonat, durch dunkelgefärbten Humus und einen kieselsäurereichen Ton gekennzeichnet sind. Eine andere Kalkbodenart ist die *Terra rossa*, die nur wenig Basen, eine organische Substanz von hellerer Farbe und eine dunkelrote Färbung aufweist.

Die *Vegetation* hängt zwar genau wie der Boden vom Klima ab, hat aber auch ihrerseits eine starke Rückwirkung auf die Bodenbildung. Ist z. B. ein Boden arm an basischen Bestandteilen, so pflegen auf ihm nur Nadelhölzer und Heidepflanzen aufzutreten, deren Rückstände einen sauren Humus bilden und dadurch die Entwicklung der Bleichschicht durch Auslaugen der Sesquioxyde begünstigen. Bei den braunen Waldböden oder Braunerden hingegen ist die Bildung des Podsolprofils abgeschwächt. Hier werden zwar die Carbonate aus der obersten Schicht ausgewaschen, infolge des höheren Basengehalts des Muttergesteins und des Umstandes, daß der Laubwald, der hier auftritt, eine basenreiche Waldstreu liefert, findet jedoch ein Ausbleichen des A-Horizonts nicht statt, ebenso unterbleibt eine Anhäufung von organischer Substanz im B-Horizont.

Einen Einfluß auf die Bodenbildung können auch die *Grundwasserverhältnisse* ausüben. Liegt nämlich der Grundwasserspiegel sehr hoch oder liegt eine den Durchfluß des Wassers verhindernde Schicht vor, so entwickelt sich im Boden ein charakteristischer Horizont, der als „*Gleyhorizont*" bezeichnet wird. In diesem Horizont scheidet sich wasserhaltiges Eisenoxyd aus, das zum Teil in ziemlicher Mächtigkeit auftreten kann und das sogenannte Raseneisenerz bildet. Die ständig unter Wasser liegenden Horizonte sind infolge Luftmangels gewöhnlich graublau gefärbt, vielfach mit bläulichschwarzen Schattierungen. Die *Gleyböden* sind hauptsächlich durch bestimmte örtliche Verhältnisse bedingt und treten häufig in Senkungen und Vertiefungen auf, während auf den benachbarten höher gelegenen Stellen podsolige Böden vorkommen.

Wenn die Humifikation von organischer Substanz nur bei stauender Nässe erfolgt, also bei Luftabschluß, so bildet sich *Moor*. Die humifizierten Rückstände der Pflanzen vermischen sich mit Mineralstoffen, bis das Moor (Niederungsmoor) die unter dem Wasserspiegel liegende Gegend vollkommen angefüllt hat. Bei weiterem Anhäufen von organischer Substanz oberhalb der

Wasseroberfläche tritt eine Veränderung der Vegetation ein, die zur Bildung von Hochmooren führt. Infolge der zunehmenden Mineralstoffarmut gewinnen Pflanzen, die nur geringe Nährstoffansprüche stellen, die Oberhand. Der Mineralstoffgehalt so gebildeter *Hochmoore* wird daher mit zunehmender Erhebung über den Grundwasserspiegel immer geringer.

Ebenso wie ein hoher Grundwasserspiegel im humiden Klima die Entstehung von Gleyböden begünstigt, werden im ariden Klima *Salz-*, *Alkali-* und *Solodi-Böden* gebildet. Diese entstehen unter der Einwirkung von Natriumsalzen, die entweder aus dem Grundwasser oder aus dem Bewässerungswasser stammen, auf das Bodenmaterial. Die Salzböden enthalten einen Überschuß an Natriumchlorid oder Natriumsulfat. Bei Entfernung des Überschusses an Natriumsalzen entstehen die Alkaliböden, bei denen im Adsorptionskomplex Calcium durch Natrium ersetzt ist. Infolge Hydrolyse kommt es in derartigen Böden zur Bildung von Soda. Bei der Hydrolyse findet auch eine *Degradation* der Böden unter Bildung von Kieselsäure und Sesquioxyden statt.

Einem besonderen Typ gehören die Bodenprofile der *tropischen Böden* an. Kennzeichnend für die Entstehung der tropischen Böden ist es, daß sie bei hohen Temperaturen entstanden sind, die noch dazu das ganze Jahr andauern, und daß daher die Intensität der chemischen Verwitterung viel stärker ist als bei unseren Böden. Auch Regenfälle treten in den Tropen sehr heftig auf, und eine Eigenart tropischer Böden ist es, daß sie vielfach der *Erosion* unterlegen sind, so daß kein vollkommenes Profil zur Ausbildung kommen konnte. Die vorherrschende Farbe der durchlässigen tropischen Böden ist rot. Die rote Farbe ist dadurch bedingt, daß Eisenoxyd mit steigender Temperatur weniger stark hydratisiert ist, ferner durch Humusmangel. Der Mangel an Humus ergibt sich daraus, daß zwar die Erzeugung von Pflanzensubstanz in den Tropen die unserer Breiten übertrifft, aber nicht in dem Maße, wie es der ungleich stärkeren Tätigkeit der zersetzenden aëroben und anaëroben Organismen entsprechen würde. Hieraus folgt, daß sich bei Temperaturen oberhalb 20—25° der Zuwachs an organischer Substanz nicht in dem gleichen Maße steigert wie die Zersetzung, so daß es zu keiner Anhäufung von *Humus* kommen kann. Damit entfällt bei der Verwitterung die Einwirkung der sauren Humussäure auf den Boden; die Bodenlösung ist nur schwach sauer oder neutral. Wenn die Basen aus dem Boden ausgelaugt sind, zerfällt der dann unbeständige Verwitterungskomplex in Kieselsäure und Sesquioxyde. Während bei den Podsolen die humushaltige Bodenlösung die Sesquioxyde in den Untergrund spült und Kieselsäure zurückläßt, führt die Verwitterung ohne Gegenwart von Humus dazu, daß Kieselsäure entfernt wird und ein an Sesquioxyden angereichertes Material zurückbleibt. Es sind dies die tropischen *Rotlehme und Roterden* und im extremen Falle die *Laterite,* bei denen auf dem unmittelbaren Produkt der primären Verwitterung der eigentliche Laterit bzw. eisenschüssige Verkrustungen vorkommen.

Zu den bodenbildenden Faktoren gehört endlich die *Verlagerung,* bei der entweder Bodenmaterial vom Ursprungsprofil abgetragen oder Boden fern von seinem Ursprung abgelagert wird. Man muß zwischen Boden an *primärer* und an *sekundärer* Lagerstätte unterscheiden.

Böden, die an Ort und Stelle dem Muttergestein aufgelagert bleiben, enthalten alle Übergänge vom Muttergestein bis zum völlig verwitterten Boden. Ihre Mächtigkeit ist nicht groß.

Die umgelagerten Böden sind in der Regel durch Wasser oder Wind verfrachtet worden; derartige Böden werden als *Alluvialböden* noch heute abgelagert. Im *Diluvium* führten Gletscher große Geröllmassen heran, sogenannte *Geschiebemergel*, aus denen *Geschiebelehme* entstanden sind, die einen zähen, schwer bearbeitbaren Boden bilden. Dort wo Wasser und Luft die tonigen Teile weggeführt haben, sind reine Sande übriggeblieben. Der vom Boden weggewehte Staub hat sich als *Löß* abgelagert.

Durch die Umlagerung kommt es zur Bildung *verstümmelter Bodenprofile* an dem Ort, von dem das Material weggeführt wird, oder zur Neubildung von Profilen am Orte der Ablagerung. Mit dem Altern des angeführten Bodens wird sich aber auch auf ihm das den örtlich herrschenden Bedingungen entsprechende Profil ausbilden.

Zwischen den verschiedenen Bodentypen treten Übergänge auf, die dadurch bedingt sein können, daß das Klima sich änderte oder daß unter dem Einfluß eines wechselnden Pflanzenbestandes die Auswaschungsverhältnisse eine Änderung erfahren haben. Man spricht unter diesen Verhältnissen von *degradierten Böden.* Auch der Einfluß der Tätigkeit des Menschen kann in dieser Hinsicht sehr beträchtlich sein.

Die Bodenkunde ist davon abgegangen, Einteilungsprinzipien für die Böden in Bedingungen zu suchen, die außerhalb des Bodens liegen; sie gründet vielmehr die Einteilung ausschließlich auf Erscheinungen, die im Boden selbst beobachtet werden können. Sie kombiniert dabei die morphologische Erscheinung der Böden mit ihrer stofflichen Zusammensetzung, der Oberflächengestaltung, dem Pflanzenbestand und der Wirtschaftsweise. Nach diesen Kennzeichen werden die Böden dann ihrem eigentlichen Wesen entsprechend eingeteilt. So spricht man z. B. von gebleichten braunen Waldböden auf Geschiebelehm.

Man darf dabei aber nicht so vorgehen, daß man klimatisch, geologisch und topographisch verschiedene Typen bzw. Arten von Böden konstruiert und dann die natürlich aufgefundenen Böden in ein solches System hineinpreßt. Erst nachdem man festgestellt hat, welche Böden in einem Gebiete auftreten und wodurch sie charakterisiert sind, kann man die einzelnen Arten auf Grund ihrer Eigenschaften definieren und zu klimatisch oder geologisch bedingten Gruppen zusammenfassen. Die Untersuchung der Bodenarten muß sich dabei selbstverständlich über das ganze Profil erstrecken, da erst dieses den Boden als Ergebnis der ihm innewohnenden Eigenschaften und der auf ihn einwirkenden Kräfte erkennen läßt und damit die Aufschlüsse liefert, die uns befähigen, zu erkennen, in welcher Richtung eine Weiterentwicklung des Bodens zu erwarten und wie der Boden auch als Lebensraum für Pflanze, Tier und Mensch einzuschätzen sei. Der Einfluß der Pflanzendecke und der Kleintierwelt auf die Dynamik des Bodens hat sich vielfach noch nicht so stark ausgewirkt, daß er zur Entstehung eines besonderen Bodentyps führt, trotzdem ist aber seine Wirkung auf die gesamte Entwicklung des Bodens deutlich zu erkennen. Der Definierung dieses Einflusses dient der Begriff Facies.

Für eine übersichtliche Darstellung der Bodenverhältnisse von Großräumen wird von *Milne* (100) die *Catena*-Einteilung vorgeschlagen, welche Gruppen von Böden zusammenfaßt, die aus gleichem Muttermaterial entstanden sind, sich aber auf Grund topographischer und hydrologischer Einflüsse verschieden entwickelt haben.

Ein Schema der Einteilung der deutschen Böden wurde von *E. Mückenhausen* vorgeschlagen (101).

Für die Böden der Welt gibt *G. W. Robinson* (102) eine Einteilung, die auf dem Typ der Auslaugung beruht, der das Profil ausgesetzt war.

Einteilung der Weltbodentypen (nach *G. W. Robinson*).

Böden mit ungehinderter Entwässerung	Vollständig ausgelaugt (Pedalfere)	Mit Rohhumus	1. Humus-Podsole 2. Eisen-Podsole
		Ohne Rohhumus	3. Braunerden 4. Degradierte Schwarzerden 5. Prärieböden 6. Gelbe podsolige Böden 7. Rote podsolige Böden 9. Ferrallite
	Unvollständig ausgelaugt (Pedocale)	—	10. Schwarzerden 11. Kastanienbraune Böden 12. Braune Wüstenböden 13. Graue Wüstenböden
Böden mit stauender Nässe	Ohne lösliche Salze	Subarktisch	14. Tundra
		Gemäßigt	15. Gleyböden 16. Gleypodsole 17. Moorpodsole 18. Moorböden
		Subtropisch und tropisch	19. Vleiböden
	Mit löslichen Salzen	—	20. Salzböden 21. Alkaliböden 22. Solodiböden

2. Die Lehre vom einheitlichen Prozeß der Bodenbildung

Nach *Wiljams* (103) ist der Prozeß der Bodenbildung, wo immer er sich auch auf der Erdoberfläche vollzieht, ein einheitlicher Prozeß, dessen Ablauf sich in bestimmte Stadien und Perioden zerlegen läßt.

Die Bodenzonen und Bodentypen, die in der Bodenkunde unterschieden werden, sind nur einzelne statische Punkte dieses einheitlichen dynamischen Prozesses der Bodenbildung. Sie stellen die Unstetigkeiten dar, die dadurch bedingt sind, daß es für uns nicht möglich ist, die allmählichen Veränderungen festzustellen, solange sie sich nicht in einem solchen Grade entwickelt haben, daß als Ergebnis der allmählichen quantitativen Veränderungen eine Unstetigkeit eintritt, die durch qualitative Unterschiede bedingt ist. Der gleiche Prozeß verläuft dann weiter unter qualitativ anderen Bedingungen.

Die Unterteilung der Böden in Typen und Zonen nach den Eigenschaften des bodenbildenden Materials hat nur den Sinn, eine der Ursachen für die verschiedene Geschwindigkeit des Verlaufes des Prozesses der Bodenbildung zu kennzeichnen. Die weitere Unterteilung der Böden auf Grundlage der morphologischen Eigenschaften des Bodenprofils, der Mächtigkeit der verschiedenen Horizonte, der Farbe usw., lehnt *Wiljams* ab. Sie hat nach seiner Ansicht weder wissenschaftliche noch praktische Bedeutung, da ein und dasselbe morphologische Kennzeichen die Folge der verschiedensten Ursachen sein kann.

Nach *Wiljams* wandert der Kältepol infolge einer dauernden Veränderung der Neigung der Erdachse. Es kommen und vergehen daher in allen Gebieten der Erde Eiszeiten. Die Bildung des heutigen Bodens beginnt mit dem Zeitpunkte, an dem die Erdoberfläche wieder vom Eis befreit wurde. Der Boden bedeckt sich zunächst mit chemotrophen Bakterien. Auf dem so vorbereiteten Boden siedeln sich die ersten autotrophen Pflanzen an. Die Bedingungen sind für sie in der Tundra zunächst sehr hart; atmosphärische Niederschläge fallen nur sehr wenige, etwa 200 mm im Jahr, und zwar hauptsächlich im Verlauf des sehr kurzen Sommers. Die Vegetation besteht hauptsächlich aus Flechten, und nur im Windschatten von Gesteinstrümmern sind die Bedingungen günstiger. Hier entwickeln sich Moose und kümmerliche Bestände mykotropher Pflanzen. Fichten und Lärchen, deren Samen durch Vögel zugetragen werden, siedeln sich in den tieferen Lagen an. Allmählich erobert der Wald das Gebiet der Tundra.

Unter der Walddecke verläuft jetzt die Stufe des einheitlichen bodenbildenden Prozesses, die *Wiljams* als Podsolierung bezeichnet. Im dichten Wald ist der Boden wegen Lichtmangels frei von Vegetation und mit abgestorbener Waldstreu bedeckt. Diese ist sperrig und von saurer Reaktion, so daß die Bedingungen für die aëroben Pilze günstig sind. Es bildet sich Krensäure, die durch den ständig absteigenden Wasserstrom weggeführt wird. Die organische Substanz der Waldstreu kann unter diesen Umständen durch die Pilzzersetzung vollständig mineralisiert werden. Die sich dabei bildenden schwerlöslichen Mineralsalze werden durch die Krensäure in Lösung gebracht und mit nach unten geführt.

In der ersten Phase der Podsolierung wird der kohlensaure Kalk aufgelöst. In der zweiten Phase reagiert die Krensäure mit Eisen- und Manganoxyd. Da deren Krenate leichtlöslich in Wasser sind, werden sie durch den absteigenden Wasserstrom ausgewaschen. Das Gestein nimmt dabei eine bleiche Farbe an. In der dritten Phase werden durch die Krensäure Tonmineralien zerstört, wobei sich freie Kieselsäure und Aluminiumkrenat bilden. Auch dieses Krenat ist leicht löslich und wird nach unten ausgewaschen.

Im Boden wird beim Versickern die gesamte Krensäure allmählich neutralisiert, so daß in einer gewissen Bodentiefe neutrale Reaktion herrscht. Während in dem oberen, sauren Bodenhorizont Bakterien nicht leben können, können sie jetzt auftreten, allerdings nur anaërobe Bakterien, da die Pilze bei der Zersetzung der organischen Substanz den gesamten Luftsauerstoff verbraucht haben. Sporen dieser anaëroben Bakterien dringen mit dem Wasser durch Risse in den Untergrund ein. Bei der Zersetzung der Krenate durch die Bakterien werden die basischen Bestandteile der Krenate frei, Eisenoxyd, Mangandioxyd und Aluminiumoxyd sowie Calciumoxyd, das mit der gleichzeitig gebildeten Kohlensäure kohlensauren Kalk bildet. Auf diese Weise bildet sich je nach der Zusammensetzung des Muttergesteins ein Horizont mit einer Anhäufung von Sesquioxyden oder von kohlensaurem Kalk aus. Den Sauerstoff, den die anaëroben Bakterien als Baustein ihres Körpers benötigen, erhalten sie durch Reduktion der Krenate. Dabei geht die Krensäure in Apokrensäure über, welche schwerlösliche Salze von Calcium, Eisen, Mangan und Aluminium bildet. Diese lagern sich in Form einer amorphen Ausfällung ab, die beim Austrocknen stark schrumpft und ortsteinartige Bildungen ergibt, wie sie für den Podsolierungsprozeß kennzeichnend sind. Herrscht im Gestein Kalk vor, so entsteht eine Anreicherung mit Calciumapokrenat.

Die biologischen Prozesse, welche die Krensäure zerstören, erfordern eine gewisse Zeit. Der absteigende Wasserstrom führt daher einen Teil der Krenate weiter nach unten, so daß dieser Horizont sich ständig nach unten erweitert. Allerdings reicht von einer gewissen Tiefe ab der Zufluß der Krensäure nicht mehr aus für den Bedarf der Bakterien an Sauerstoff, da dessen Hauptmenge bereits im oberen Horizont verbraucht oder in Apokrensäure umgewandelt worden ist. Es bildet sich jetzt ein neuer Horizont aus, in welchem vor allem der Sauerstoff des Eisenoxyds, an welches die Apokrensäure gebunden ist, als Sauerstoffquelle der Bakterien dient. Dieses Eisenoxyd geht unter Farbänderung in zweiwertiges Eisen über, und es bildet sich ein Gleyhorizont aus. Da das Apokrenat des zweiwertigen Eisens leicht löslich ist, wird das Eisen ausgewaschen, und in diesem Horizont bleibt lediglich das von den Bakterien gebildete unlösliche Ulmin als Humusortstein zurück.

In reiner Form wird die Podsolbildung in der Natur nicht angetroffen. Weit verbreitet sind die Rasennarben-Podsole, die unter der abwechselnden Vorherrschaft der Podsolierungs- und der Rasennarbenperiode des bodenbildenden Prozesses auftreten.

Der junge Wald entwickelt zunächst einen dichten Bestand. Nach einigen Jahrzehnten aber lichtet er sich, und auf dem Boden bildet sich eine Vegetationsdecke von krautartigen Pflanzen aus. Nach Samenjahren bildet der Wald dann wieder einen dichten Nachwuchs, und die Bodenvegetation geht infolge Lichtmangels wieder zugrunde. Dieses Wechselspiel wiederholt sich periodisch, wobei sich aber der neue Prozeß der Bodenbildung, die Rasennarbenperiode, immer mehr verstärkt.

Die Wiesenpflanzen sterben, da sie nicht frostbeständig sind, bei Beginn des Winters ab. Ihre Rückstände bleiben im Boden bis zum Frühjahr erhalten. Im Frühjahr kann infolge der Bodenfeuchtigkeit ein aërober Prozeß der Zersetzung nur an der Oberfläche erfolgen; im Boden erfolgt die Zersetzung anaërob unter Bildung von Ulminsäure. Infolge Anhäufung der Ulminsäure kann aber im Sommer bald die organische Substanz nicht weiterzersetzt werden. Wenn die nächste Generation der Wiesenpflanzen im Herbst abstirbt, ist daher vom Vorjahr noch unzersetzte organische Substanz im Boden übrig. Auf diese Weise vermehrt sich die organische Substanz von Jahr zu Jahr. Auch das unlösliche Ulmin, das sich unter der Wirkung des Frostes aus der Ulminsäure durch Denaturierung bildet, häuft sich im Boden immer mehr an.

Von Einfluß auf den Verlauf der Rasennarbenperiode ist die Art der Gräser. *Wiljams* unterscheidet drei Typen: den Wurzelstock-Typ (z. B. Hierochloe odorata), den lockerbestockten Typ (Phleum pratense) und den dichtbestockten Typ (Festuca duriuscula). Beim ersten Typ verbleibt die jährlich abgestorbene organische Substanz unverändert im Podsolhorizont. Der absteigende Strom des Wassers nach den tieferliegenden Wurzeln der Bäume hin vermindert sich, so daß deren Wasserversorgung verschlechtert wird. Auch die natürliche Verjüngung des Waldes wird durch den Graswuchs erschwert, die Menge der Waldstreu vermindert sich, und zugleich ändern sich damit die Eigenschaften der den Boden bedeckenden organischen Substanz. Die Streudecke lagert sich dichter, es tritt Anaërobiose in ihr auf, und die Bedingungen für die Entwicklung der Pilzflora verschlechtern sich. Aber auch die Lebensbedingungen der flachwurzelnden Wurzelstockgräser, die die Oberschicht des Bodens mit ihren Wurzeln horizontal durchdringen, verschlechtern sich infolge der dichteren Lagerung der organischen Substanz. Sie werden durch lockerbestockte Gräser verdrängt (Dactylis, Poa usw.), deren horizontale Wurzeltriebe nur kurz sind und die daher keinen lockeren Oberflächenboden benötigen. Ihre tiefergehenden Wurzeln dringen bis in den Verdichtungshorizont ein und nutzen dessen reiche Vorräte an Phosphor und anderen Nährstoffen aus. Den organisch gebundenen Stickstoff der Apokrenate können diese Gräser nicht verwerten; daher entwickeln sich auch Leguminosen, die Stickstoff binden und bei ihrer Zersetzung in pflanzenaufnehmbarer Form abgeben, außerdem verbessern die Leguminosen infolge ihres Kalkgehaltes die Bodenstruktur.

Die Gruppe der lockerbestockten Gräser findet ihre Nahrung im Illuvialhorizont; sie bringt aus diesem ständig Nährstoffe nach dem oberen Horizont und lagert sie hier in Form organischer Verbindungen ab. Ein Teil dieser wird durch aërobe Zersetzung wieder mineralisiert; sie werden von dem dichten Netz der Wurzelstockgräser aufgenommen und bleiben nach dem Absterben dieser im Boden in Form der organischen Substanz erhalten.

Die immer stärkere Anhäufung von organischen Rückständen und amorphem Humus während der lockerbestockten Phase ruft weitere Veränderungen des Bodens hervor. Diese Anhäufung erfolgt immer schneller, da sie zugleich Wirkung und Ursache ist. Es tritt zunächst ein relativer Mangel an aufnehmbaren Nährstoffen ein. Die Nährstoffe häufen sich in organischer Form an. Der aërobe Prozeß, der sie wieder frei macht, ist infolge der Verdichtung der Bodenmasse auf eine geringe Schicht beschränkt, so daß nur die flachwurzelnden Gräser diese Nährstoffe ausnutzen können. Die Zersetzungsprodukte können nicht in die Tiefe gehen, da der Boden durch kolloidale Rückstände verstopft ist. Auch die Leguminosen verschwinden, da kein Stickstoff in den Boden eindringen kann, die Gräser leiden daher auch an Stickstoffmangel. Die absterbenden Wurzeln liefern zwar noch Energie für die Bodenbakterien, es hapert aber mit der Sauerstoffversorgung. Nur Pflanzen mit gut entwickeltem Aërenchym können den Wurzeln noch genug Sauerstoff für die Atmung der Wurzeln zuführen. Dieser Sauerstoff ermöglicht gleichzeitig auch die Entwicklung einer Rhizosphäre aërober Bakterien, die zu braunen Färbungen um die Wurzeln Anlaß gibt. Der Illuvialhorizont hat dann eine gelbe Farbe mit dunklen Adern und Punkten.

Auch die lockerbestockten Gräser werden jetzt geschwächt und gehen ein. Die freiwerdende Oberfläche der Wiese wird von einer neuen Gruppe, den dichtbestockten Gräsern, eingenommen. Diese Gräser haben zwei charakteristische Kennzeichen: sie entwickeln sich immer höher aus den Bestockungsknoten heraus und sind vom mykotrophen Typ der Ernährung. Beide Eigenschaften ergeben neue Bedingungen für den Prozeß der Bodenbildung, die zum Auftreten des Moorstadiums der Grasnarbenperiode führen. Die Anhäufung von toter organischer Substanz wird immer mehr verstärkt. Die Erhebung der Bestockungsknoten der dichtbestockten Gräser über die Erdoberfläche verlagert den Horizont der Ansammlung und Anhäufung von organischer Substanz über die Erdoberfläche. Er nimmt allmählich den Charakter eines rein organischen Horizontes an, der ohne Beimengungen mineralischer Bodenteilchen ist. Die Bewegung des Wassers erfolgt in dem mit organischer Substanz gesättigten Boden nur sehr langsam; das Kapillarwasser kann aus der organischen Schicht nicht in die Masse des Mineralbodens eintreten, da die Kapillarräume der organischen Substanz feiner sind als diejenigen des Mineralbodens, und daher das Wasser an die gröberen Kapillaren nicht abgeben. Für den Wasserhaushalt der Moore ist daher kennzeichnend, daß sie undurchlässig für Wasser sind.

Um die geringen Nährstoffmengen zu erfassen, die ihr in diesem Stadium der Bodenbildung zur Verfügung stehen, muß die Pflanze ein weites, horizontales Wurzelsystem entwickeln. Diese Bedingungen erfüllen bestimmte Holzarten, denen dann allerdings die Hauptwurzel, welche Halt gibt, fehlt.

Während auf der Wiese nur krautartige Pflanzen vorkommen, treten daher auf dem Moore gleichzeitig auch Baumgewächse auf. Allmählich weicht das Riedgras grünen Moosen, insbesondere Hypnumarten. In diesem Stadium beginnen sich zwei Horizonte im Torf abzuscheiden. Der obere ist von heller Farbe, der untere ist dunkel und geht an der Grenze des Mineralbodens in schwarz über. Hier finden sich häufig Stümpfe abgestorbener Bäume.

Die Dauer der gesamten Phase und der einzelnen Stadien der Grasnarbenperiode des bodenbildenden Prozesses hängt vom Nährstoffgehalt des Bodens ab. So werden auf kalkreichem Muttergestein sämtliche Prozesse langsamer verlaufen; die Podsolierung bleibt überhaupt aus. Im gemäßigten Klima bildet sich auf kalkhaltigem Gestein die Braunerde, die von organischer Substanz dunkelbraun oder grau gefärbt ist. Hier entwickelt sich die Waldvegetation unbegrenzte Zeit; die bei der Pilzzersetzung der Waldstreu gebildete Krensäure wird schon durch den Basengehalt der Waldstreu selbst neutralisiert.

Da auf den Nährstoffgehalt auch die Wasserverhältnisse von Einfluß sind, kommt auch dem Bodenrelief Bedeutung zu. Auf den Wasserscheiden kann sich der Wald lange Zeit erhalten, da in dem lockeren Boden, aus dem die feinen Teilchen ausgespült sind, der aërobe Prozeß stärker hervortritt, dessen Intensität noch dadurch erhöht wird, daß die Bäume ständig Nährstoffe aus der Tiefe heraufführen. Dadurch wird die Anhäufung von Humus im Boden verzögert. Sowie aber der Wald beseitigt wird, z. B. durch den Menschen, und sich auf der Wasserscheide eine Wiese bildet, ändert sich das Bild. Nachdem die Rückstände des Waldes zersetzt sind, legen die Wurzelstockgräser in kurzer Zeit die mineralischen Nährstoffe des Bodens — soweit diese nicht der Auswaschung anheimfallen — in organischer Form fest. In dem groben Boden, der eine geneigte Lage hat und großen Feuchtigkeitsschwankungen ausgesetzt ist, können bald auch die Gräser nicht mehr gedeihen. Die lockerbestockte Phase tritt nur kurz in Erscheinung, und es bildet sich bald die Phase der Hochmoore aus. Im Profil ist dann über einem breiten Podsolhorizont der Grasnarbenhorizont nur schwach entwickelt, und fast ohne Übergang folgt der Horizont des Sphagnumtorfes. Im unteren Drittel der Abhänge treten dagegen die narbenbildenden Prozesse deutlicher in Erscheinung; jede Phase folgt hier erst nach längerem Zeitraum auf die andere, da der Nährstoffreichtum des Muttergesteins ihre Dauer verlängert. Der Wald tritt hier verhältnismäßig rasch der Wiese den Platz ab, weil der Zufluß von Nährstoffen den Graswuchs fördert, so daß die natürliche Verjüngung des Waldes verhindert wird. Auch der stark entwickelte Illuvialhorizont wirkt in dieser Richtung, weil die Hauptwurzeln der Bäume die feste Ortsteinschicht nicht durchdringen können.

Der Grund der Moorbildung ist stets der Mangel an mineralischen Nährstoffen und nicht der zu hohe Wassergehalt. Der Wassergehalt der Moore ist eine Folgeerscheinung der hohen Wasserkapazität der organischen Substanz, aber keine Ursache der Moorbildung. „Die Flüsse fließen ständig aus den Mooren heraus und nie in die Moore hinein.“

Auch die Entstehung der Schwarzerde, des Tschernosems, ist nach *Wiljams* ein Stadium des allgemeinen bodenbildenden Prozesses. Er wendet sich gegen die Annahme, daß die Bildung der Schwarzerde eine Funktion der besonderen klimatischen Bedingungen sei, die heute in dem betreffenden Gebiet herrschen. Ebenso unhaltbar ist nach *Wiljams* die Ansicht, daß die Schwarzerde mit dem Löß in Verbindung stehe. Sie entwickelt sich nach ihm auf jedem beliebigen Muttergestein.

Ebenso wie die natürlichen Pflanzengruppen, die von den allgemeinen Bedingungen des Bodens abhängen, im Boden Veränderungen bewirken, die dann rückwirkend zu einer Änderung des Pflanzenbestandes führen, werden auch in der Atmosphäre, welche diese Pflanzen umgibt, Veränderungen hervorgerufen, die man unter der Bezeichnung Mikroklima statisch erfaßt. Die Häufung derartiger Veränderungen des Mikroklimas muß aber auch eine Veränderung des Großklimas bewirken.

So hat das Absterben der Moore einen wesentlichen Einfluß auf das Klima. Die ungeschützte Schneedecke taut im Frühjahr rasch auf, und das Wasser der Schneeschmelze läuft immer rascher zu den Flüssen und zum Meer, denn im Frühjahr kann der im Laufe des Herbstes mit Wasser gesättigte Torf kein Wasser mehr aufnehmen. Sofort nach dem Ablaufen des Tauwetters trocknet er rasch aus. Im Sommer erfolgt kein fortgesetztes Nachströmen von Wasser mehr zu den Flüssen, da die Quelle des Grundwassers versiegt. Der Wasserspiegel der Flüsse fällt, der Wasserhaushalt des ganzen Gebietes wird gestört: auf einen schneereichen Winter und ein wasserreiches Frühjahr folgt ein trockener Sommer; allmählich nimmt das Gebiet die typischen Kennzeichen des Steppenklimas an.

So wie die Wasserscheiden durch Wind und Abspülung teilweise von dem abgestorbenen mineralstoffarmen Torf befreit sind, beginnt um die Rinnen an den Abhängen ein stürmischer aërober Prozeß der Torfzersetzung, und eine üppige Vegetation von Gräsern siedelt sich an. Insekten, Würmer und Insektenfresser stellen sich in großer Menge ein, die den Boden verarbeiten und den Torf mit dem darunterliegenden mineralischen Boden vermischen sowie die aëroben Bedingungen verstärken. Auf diese Weise entsteht ein Schwarzerdeboden.

In der Schwarzerde entwickelt sich eine gute Bodenstruktur. Da der Boden gut durchlässig ist, wird das Wasser nicht kapillar durch den Boden festgehalten; die einzelnen Krümel sättigen sich aber kapillar mit Wasser. Bei stärkeren Niederschlägen bildet sich Grundwasser auf der darunterliegenden, weniger durchlässigen Schicht. Es herrscht also ein absteigender Wasserstrom vor, so daß der Boden ausgewaschen werden kann. Bei dieser Bewegung gelangt das Wasser aus wärmeren in kühlere Horizonte und erhöht dabei seine Sättigung an Kohlensäure. Infolgedessen wird kohlensaurer Kalk stärker ausgewaschen.

Die Schwarzerde vermag fast die gesamten Niederschläge zu speichern. Im Winter kommt dazu noch Wasser, das aus den tieferen Schichten durch Destillation in die kälteren Schichten der Oberfläche aufsteigt und hier niedergeschlagen wird. Ebenso wie mit Wasser sind die Pflanzen auch mit Nährstoffen ausgezeichnet versorgt.

Unter der Wiesenvegetation verstopfen sich nun allmählich die Hohlräume mit organischer Substanz, und es ist nur noch kapillare Wasserbewegung möglich. Nur noch etwa 30% des Regens dringen in den Boden ein, 70% laufen oberflächlich ab. Noch mehr Verluste von Wasser entstehen beim Tauen des

Schnees. Der Wasservorrat im Frühjahr ist daher verhältnismäßig gering und erschöpft sich bald, so daß die Vegetation im Sommer auf die unregelmäßigen Niederschläge angewiesen ist. Infolge der Trockenheit des Sommers kann die Bildung reifer Samen nicht mehr erfolgen, und es bleibt nur eine sich vegetativ vermehrende Flora erhalten. Im übrigen können sich nur Pflanzen durchsetzen, die bereits bis zum Eintritt der Trockenzeit reife Samen erzeugen.

Unter dieser Steppenflora trocknet der Boden im Sommer stark aus. Die schrumpfende organische Masse des Bodens verursacht Spaltenbildung; Luft dringt in den Boden ein, die organische Substanz wird zersetzt und verändert dabei auch die mineralische Substanz; es beginnt der Prozeß der echten Degradation.

Die Spärlichkeit der Pflanzendecke, welche keine geschlossene Narbe bildet, unterscheidet die Steppe von der Wiese. Ihren Höhepunkt erreicht die Steppenbildung in der Trockensteppe, die durch Mangel an Humus, Strukturlosigkeit und Versalzung gekennzeichnet ist.

Nach dem Auftauen der Schneedecke entsteht im Boden der Steppe im Frühjahr ein aufsteigender Strom von Kapillarwasser infolge der Wirkung der Austrocknung der Oberfläche.

Da das kapillar aufsteigende Wasser in wärmere Horizonte gelangt, scheidet sich das in ihm gelöste Calciumbicarbonat als kohlensaurer Kalk aus. Dieser Horizont der Kalkanreicherung ist für alle Böden der Übergangs- und Steppenzone typisch; er kann verschieden entwickelt sein, der gesamte Boden kann bis zu 50 cm Tiefe zementiert werden.

Da ein großer Teil des Wassers unter den herrschenden kapillaren Bedingungen nicht vom Boden aufgenommen und gespeichert werden kann, trocknet der Boden aus. Es bilden sich tiefe Spalten. Unter dem Einfluß der sich einstellenden alkalischen Reaktion werden alle organischen Rückstände mineralisiert, und große Mengen mineralischer Verbindungen häufen sich an. Dieses neue Stadium der Degradation, wie es bei den Böden der Übergangs- und Steppenzone eintritt, wird — nicht ganz richtig — als Versalzung bezeichnet.

Die Leguminosen, deren Auftreten gegen das Ende des Schwarzerdestadiums durch Mangel an aufnehmbarem Stickstoff sowie durch den Carbonathorizont begünstigt wird, enthalten Calcium und Schwefel und bilden bei ihrer Zersetzung Calciumcarbonat sowie Sulfate von Calcium, Natrium und Kalium. Natrium- und Kaliumsulfat bilden mit kohlensaurem Kalk Gips und Soda, die von dem absteigenden Wasserstrom nach unten geführt werden.

Die Leguminosen können nur im Frühjahr den Nährstoffvorrat des oberen Bodens mit ihrem oberen Wurzelsystem ausnutzen. Während des trockenen Sommers und Herbstes erfolgt ihre Versorgung mit Mineralstoffen aus dem Grundwasserhorizont. Dabei bringen sie große Mengen von Natriumchlorid und Natriumsulfat an die Oberfläche, die gar nicht an Ort und Stelle im Boden entstanden zu sein brauchen, sondern oft hundert Kilometer weit mit dem Grundwasser angeführt worden sind. Infolge der Ausscheidung von Gips verkleinert sich das Verhältnis von Calcium zu einwertigen Kationen in der Bodenlösung. Infolgedessen wird ein Teil des vom Humus adsorbierten Calciums durch Natrium verdrängt, und der Boden verliert daher seine Struktur. Eine solche Schwarzerde verschmiert bei der Bearbeitung. Mit zunehmender Degradation werden die organischen Rückstände immer stärker mineralisiert. Infolge der Stagnation des Wassers werden die entstehenden Salze nicht aus dem Boden ausgewaschen. Calciumcarbonat und Calciumsulfat kristallisieren zunächst aus der Bodenlösung aus, dann reichert sich diese Lösung an Natriumchlorid und Natriumsulfat so weit an, daß auch diese häufig auskristallisieren. Der Boden bildet unter dem Einfluß dieser Salze eine strukturlose Masse und wird dann als Solontschak bezeichnet.

Charakteristisch ist der Gehalt des Solontschak an löslichen Humus. Durch die starke Schrumpfung des Humus bilden sich Spalten im Boden und er trockbis zu großer Tiefe aus. Im Frühjahr ist der feuchte Boden überhaupt nicht bearbeitbar, aber auch nach dem Austrocknen ist er infolge seiner Härte nicht bearbeitbar. An den Hängen verbessern sich die Eigenschaften des Solontschak mit zunehmender Höhenlage.

Die Gruppe der Gräser zeichnet sich durch einen hohen Gehalt an Kieselsäure aus. Diese scheidet sich bei der Mineralisation teils in unlöslicher, teils in löslicher Form ab. Die lösliche Form geht in Böden mit saurer Reaktion in unlösliche Kieselsäure über, wie man sie in den Podsolen findet. In Böden mit alkalischer Reaktion bleibt die Kieselsäure längere Zeit in molekular-löslicher Form erhalten, sie nimmt an den Bewegungen der Bodenlösung teil und geht erst beim Austrocknen in die unlösliche Form über. Auf diese Weise scheidet sie sich in den Schwarzerden Südrußlands ab, wenn die Oberfläche nach vorheriger Durchfeuchtung austrocknet. Die Pflugkämme bedecken sich dann mit einer weißen Ausblühung von Kieselsäure. An Hängen tritt die abfließende Bodenlösung vielfach an die Oberfläche. Hier lagert sich oft in jedem Frühjahr eine Schicht von 5 cm Kieselsäure ab. Auch der nicht kapillare Wasserstrom reichert sich infolge der Verdunstung von Wasser durch die Pflanze an Kieselsäure an. Die gelöste Kieselsäure geht in unlösliche Kieselsäure über, die alle Spalten des Bodens erfüllt. Dieser Prozeß heißt: Solodierung; er verläuft bei alkalischer Reaktion. Er unterscheidet sich von der Podsolbildung, die bei saurer Reaktion unter Wald stattfindet. Außerdem erfolgt die Podsolierung stets in absteigender Richtung von der Oberfläche des Bodens aus, die Solodibildung beginnt dagegen von unten. Sobald dieser Prozeß seine stärkste Entwicklung erreicht hat, bezeichnet man den Boden als Solodi.

Im Solontschak tritt neben Natriumsulfat und Natriumchlorid auch Soda auf, die sich dadurch bildet, daß die Pflanzen aus dem Natriumsulfat das Sulfation aufnehmen. Im alkalischen Boden geht der Humus in kolloidale Form über. Er schrumpft beim Austrocknen, und es bildet sich die Säulenstruktur aus, manchmal mit Ausblühungen des Salzes. Der Solontschak stellt ein normales späteres Stadium der Steppenperiode des bodenbildenden Prozesses dar, auf welches das Solonetzstadium folgt.

Die Theorie von *Wiljams* stellt einen interessanten Versuch dar, die Bildung der verschiedenen Böden zusammenfassend zu erklären und die Grundlage für ein rationelles System der Klassifikation der Böden zu geben. In verschiedenen Punkten hat sich allerdings die von *Wiljams* gegebene Begründung seiner Lehre als nicht stichhaltig erwiesen. So erscheint es zweifelhaft, ob die von ihm angenommene Wanderung des Kältepols der Wirklichkeit entspricht. Ferner steht seine Angabe, daß er die verschiedenen Arten von Humussäuren in kristallisierter Form rein dargestellt habe, mit der inzwischen erfolgten Weiterentwicklung der Humuschemie in Widerspruch. Das Wesentliche an seiner Lehre ist aber der Gedanke, daß bei der Bodenbildung sowohl Auswaschungsprozesse, die zum großen geologischen Kreislauf der bodenbildenden Elemente führen, wie auch die Bildung und Zersetzung von organischer Substanz, die den kleinen biologischen Kreislauf der Elemente bewirken, eine Rolle spielen. Dieser Gedanke ist wertvoll für das Verständnis der Gesetzmäßigkeiten der Bodenbildung.

Unter dem Einfluß des biologischen Kreislaufs erfolgt eine Anhäufung von Aschenbestandteilen und Stickstoff in der Wurzelzone des Bodens, die dadurch die für den Boden charakteristischen Eigenschaften erwirbt. Im Gegensatze dazu bewirkt der geologische Kreislauf ein Freiwerden verschiedener Stoffe aus dem Muttergestein, von denen diejenigen, die nicht vom biologischen Kreislauf erfaßt werden, aus dem Boden in das Grundwasser ausgewaschen werden. Dieser Gegensatz zwischen biologischem und geologischem Kreislauf stellt die charakteristische Besonderheit dar, durch welche sich der bodenbildende Prozeß nach *Wiljams* auszeichnet.

XVI. DIE HAUPTSÄCHLICHSTEN BODENTYPEN

1. Schwarzerden

Die Schwarzerden haben sich unter einer Steppen- oder Wüstenvegetation im semiariden oder ariden Klima entwickelt. Ihre augenfälligste Eigenschaft ist — wie die Bezeichnung *Schwarzerde* oder *Tschernosem* andeutet — ihre Farbe, die sie der Anwesenheit von humifizierter organischer Substanz verdanken. Die dunkle Farbe der Schwarzerde rührt nicht von einem übermäßig hohen Gehalt an Humus, sondern daher, daß der Humus hier in einer besonderen Form vorliegt, die sich deshalb herausbilden konnte, weil infolge der Sättigung dieser Böden mit Basen die Humifizierung in einem neutralen oder sogar alkalischen Medium vor sich ging. Die Dicke der dunkelgefärbten Schicht schwankt zwischen 40 und 150 cm. Dieser *Horizont* kann in einen oberen Horizont A_1 und einen unteren A_2 von hellerer Farbe und geringerem Gehalt an organischer Substanz geteilt sein. Auf den Horizont A_2 folgt in sehr scharfem Übergang das darunterliegende Muttergestein (Abb. 7). Im Tschernosem sind lösliche Salze vollständig, Calciumcarbonat und Calciumsulfat dagegen nur unvollständig ausgelaugt, während eine Auswaschung von Kieselsäure oder Sesquioxyden überhaupt nicht stattgefunden hat. Ein typisches Kennzeichen der Schwarzerde ist die Anhäufung von Calciumcarbonat, die um so näher der Oberfläche erfolgt, je kalkhaltiger das Muttergestein und je trockener das Klima ist. Insbesondere werden die Höhlen von Steppentieren mit Calciumcarbonat ausgefüllt. Mit ihrem Basengehalt und ihrer günstigen Humusform steht die günstige Krümelstruktur der Schwarzerde im Humushorizont in Zusammenhang, die auch bei Bearbeitung beständig bleibt. Das Muttermaterial der Schwarzerde ist häufig der Löß.

Nach *Kossowitsch* (104) ist für die Entstehung der Schwarzerde in dem trockenen Klima der Umstand maßgebend, daß die typischen Gräser dieser Steppen (Stipaarten) nährstoffreich sind und stickstoffreiche Humussäuren bilden. Da der Abbau der organischen Substanz durch Mangel an Feuchtigkeit unterbunden wird, erfolgt eine Anreicherung an Humus, der durch den Kalkreichtum der Böden sowie den Vorrat an sorptionsstarken Tonmineralien stabilisiert wird. Die reichhaltige Fauna sorgt für die Ausbildung eines tiefen, gleichmäßig humosen Horizontes.

In Gebieten, die trockener sind, als es der Schwarzerdebildung entspricht, treten *kastanienfarbene Böden* auf, die sich von der Schwarzerde hauptsächlich durch den niedrigeren Gehalt an organischer Substanz in der Humusschicht

Abb. 7 Schwarzerde

sowie darin unterscheiden, daß die Zone der Carbonatanhäufung an der Oberfläche liegt. Die natürliche Vegetation dieser kastanienfarbenen Böden ist die Niedergrassteppe. Beim Übergang zu noch trockneren Bedingungen werden die kastanienfarbenen Böden allmählich durch graue und braune *Halbwüstenböden* ersetzt. Diese haben einen noch niedrigeren Gehalt an organischer Substanz, und ihre Kalk- und Gipshorizonte liegen der Oberfläche noch näher. Das Extrem in dieser Reihe bilden schließlich *Wüstenböden,* bei denen infolge der mangelnden Durchfeuchtung die Verwitterung hauptsächlich physikalisch erfolgt ist. Eine geschlossene Vegetationsdecke entwickelt sich auf den letzteren nicht, so daß die Winderosion sehr stark ist.

In Gebieten, die früher Steppen waren und infolge von Klimaveränderungen inzwischen Wald geworden sind, treten *degradierte Schwarzerden* auf. Diese Böden werden in den oberen Horizonten stärker durchfeuchtet als die Böden der offenen Steppe. Die Degradation zeigt sich in ihrem ersten Stadium nach Auftreten des Waldes in der Zerstörung der porösen Krümelstruktur der Schwarzerde. Auch der Calciumcarbonatgehalt senkt sich, und ein Verlust an organischer Substanz tritt ein. Bei einer vorgerückten Stufe der Degradation bilden sich die eigentlichen grauen *Waldböden,* die durch das Verschwinden von Carbonaten aus dem Profil charakterisiert sind. In dem Untergrundhorizont tritt als Ergebnis einer Eisenoxydhydrat-Abscheidung eine braune Färbung auf. Die Degradation vollzieht sich in verschiedenen Stufen, die zwischen der Schwarzerde und den typischen Podsolen liegen. Die beginnende Auswaschung zeigt sich vielfach durch die Entwicklung eines illuvialen B-Horizontes an.

2. Braunerden

Bei weiterer Steigerung der Niederschläge bilden sich Braunerden oder *braune Waldböden* aus. Bei diesen sind die Carbonate aus dem Profil vollständig ausgelaugt, können aber im C-Horizont anwesend sein. Die Reaktion dieser Böden ist nur wenig sauer, der kolloidale Komplex nur schwach basenungesättigt. Der Humus ist gut durch die oberen Horizonte verteilt und vom milden Typ. Der *Tonkomplex* stellt ein mittleres Stadium der Entkieselung dar. Freie Sesquioxyde sind anwesend, und das hydratisierte Eisenoxyd, welches auftritt, verursacht eine rötlichbraune Färbung. Das $SiO_2:R_2O_3$-*Verhältnis* bleibt durch das ganze Profil hindurch ziemlich konstant. Die Bodenstruktur ist mäßig gekrümelt, die natürliche Vegetation Laubwald oder Busch. Daß der Boden durch den Laubfall basische Bestandteile zurückerhält, ist ein wichtiger Faktor bei der Erhaltung dieser Böden in ihrem jungfräulichen Zustand. Die Anwesenheit einer Bodenvegetation bewirkt ebenfalls einen Umlauf der mineralischen Nährstoffe durch eine tiefe Schicht von Boden. Zahlreiche Regenwürmer verteilen die organische Substanz durch die Horizonte. Die braune Farbe dieser Böden zeigt die Anwesenheit von Ferrioxydhydrat an, das sich bei der Aufspaltung des Tonkomplexes in seine Bestandteile Kieselsäure und Sesquioxyde gebildet hat.

Die Bodeneigenschaften werden von der mehr basischen oder sauren Natur des Muttergesteins, vor allem von seinem Kalkgehalt stark beeinflußt. In reifen, braunen Waldböden sind die ursprünglichen Vorräte an Kalk aus dem Oberboden ausgewaschen. Enthält der A-Horizont noch Kalk und ist er daher neutral oder alkalisch, so handelt es sich um einen unreifen braunen Waldboden.

Charakteristisch für den physikalischen Zustand des braunen Waldbodens sind:

seine lockere Krümelstruktur,
der unbehinderte Wasserdurchfluß,
die gute Durchmischung des Humus mit dem mineralischen Teil des Bodens,
das Fehlen von Verdichtungen.

Bei Beginn der Podsolierung bildet sich eine schwache Rohhumusdecke und unmittelbar darunter im Oberboden eine 1—2 cm mächtige bläulichgraue Zone aus.

Im Bodenprofil der Braunerde (Abb. 8) lassen sich die Horizontgrenzen nur schwer feststellen. Es gibt weder eine Auswaschungszone noch eine Anreicherungszone kolloider Bestandteile. Als oberen Horizont unterscheidet man einen A-Horizont, der ein lockerer, schwarzer bis schwarzbrauner stark humoser Boden ist, reichlich von den Wurzeln der Bodenflora durchzogen ist und eine Mächtigkeit von 10—50 cm aufweist. Dieser Horizont geht über in den verlehmten oder durch Eisenoxyd verbraunten Unterboden, der infolge des Fehlens von Humusstoffen etwas heller als die Krume ist. Dieser Horizont ähnelt dem B-Horizont der Podsole, ist aber kein Illuvialhorizont. *Laatsch* bezeichnete ihn als (B)-Horizont. Der Übergang ist sehr unscharf, nach oben ist dieser Horizont noch fast schwarzbraun, nach unten geht er in ein helleres Braun über. Er ist locker, hat keine Verdichtungen, keine Flecken, und ist gut bewurzelt, wie man an nadelstich-kleinen Poren erkennen kann. Die einzelnen Krümel sind mit dünnen Häutchen von Humus, Eisenoxyd oder Mangansuperoxyd überzogen. Es ist dies ein wesentliches Kennzeichen dieses Horizontes. Die Mächtigkeit dieses Horizontes schwankt zwischen 30 bis 100 cm. Fast unmerklich geht er in den C-Horizont über. Dieser Horizont zeigt keine Anzeichen von Verwitterung, häufig wird er aber von Pfahlwurzeln der Bäume durchzogen.

Der A-Horizont der Braunerden hat zwar die leichtlöslichen Basen, insbesondere den Kalk, zum größten Teil verloren, die Kolloide von Tonerde, Eisenoxyd und Kieselsäure sind in ihm aber erhalten geblieben. Je weniger deutlich die Grenzen der Horizonte ausgebildet sind und je gleichmäßiger Farbe und Gefüge sind, um so gesünder und leistungsfähiger ist der Standort.

Als eutrophe Braunerden bezeichnet man tiefgründige Braunerden mit hoher Basensättigung, einem großen Gehalt an mineralischen Nährstoffen, und guter biologischer Aktivität. Sie bilden sich vor allem auf basenreichem Muttergestein. Unter oligotrophen Braunerden versteht man meist flachgründige Braunerden

Abb. 8 Braunerde
(lehmiger Sand über Geschiebelehm)

Abb. 9 Podsol (mittl. Sand)

mit geringer Basensättigung und geringem Nährstoffgehalt mit schwacher Humusbildung. Sie sind ockergefärbt und treten auf basenarmem Muttergestein auf.

Eine stark gealterte Braunerde hat einen A-Horizont, aus dem bereits ein Teil der eisenhaltigen Kolloide entfernt ist. Der Boden ist aber noch nicht gebleicht, sondern hat eine schmutzig-violettbraune Farbe und ist sandartig. Der (B)-Horizont ist etwas kompakter und durch Verdichtung und rostbraune Färbung gekennzeichnet. Die Wurzeln dringen jetzt in diesen Horizont schwerer ein. Ein solcher Boden stellt bereits einen beginnenden Übergang zu den Podsolböden dar, er ist degradiert.

3. Podsole

Unter humiden Bedingungen, und zwar am besten in kalten bis gemäßigten Zonen, entwickeln sich die Podsole, vollständig ausgelaugte Böden, in denen Calciumcarbonat und Calciumsulfat nur noch in zu vernachlässigenden Mengen enthalten sind.

Podsole bilden sich vorwiegend auf groben, mineralarmen durchlässigen Sandböden ohne Feinerde aus. Bei ihnen kommen verschiedene Stufen der Entwicklung vor, die durch die Ausbildung eines Auswaschungshorizontes, also durch Podsolierung, gekennzeichnet sind (Abb. 9). Unter Podsolierung versteht man die Zersetzung der Bodenkolloide des Oberbodens, die hauptsächlich durch die Wirkung von Sauerhumus erfolgt, und die Auswaschung der Zerfallsprodukte in den Unterboden. Von dieser Zersetzung werden außer den silikatischen Tonmineralien auch alle anderen angreifbaren Mineralien betroffen, so daß bei extremer Podsolierung nur noch reiner Quarzsand bzw. Quarzschluff im Oberboden zurückbleibt. Durch die Abfuhr der färbenden Eisen- und Mangan-Verbindungen erhält der untere Teil der Krume ein bleiches, bzw. durch eingeschlämmte Humusteile aschengraues Aussehen. Die Podsolierung wird durch Nährstoffarmut des Bodens und durch ein Feuchtklima begünstigt. Sie geht Hand in Hand mit einer verlangsamten Zersetzung der organischen Substanz, also mit der Bildung von Rohhumus. Man unterscheidet verschiedene Grade der Podsolierung. Der Beginn der Podsolierung ist die kaum wahrnehmbare Degradierung des braunen Waldbodens. Die nächste Stufe bilden die podsoligen Böden, die man auch als rostfarbene Waldböden bezeichnet hat, und die einen rostroten bis rotbraunen Anreicherungshorizont im Untergrund aufweisen. Schließlich treten gealterte podsolierte Böden auf, bei denen die eingeschwemmten und im B-Horizont ausgefällten Kolloide von Humus, Eisenoxyd, Mangansuperoxyd und Tonerde zu Ortstein verkittet sind.

Die Braunerden mit beginnender Entartung sind in der Krume etwas heller, und in etwas tieferen Lagen treten rostbraune Farbtöne auf. Verdichtungen im Untergrund, sowie eine Bleichung der unteren Krumenschicht sind aber noch nicht zu erkennen, weil das Hellerwerden der Krume von der Farbe des Humus überdeckt wird. Erst wenn man die einzelnen Sandkörner unter die

Lupe nimmt und findet, daß sie ihre Hülle von Eisenoxyd verloren haben, kann man dies als ein Zeichen der beginnenden Podsolierung betrachten.

Die podsoligen Braunerden bzw. rostfarbenen Waldböden enstehen, wenn bei fortschreitender Entartung der Braunerden die tonhaltigen Bestandteile des Oberbodens zersetzt und nach unten geschlämmt werden. Der (B)-Horizont verwandelt sich dann allmählich in einen echten Illuvialhorizont. Während im braunen Waldboden die Überzüge der einzelnen Körner schokoladenbraun sind, zeigen die Humuseisenoxyde der nunmehr entstehenden Anreicherungsschicht eine fuchsfarbene Färbung. Im Sandboden haben die Sandkörner des Untergrundes rostgelbe bis rostrote Überzüge, wodurch der B-Horizont einen rostbraunen Eindruck macht. Die Bleichzone in der unteren Krumenschicht erscheint zuerst als ganz schwacher, schmaler, fahl-bleichgrauer Streifen und nimmt mit der Alterung des Bodens an Helligkeit und Ausdehnung zu. Man bezeichnet diese Böden auf Grund ihrer Bildungsweise als sekundäre Podsole.

Manche Böden sind von vornherein so arm an eisenhaltigen Mineralien, daß das Braunerdestadium gar nicht auftritt, sondern der unentwickelte Boden unmittelbar in einen Podsolboden übergeht (primäre Podsole).

Die eigentlichen podsolierten Böden, insbesondere die Heideböden, haben stets eine ausgeprägte Verarmung des Oberbodens und eine deutliche Anreicherung von Eisenoxyd und Tonerde im Unterboden. Am stärksten tritt die Podsolierung auf basenarmen Bodenarten unter Nadelwald und in der Heide auf. Die nährstoffarmen Rückstände dieser Pflanzen begünstigen nämlich die Entstehung von saurem Auflagehumus. In Lehm- und Tonböden ist die podsolierte Schicht flacher als in Sandböden.

Gealterte podsolierte Böden zeigen ein ausgesprochenes ABC-Profil mit deutlich abgesetzten Horizonten. Man bezeichnet diese durch folgende Symbole:

A-Horizont: Auswaschungszone bzw. Eluvialhorizont.

Dieser wird meist noch unterteilt in:

A_0-Horizont: Humusauflage rein organisch (manchmal auch als F-Horizont bezeichnet)

A_1-Horizont: Humushaltiger verarmter mineralischer Boden (organisch-mineralisch), manchmal auch als H-Horizont bezeichnet

A_2-Horizont: Humusarme, deutliche Bleichzone (mineralische Bleichschicht)

B-Horizont: Anreicherungszone bzw. Illuvialhorizont.

Dieser kann unterteilt werden in:

B_1-Horizont: eine Einwaschungsschicht, z. B. eine Ortsteinbank,

B_2-Horizont: eine Einwaschungs- und Verwitterungsschicht, z. B. eine nicht verfestigte, aber mit Eisen- und Humuskolloiden angereicherte Zone.

Bei stark entwickelten, nicht mehr jungen rostfarbenen Waldböden finden sich im tiefen Untergrunde Einwaschungshorizonte, die Eisenoxyd, Tonerde und

Kieselsäure festhalten, nicht aber Kalk. Sie folgen in unregelmäßigen oder regelmäßigen Abständen aufeinander und stellen vielfach Eisenbänder von 0,5 bis 1 cm Dicke dar.

Der B_2-Horizont bildet den Übergang zum Muttergestein, dem C-Horizont. Vielfach unterscheidet man als C_1- und C_2-Horizonte verschiedene geologische Schichten im Muttergestein.

Der beherrschende Faktor bei der Entwicklung des Podsolprofils ist die intensive Auswaschung infolge des beständigen Überwiegens der Regenfälle über die Verdunstung. Podsole können aus allen Arten von Muttergestein entstehen; der Grad ihrer Entwicklung wird durch ihren Basengehalt sowie durch ihre Durchlässigkeit bestimmt. Am ausgeprägtesten entwickeln sich Podsole in quarzigen Sanden. Hier erfolgt rasch eine Verarmung, auch wenn das Klima nicht besonders humid ist; als Vegetation treten Nadelhölzer und Heidepflanzen auf, die mineralstoffarm ernährt werden können. Infolge ihrer Armut an basischen Bestandteilen machen die Reste dieser Vegetation eine saure Zersetzung durch, die zur Bildung einer Schicht von saurer, torfiger organischer Substanz führt. Regenwürmer, welche ein Durchmischen von Humus mit dem Mineralboden bewirken könnten, fehlen hier. Aus Materialien mit höherem Basengehalt werden weniger leicht Podsole entwickelt; die Verteilung der Podsolböden wird daher stark durch die geologischen Verhältnisse beeinflußt, und trotz klimatischer Vorbedingungen, die ihrer Bildung günstig sind, treten sie dort nicht auf, wo Ton und Lehm überwiegen, die beträchtliche Basenreserven haben.

Im kühlen und feuchten Klima treten als Vorstufe primärer Podsole die Ranker auf, AC-Böden, in denen ein Rohhumushorizont direkt auf dem kalkarmen Muttergestein aufliegt.

4. Pseudogley

Pseudo-Gleyböden sind dicht gelagerte, schluffige Böden mit geringer Wasserdurchlässigkeit. Die Gleybildung ist hier nicht durch den Grundwasserstand bedingt, sondern durch einen starken Wechsel von oberflächiger Vernässung und Austrocknung, wobei die Zeit der Austrocknung überwiegt. Unter der Humusschicht tritt eine durch Eisenverarmung aufgehellte Schicht auf, in welcher Eisenkonkretionen vorkommen. Der Boden ist stark entkalkt. Der Übergang zum (B-)Horizont erfolgt allmählich. Zum Unterschied von dem G-Horizont der Gleyböden bezeichnet man den Pseudo-Gley-Horizont als g-Horizont. In Wäldern mit gerbstoffreichen Gehölzen tritt marmorierter Pseudo-Gley auf, bei welchem helle Streifen und Flecken dadurch entstanden sind, daß die Gerbsäure $Fe(OH)_3$ ohne Reduktion auflöst und transportiert. Daneben sind aber auch Humussäuren bei der Bildung dieser hellen Stellen beteiligt, die das Eisen durch Reduktion löslich machen. Typisch ist, daß die Ausgleyung in den Wurzelröhren des Unterbodens beginnt.

5. Grundwasserböden

Bei den nassen Böden steht unter den Voraussetzungen, die zu ihrer Entwicklung gehören, das Auftreten eines hohen Grundwasserspiegels bzw. einer den Durchfluß verhindernden, undurchlässigen Schicht an erster Stelle. Infolge der starken Durchfeuchtung und der durch sie bedingten Auswaschung haben die Böden eine gewisse Ähnlichkeit mit denen der podsoligen Gruppe.

Der typische Grundwasserboden der subarktischen Regionen ist die *Tundra*, die außerhalb der Grenzen des Waldes liegt und mit Moosen, Flechten und Seggen bedeckt ist. Infolge der niedrigen Temperatur tritt die chemische Verwitterung in den Hintergrund und die physikalische Verwitterung überwiegt. Die stauende Nässe wird durch die geringe Verdunstung verursacht, die auch dort, wo der Regenfall verhältnismäßig gering ist, den Boden dauernd feucht erhält. Charakteristisch für das Tundraprofil ist es, daß in einer gewissen Tiefe eine ständig gefrorene Schicht auftritt, die aber nicht verhindert, daß sich während der Vegetationszeit ein gewisses Pflanzenwachstum entwickelt. Unterhalb eines humosen Horizontes tritt ein bläulichgrauer Horizont auf, der mit Zunahme der Feuchtigkeit breiter wird, bei besserer Durchlüftung aber verschwindet, vor allem in sandigen Profilen. Beim Gefrieren der Oberfläche der Tundra wird dieser Horizont durch die Ausdehnung des Wassers unter Druck gesetzt, und die halbflüssige Masse durchbricht dann die dünne gefrorene Schicht, oder es kommt dazu, daß sie zu kleinen Hügeln aufgeworfen wird, wodurch eine Verwischung der Horizonte bewirkt wird. Da in den Tundraböden die physikalische Verwitterung überwiegt, sind sie arm an Ton. Sie zeigen eine natürliche Neigung zur Moorbildung.

Die *Wiesen-* oder *Gleyböden* des gemäßigten Klimas sind dadurch gekennzeichnet, daß sich am Grundwasserhorizont ein als *Gleyhorizont* bezeichneter Horizont entwickelt, der durch Ablagerung von rostfarbenen Streifen und Flekken, die von wasserhaltigem Eisenoxyd herrühren, gekennzeichnet ist (Abb. 10). Nimmt diese Ablagerung größere Ausmaße an, so kommt es zur Bildung von Sumpf- oder *Raseneisenerz*. Auch Ablagerungen von Mangan oder eine Anreicherung mit Ton können eintreten. Infolge der Anwesenheit von *Vivianit* haben die Horizonte unter Wasser häufig einen bläulichen Schimmer. Der Oberflächenhorizont ist grau und trägt eine moorartige Schicht. Die unter Wasser liegenden Horizonte sind graublau und haben häufig schwarze oder bläulichschwarze Färbungen. Die natürliche Vegetation dieser Böden sind Wiesen bzw. Binsen oder Ried. Nähert sich der Grundwasserspiegel der Oberfläche, so tritt Neigung zur Moorbildung auf. Gleyböden finden sich häufig in den Senken und Vertiefungen von Gebieten podsoliger Böden. In den höheren Lagen solcher Gebiete entstehen bei guter Wasserdurchlässigkeit Eisenpodsole; in den feuchteren niederen Lagen wird die Humusschicht dicker und es ergeben sich Gleypodsole und Moorpodsole. In noch tieferen Lagen ist der Wasserspiegel der Oberfläche genügend nahe, um den charakteristischen Gleyhorizont in ein Moorprofil übergehen zu lassen. Die Grundwasserböden sind in

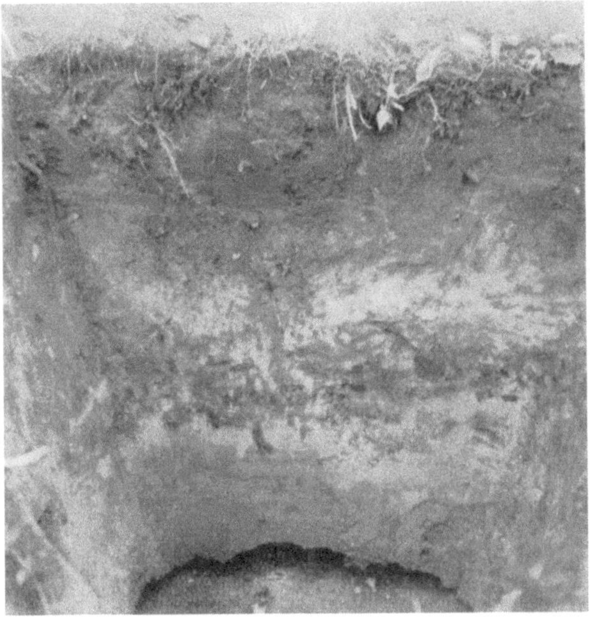

Abb. 10 Gley

ihrem Charakter im wesentlichen durch die topographischen Verhältnisse, welche die Bewegungen des Untergrundwassers beherrschen, bestimmt; sie kommen also entweder in Vertiefungen vor oder dort, wo an Abhängen die Versickerung durch undurchlässige Schichten behindert ist.

Als Hauptkennzeichen der Gleyböden sind die folgenden zu betrachten:

1. Hoher Grundwasserstand,
2. Auftreten eines Gleyhorizontes im Schwankungsbereich des Grundwasserspiegels,
3. im fortgeschrittenen Stadium Ausbleichung des Oberbodens, angefangen von einzelnen Naßflecken bis zur zusammenhängenden Bleichzone.

Am schlechtesten sind Grundwasserböden, bei denen unmittelbar unter der Krume der stark eisenschüssige Grundwasserhorizont liegt. Besser wird der Boden, wenn sich eine schwache Übergangsschicht zwischen der Krume und dem rostigen und fleckigen Grundwasserhorizont bildet, noch besser, wenn diese Übergangsschicht dicker wird, und vor allem, wenn der Grundwasserspiegel sich senkt und unterhalb des Bereiches der Pflanzenwurzeln bleibt.

Wenn während der Entwicklung eines Podsols eine Behinderung der Versickerung eintritt, ergibt sich ein *Gleypodsol.* Die torfige Schicht wird verstärkt, so daß sich schließlich ein Moorpodsolprofil entwickelt. Ursache der Behinderung können die Entwicklung von *Ortstein,* die Bildung einer undurchlässigen Tonschicht infolge mechanischer *Illuviation* oder eine Versumpfung infolge Entwaldung sein. Bei Wiederaufforstung kann die Versumpfung wieder verschwinden; findet dagegen keine Wiederaufforstung statt, so wird es zur Bildung eines Moorpodsols kommen. Gleypodsole und Moorpodsole treten vielfach auf, wenn bei Böden unter Heidevegetation auf diese infolge Behinderung der Wasserbewegung eine Moorvegetation gefolgt ist. Gleyböden und podsolige Böden werden häufig nebeneinander gefunden; im allgemeinen nehmen die Gleyböden die Senken, die podsoligen Böden die höheren Lagen ein. Der A-Horizont der Senken besteht zum Teil aus Material, das von den höhergelegenen podsoligen Böden, die mehr oder weniger verstümmelt sind, heruntergewaschen ist. Während in den Podsolen die Auswaschung von Sesquioxyden in vertikaler Richtung erfolgt, geschieht sie in Moor- und Gleyböden auch in seitlicher Richtung entlang der Oberfläche des Grundwasserspiegels, wie man an den eisenhaltigen Ablagerungen der Dränagegräben feststellen kann (105).

6. Alluvial- und Schwemmlandböden

Unter *Alluvial-* und *Schwemmlandböden* versteht man jugendliche Böden mit unentwickelten Profilen, in denen die Bodencharaktere durch das Muttergestein beherrscht werden. Nach einer gewissen Zeit wird selbstverständlich auch bei diesem Material eine Profilbildung einsetzen, so daß der Boden von da ab nicht mehr als alluvialer Boden zu bezeichnen ist.

Die alluvialen Böden sind gewöhnlich von hoher Fruchtbarkeit.

Als Marschböden bezeichnet man Böden, die in der Nähe der Meeresküste infolge von Überschwemmungen entstehen. Man unterscheidet Flußmarschen, das sind Aueböden, die unter dem Wechsel der Gezeiten sich bilden, und Seemarschen, die man dadurch gewinnt, daß man das Flutwasser durch Deiche zurückhält. Der sich auf den Wattböden zunächst ansiedelnde Queller verfestigt diese Böden. In den ersten Jahren nach der Einpolderung werden die löslichen Salze ausgelaugt. Die jungen Marschen sind feinsandige Lehme mit hohem Kalkgehalt, die sich durch große Fruchtbarkeit auszeichnen. Wird der Kalkgehalt durch Auswaschung vermindert, sinkt die Fruchtbarkeit. Nach *Schucht* kann man von dem sinkenden Nährstoffgehalt auf die Eindeichungszeit schließen. Mit der Entkalkung versauert der Boden und sein Tongehalt wird stärker beweglich. Im Untergrund entsteht dann eine undurchlässige Schicht, der sogenannte Knick. Dieser ist verhältnismäßig harmlos, wenn er durch Eisenoxyd braun gefärbt ist, ist er dagegen bläulich gefärbt, so wird er um so ungünstiger, je flacher er liegt.

Bei den Gyttja-Böden, die ebenfalls durch Überstauen der Bodenoberfläche mit Wasser entstehen, erfolgt die Humusbildung hauptsächlich durch die Tätigkeit von Wassertieren, deren Ausscheidungen im Humus überwiegen.

Die Bruchwaldböden sind durch dauernde Nässe gekennzeichnet und enthalten beträchtliche Humusmengen. Ihr Baumbestand sind Erlen, Birken und Weiden.

Die Auewaldböden liegen im Hochwassergebiet der Flüsse. Der Grundwasserspiegel liegt hier niedriger als bei Bruchwaldböden. Die Krume hat bereits braune Farbe, und die Vergleyung beginnt erst im Untergrund. Als ursprünglicher Baumbestand finden sich hier hauptsächlich Stieleiche, Hainbuche, Hasel, Pappel und Weide.

Auch die Schwemmlandböden besitzen das Kennzeichen der *Grundwasserböden*, die grauschwarzen Oberflächenhorizonte, die sich scharf von den tieferen Horizonten unterscheiden, in denen das Auftreten von Eisenfärbungen und Konkretionen sowie die Anwesenheit von Gips und kalkhaltigen Horizonten das durch Veränderung des Grundwasserspiegels verursachte Abwechseln von aëroben und anaëroben Bedingungen nachweist. Die Ablagerung von wasserhaltigem Eisenoxyd kann oft beachtliche Ausmaße annehmen und den Böden in ihrem Aussehen Ähnlichkeit mit der Schwarzerde verleihen. Auch der verhältnismäßig hohe Gehalt an organischer Substanz, der sich unter neutralen und alkalischen Bedingungen entwickelt, kann dazu führen, daß sich die Oberflächenhorizonte dunkler färben. Die Behinderung der Versickerung führt bei hohem Basengehalt zur Entwicklung eines Verwitterungskomplexes von einem kieselsäurereichen Typ. Die Nähe des Grundwasserspiegels ist in vielen Fällen mit der Ablagerung von Calciumcarbonat in den benachbarten Horizonten verbunden. Von den *Tschernosemen* unterscheiden sich die *Wiesenböden* jedoch durch die Abwesenheit der Kornstruktur und durch das Auftreten von rostigen Flecken und Streifen, die das Abwechseln von oxydierenden und reduzierenden Bedingungen anzeigen.

7. Moorböden

Moorböden sind durch ihren hohen Gehalt an organischer Substanz ausgezeichnet. Es sind Böden, in denen die Reste der natürlichen Vegetation rascher humifiziert als oxydiert werden. Eine feste Grenze zwischen *Mineralböden* und Moorböden läßt sich nicht ziehen. Ein leichter Sand wird bereits bei Anwesenheit einer geringen Menge organischer Substanz einen moorigen Charakter annehmen, während ein schwerer Boden Aussehen und Eigenschaften eines Mineralbodens beibehält. Ausgesprochene Moore enthalten im allgemeinen 50% organische Substanz und können in manchen Fällen fast gänzlich aus ihr bestehen. Die zur Moorbildung führende Humifikation ist, wenn sie unter Wasser oder in Lagen mit stauender Nässe stattfindet, von anaërobem Charakter; Moore bilden sich daher am leichtesten in einem kühlen, feuchten Klima.

Den Übergang zu den organischen Grundwasserböden bilden die anmoorigen Böden. Sie kommen meist auf sandigem Untergrunde vor und sind durch eine innige Mischung von Humus und Sand gekennzeichnet.

Die organischen Naßböden teilt man ein in

Niedermoore, z. B. Erlenbruchmoorböden,
Übergangsmoore, z. B. Erlen-Birken-Bruchmoorböden,
Torfmoore, die in der Entwicklung zu Hochmooren begriffen sind.

Der Unterschied zwischen Niederungsmoor und Hochmoor ergibt sich aus der Entstehung beider Arten. Die ersten Anfänge zur Bildung eines Niederungsmoores vollziehen sich stets unter dem Wasserspiegel. In dem flachen Wasser nahe dem Ufer siedeln sich Vereinigungen bestimmter Pflanzen wie Rohr und Schachtelhalm an, deren am Boden angehäufte Rückstände sich mit Seeschlamm vermischen und anaërobe Zersetzungen durchmachen. Nach und nach breitet sich die Uferflora immer mehr über die weite Wasseroberfläche aus, bis der See durch die humifizierten Rückstände der Pflanzen, vermischt mit Mineralstoffen, vollständig *verlandet.* Das so gebildete Moor wird als *Niederungsmoor* oder Flachmoor bezeichnet. Mit dem Verschwinden der freien Wasseroberfläche und der Anhäufung von humifiziertem Material setzt eine allmähliche Veränderung der Vegetation ein. Die früheren Uferpflanzen sterben aus, und Moose, Heide, Calluna sowie Eschen, Birken und Kiefern treten auf. Die Bedingungen sind vor dem Auftreten des Baumwachstums zunächst verhältnismäßig trocken, da die Moorablagerungen über den ursprünglichen Wasserspiegel hinauswachsen. Während die Pflanzen, die das Niederungsmoor bilden, in Wasser wachsen, das beträchtliche Gehalte an Mineralstoffen in Lösung und in Suspension enthält, hat die neue Vegetation einen geringen Gehalt an Nährstoffen, da sie aus Pflanzen besteht, die nur geringe Ansprüche an die Nährstoffversorgung stellen; das aus ihrer Zersetzung gebildete Moor wird daher fortwährend ärmer an Stickstoff und an mineralischen Bestandteilen. Dies und die Nässe, die sich aus dem hohen Aufspeicherungsvermögen des Sphagnums für Feuchtigkeit ergibt, führt schließlich zur Vernichtung des Baumwuchses, und die Moorbildung tritt jetzt in das Stadium des *Hochmoores*, das sich vom Niederungsmoor deutlich unterscheidet, ein. Denn nicht nur sind die Pflanzen, aus denen das letztere gebildet ist, reicher an Aschenbestandteilen, sondern es besitzt auch eine Beimischung von abgelagertem Erdmaterial. Eine Ausnahme kann dann eintreten, wenn sich in regenreichen Gebieten mit sauren Gesteinen moorartige Seebodenablagerungen in Wässern gebildet haben, die arm an gelösten Stoffen sind. Während im Niederungsmoor die Asche zwischen 10 und 25% schwankt, liegt im Hochmoor der Aschenanteil zwischen 1 und 2%. Die Hochmoortorfe enthalten noch etwa 10—20% Zellulose, während im Niederungsmoor die Zellulose vollständig zersetzt ist. Der Roheiweißgehalt der Niederungsmoore ist hoch, derjenige der Hochmoore dagegen weit geringer.

In Gebirgsgegenden kommt es vielfach zur Moorbildung, wenn an Abhängen ständig Wasser aus Quellen, die in höheren Lagen entspringen, herabsickert. Der Charakter des Moores hängt dann von der Art des durchsickernden Wassers ab; handelt es sich um Oberflächenwasser oder Wasser aus stark sauren Gesteinen, das arm an gelösten Stoffen ist, so ähnelt das entstehende Moor dem Hochmoortyp, ist das Wasser reicher, so entwickeln sich Moore von der Art des Niederungsmoores.

Die Urbarmachung der Moore erfolgt entweder nach dem deutschen Hochmoorkulturverfahren oder nach der holländischen Fehnkultur. Bei dem deutschen Hochmoorverfahren wird das Moor lediglich durch Entwässerung und Düngung in Kultur gebracht. Bei der Fehnkultur wird der das Moor bildende Torf zum größten Teil gewonnen. Im Moorprofil sind zwei Horizonte zu unterscheiden: der jüngere Moostorf (Weißtorf) und der ältere Moostorf (Schwarztorf), der sich wahrscheinlich während einer trockeneren Zeit gebildet hat. Der Weißtorf wird von Hand gestochen und zu Torfmull verarbeitet, der Schwarztorf wird mit Hilfe von Baggermaschinen ausgehoben und nach dem Trocknen vorwiegend als Brennmaterial benutzt.

Was die *Heidebildung* anbelangt, so entwickelt sich der *Heidetorf* bzw. *Rohhumus* unter Bedingungen guter Durchlässigkeit und regelmäßig wiederkehrender Trockenheit. Die Vegetation besteht aus Pflanzen wie *Erica, Calluna, Vaccinium, Festuca* und gewissen *Moosen*. Die Torfschicht ist von stark saurem Charakter, die darunterliegenden mineralischen Böden zeigen den *Bleichhorizont* und die Illuvialhorizonte des *Podsolprofils*. Unter *Nadelwald* bildet sich im allgemeinen eine Schicht von *torfigem Humus* aus der Waldstreu; hierunter treten die mineralischen Horizonte des Podsolprofils auf. Beim Waldhumus unterscheidet man zwei Haupttypen, nämlich den gut zersetzten *Mull* und den schlecht zersetzten *Torf*. Mull ist ein Humus von hohem Basengehalt und gut gekörnter Struktur, während Torf aus Material von niedrigerem Basengehalt besteht, das sich scharf gegen die darunterliegenden mineralischen Böden abgrenzt. Beim *Torf* unterscheidet man eine aus Pflanzenresten bestehende F-Schicht und eine H-Schicht aus humifiziertem, amorphem Material.

8. Salz- und Alkaliböden

Durch Behinderung der Dränage werden in trockenen Gebieten Salz- und Alkaliböden gebildet. Vorbedingung für ihr Auftreten ist, daß der Boden Nahaltige Muttermaterialien oder Natriumsalze enthält. Diese stammen, wenn der Grundwasserspiegel der Oberfläche verhältnismäßig nahe liegt, gewöhnlich aus dem Untergrundwasser und können entweder Überreste früherer Meere oder Salzseen oder durch chemische Verwitterung aus Silikaten hervorgegangen sein. In der Nähe von Binnenmeeren oder Salzseen entstehen derartige Böden, wenn ein Wechsel in den hydrologischen Bedingungen erfolgt, wenn also z. B. durch Absinken der Wasseroberfläche ein Boden aus dem Meeresboden aufsteigt. In sekundären Salzböden kann eine Niveauerhöhung des salzhaltigen Grundwassers die Ursache der Versalzung sein; so erklärt man z. B. die Entstehung der *Szikböden* in Ungarn. Die *Salzbodenbildung* kann aber auch eine Frage der Bewässerung sein, wenn diese durch Dichtschlämmen des Bodens eine natürliche Dränage verhindert. Große Gebiete mit früher fruchtbarem Boden sind bei unzweckmäßiger Bewässerung in *Natronböden* verwandelt und durch das Aufsteigen des Grundwassers ruiniert worden. Diese Bodenverschlechterung tritt besonders dann ein, wenn das zur Bewässerung benutzte Wasser natriumhaltig ist, so daß in dem betreffenden Boden austauschfähiges Calcium durch Natrium ersetzt wird.

Die Salzböden *(Solontschak-Böden)* enthalten einen Überschuß an Natriumsalzen, gewöhnlich an Chlorid oder Sulfat; sie kommen gewöhnlich in Senken vor. Während der Trockenheit bilden sich auf ihnen weiße Ausblühungen von Natriumchlorid oder -sulfat, bei Regen werden diese an der Oberfläche ausgewaschen. Salzböden können auch in humiden Gebieten auftreten, falls salzhaltiges Grundwasser vorhanden ist. Liegt der Grundwasserspiegel verhältnismäßig nahe der Oberfläche, so zeigen sich dann rötliche Flecken in den unteren Horizonten, ähnlich wie bei Wiesenböden.

Die *Alkaliböden (Solonetz-Böden)* sind durch die Anwesenheit von *Natriumcarbonat* gekennzeichnet. Im Gegensatz zu den Salzböden, die ausgeflockt sind, haben die Alkaliböden eine stark alkalische Reaktion und sind entflockt; anders als die ersteren sind sie ferner durch die Entwicklung eines *Strukturprofils* ausgezeichnet. Ein schuppenförmiger Oberflächenhorizont liegt auf einer Tiefenschicht auf, die eine Säulen- oder prismatische Struktur aufweist. Diese Struktur ist die Form des entflockten Zustandes, da beim Austrocknen Schrumpfung eintritt. Die ungarischen Alkaliböden zeigen undurchlässige Horizonte, die für die Bildung solcher Böden als wesentlich betrachtet werden. Eine gewisse mechanische Vermischung von Material erfolgt bei diesen Böden dadurch, daß Oberflächenboden in die beim Austrocknen entstehenden vertikalen Spalten fällt. Die Alkaliböden entstehen aus den Salzböden in der Weise, daß durch den Überschuß an Natriumsalzen das austauschfähige Calcium teilweise oder vollständig durch Natrium ersetzt wird. Beim Entfernen des Überschusses an Natrium wird die Reaktion deutlich alkalisch, und Entflockung tritt ein. Zwischen Salz- und Alkaliböden gibt es alle möglichen Übergänge; je nach der Lage des Grundwasserspiegels, der Zusammensetzung des Grundwassers, der Art der Auslaugung durch Regenfälle oder Bewässerung. Wird bei der Bewässerung nicht die Entwässerung sichergestellt, so steigt der Grundwasserspiegel und bringt Natriumsalze in den wirksamen Kapillaritätsbereich der oberen Horizonte. Durch die auswaschende Wirkung der Bewässerung wird der Boden unter Entflockung in einen Alkaliboden verwandelt. Diese Gefahr besteht vor allem dann, wenn das Irrigationswasser selbst einen Überschuß an Natriumionen hat.

Obgleich die Anwesenheit von Natriumcarbonat ein Kennzeichen der Alkaliböden ist, braucht das Carbonat nicht in großen Mengen aufzutreten. Wenn nämlich das austauschfähige Calcium des Bodens durch Natrium ersetzt ist, verhält sich der entstehende Natriumboden wie ein Alkaliboden. Durch Hydrolyse des Natriumtons wird Natronlauge frei. Das Natriumcarbonat ist also eine Folge des Alkalischwerdens und nicht die Ursache des besonderen Verhaltens dieser Böden.

Bei der Hydrolyse von *Natriumboden* tritt Wasserstoff in die Bodenkolloide ein. Bei der Aufspaltung der Tonmineralien bei alkalischer Reaktion entsteht lösliche Kieselsäure, die im Boden beweglich ist. Sie wandert mit der Bodenlösung an die Bodenoberfläche und geht bei der Verdunstung der Bodenlösung in unlösliche Form über. Der A-Horizont von Solodiböden kann bis zu 12% freie Kieselsäure sekundären Ursprungs enthalten. Salz-, Alkali- und Solodiböden treten gewöhnlich in enger Verbindung als Komplexe auf, die sich durch die Form der Bodenoberfläche und die möglichen hydrologischen Verhältnisse unterscheiden. Um Land, das durch Alkalisierung infolge Bewässerung verschlechtert worden ist, wieder in Kultur nehmen zu können, behandelt man die Böden mit Gips. Das Verhüten der Verschlechterung von Ländereien infolge Bewässerung ist für die Bodenkultur der ariden Gebiete eines der wichtigsten Probleme.

9. Böden aus kalkhaltigem Muttermaterial

In dieser Gruppe faßt man die Böden zusammen, bei deren Bildung der Kalkgehalt des Muttermaterials ausschlaggebend war. In der gemäßigten Zone haben Böden dieser Art gewöhnlich eine graue bis grauschwarze Färbung, während in wärmeren Gebieten Kalkböden gefunden werden, deren Farbe vorherrschend rot ist.

Die dunkel gefärbten Böden der ersten Gruppe, die *Rendzina-Böden*, enthalten in der Regel 3—12% organische Substanz und freies Calciumcarbonat in wechselnden Mengen. Der Profilcharakter ist hauptsächlich durch die Natur des Muttermaterials bedingt; sie sind typisch *endodynamomorph* nach *Glinka*. Die Oberkrume ist grau bis schwarz und enthält manchmal Bruchstücke von Kalk und Mergel. Die darunterliegende Schicht ist heller und noch stärker mit Bruchstücken von Kalk und Mergel durchsetzt; darauf folgt dann das kalkhaltige Muttergestein. Die Tonfraktion ist im allgemeinen carbonatfrei und scheint hauptsächlich aus Quarz und dem kieselsäurereichen Verwitterungskomplex zu bestehen. *Kubiena* (34) unterscheidet als Vorstufe der Rendzina die Protorendzina, die sich auf dem nackten Muttergestein nach der Besiedelung durch Pflanzen zunächst bildet. Regenwürmer treten in der Protorendzina noch nicht auf, weil der Boden zu tonarm und trocken ist. Auf die Protorendzina folgt dann in der Entwicklung die mullartige Rendzina und dann die Mullrendzina, in welcher die Regenwürmer besonders zahlreich und aktiv sind. Mit fortschreitender Verwitterung bildet sich die braune Rendzina, in der durch Entkalkung die Regenwurmtätigkeit wieder schwächer wird. Der Endzustand ist die Terra fusca, die durch einen hohen Gehalt an kolloidaler Kieselsäure in der leicht beweglichen Tonsubstanz charakterisiert ist. Als Pararendzina werden von *W. Kubiena* (6) A-C-Böden bezeichnet, die Carbonat, aber auch einen wesentlichen Quarzsandanteil enthalten; sie bilden sich auf kalkreichen Silikatgesteinen.

Terra rossa kommt — häufig in Verbindung mit Kalkgestein — in den Ländern des Mittelländischen Meeres vor. Der rote Boden geht plötzlich ohne eine ausgesprochene Übergangszone in den darunterliegenden Kalksteinfelsen über. Die Terra-rossa-Böden sind ziemlich schwere Tone. Eine Neigung zum Laterisieren ist durch die Zusammensetzung der Tonfraktion nicht angezeigt. Das Verhältnis von $SiO_2 : Al_2O_3$ liegt gewöhnlich über 2. Terra-rossa-Böden leiten sich wahrscheinlich von hartem Kalkstein her, während Rendzinaböden aus weichem Kalkstein entstehen. Die Bildung der roten Kalksteinböden ist das Ergebnis einer fortgeschritteneren Reife als der der grauen Böden, vor allem bei starker Auswaschung. Reife Kalksteinböden haben im allgemeinen die Neigung, den Böden warmer Klimate zu ähneln. So stehen die roten Farben ausgelaugter Kalksteinböden in einem ausgesprochenen Gegensatz zu der braunen Farbe benachbarter Böden, die nicht aus kalkhaltigem Muttermaterial entstanden sind; die trockneren und wärmeren Kalkböden haben wahrscheinlich eine schnellere Mineralisation der Pflanzenrückstände bewirkt. Es ist auch die Ansicht geäußert worden, daß die Terra-rossa-Böden ursprünglich unter humiden Verhältnissen gebildet wurden, daß dann aber ein Klimawechsel zu arideren Bedingungen führte und daß durch stärkere Austrocknung Eisenoxyde gebildet wurden, welche die Rotfärbung der Terra rossa bewirkten.

10. Böden der feuchten Tropen und Subtropen

Die Besonderheiten der in den Tropen und Subtropen auftretenden Böden sind dadurch bedingt, daß infolge der herrschenden klimatischen Bedingungen, vor allem infolge der höheren Temperaturen Bodenumbildungen anders verlaufen als in der gemäßigten Zone. Die mittlere Temperatur liegt hier etwa 15—20° höher als in den Ländern mit gemäßigtem Klima. Da eine Temperaturerhöhung um 10° annähernd einer Verdoppelung der Reaktionsgeschwindigkeit entspricht, ist es verständlich, daß die chemische Verwitterung unter tropischen Bedingungen mit viel größerer Geschwindigkeit verläuft als bei uns.

Tropische Böden können fast gänzlich aus den Produkten chemischer Verwitterung bestehen. Verwitterbare Mineralien fehlen ihnen vielfach gänzlich, und sie enthalten höchstens Beimischungen von unverwitterbaren Materialien wie Quarz und Magnetit.

Was den Regenfall anbelangt, so zeichnen sich die äquatorialen Gebiete im allgemeinen durch heftige Niederschläge aus. Diese starken Niederschläge bewirken eine starke Erosion, so daß sich in den Tälern ausgedehnte alluviale und kolluviale Geröllmassen bilden, während an den Hängen verstümmelte oder unreife Profile auftreten. Mit Ausnahme der Gebiete des tropischen Regenwaldes herrscht ferner in den humiden Tropen in der Regel ein Wechsel zwischen Regenzeit und Trockenheit, also ein sogenanntes Monsunklima. Während der Regenzeit wird der Boden durch das durchsickernde Wasser ausgelaugt, so daß eine allgemeine Verarmung an Basen eintritt und der Tonkomplex unbeständig wird. Während der trockenen Jahreszeit ist die Verdunstung sehr stark, und der Boden trocknet bis zu einer beträchtlichen Tiefe aus.

Stark mitbestimmend für den Unterschied zwischen tropischen und hiesigen Böden ist auch die *organische Substanz*. Der Gehalt an organischer Substanz in einem Boden stellt den Unterschied zwischen der Zufuhr von organischem Material in Form von Pflanzenrückständen und der zerstörenden Oxydation dieses Materials durch Mikroorganismen dar. In den Tropen ist zwar die Bildung von organischer Substanz stärker als in unserem Klima; man darf diese Mehrerzeugung jedoch nicht überschätzen, da die Tageslänge in der Tropenzone durchschnittlich nur zwölf Stunden beträgt, während bei uns die Pflanzen im Sommer eine bedeutend längere Zeit assimilieren können. Die Anregung, welche die Tätigkeit der Bakterien durch die höhere Tropentemperatur erfährt, ist dagegen im Verhältnis weit stärker; wenn man daher den Verlauf der Zufuhr und der Zerstörung von organischer Substanz verfolgt, so stellt man fest, daß die Geschwindigkeit der zerstörenden mikrobiologischen Wirkung sich schneller steigert, als sich das Pflanzenwachstum mit der Temperaturerhöhung verbessert, und dies führt in den Tropen dazu, daß die Zersetzung mit der Zufuhr organischer Substanz Schritt hält oder sie sogar übertrifft, so daß der Boden an Humus verarmt. Es werden damit die Vorbedingungen für die sogenannte *allitische* Verwitterung geschaffen, die darin besteht, daß die Kieselsäure ausgewaschen wird, während die *Sesquioxyde* ungelöst zurückbleiben.

Dennoch darf man den Satz, daß *Tropenböden* humusarm seien, nicht zu stark verallgemeinern. So findet man unter *Steppen- oder Savannen-Vegetation* vielfach Böden, die sehr humusreich sind, weil die jährliche Trockenzeit einen schützenden Einfluß auf die organische Substanz dieser Böden ausübt.

Bei dem Aufsteigen von Bodenfeuchtigkeit während der Trockenzeit erlangt die Bodenlösung eine ziemlich hohe Konzentration, und im Oberflächenhorizont findet daher ein Ausfallen der gelösten Stoffe statt. Es bilden sich *Konkretionen, Verkrustungen,* die ein Kennzeichen für *lateritische* Böden sind.

Bei der Bildung der Böden in den humiden Tropen wird dem Gestein zunächst durch die annähernd neutrale Bodenfeuchtigkeit sein Gehalt an Basen entzogen. Nach der Entfernung der Basen zerfällt der *Verwitterungskomplex* zu Kieselsäure und Sesquioxyden. Die neutrale Auslaugung des Bodens führt dazu, daß die Kieselsäure entfernt wird, das zurückbleibende Material sich dagegen mit Sesquioxyden anreichert. Bei diesem Bodenbildungsvorgang können je nach der Ausdehnung, bis zu der die Entfernung der Kieselsäure bzw. Anreicherung von Sesquioxyden durch Illuviation gelangt ist, Unterschiede auftreten. In verhältnismäßig jungen Böden ist der Ton noch kieselsäurereich, und man bezeichnet solche Böden als *Rotlehm.* In den *Roterden* ist die Entfernung der Kieselsäure oder der Zutritt von Sesquioxyden weiter fortgeschritten, so daß sich ein Verwitterungskomplex von vorwiegend sesquioxydischem Charakter ergibt. Der Unterschied zwischen *Rotlehm* und *Roterde* zeigt sich gewöhnlich auch darin, daß die Rotlehme nicht zerreibbar sind, während die Roterden zerrieben werden können. Dieser Unterschied ist durch den Charakter des Verwitterungsprozesses bedingt, und zwar sind die nicht zerreibbaren Böden relativ kieselsäurereich, während die zerreibbaren Böden von verhältnismäßig stark sesquioxydischem Charakter sind. Die Rotlehme und Roterden weisen deutlich erkennbare Unterschiede in ihren Textureigenschaften auf. Bei den Rotlehmen besitzt der Verwitterungskomplex einen ausgesprochenen Toncharakter, während er bei den Roterden geringe Plastizität und Kohäsion aufweist.

Die lebhaften roten Farben der tropischen Böden sind darauf zurückzuführen, daß in ihnen die weniger hydratisierten Eisenmineralien anzutreffen sind, während in den gemäßigten Klimaten Hydrate auftreten. Eine Übergangsgruppe zwischen den tropischen roten Böden und den braunen Walderden der gemäßigten Klimate bilden wahrscheinlich die tropischen *Gelberden.*

Noch ungeklärt ist die Frage der Bildung des *Laterits.* Die Bezeichnung Laterit ist unberechtigterweise oft synonym mit roten Böden gebraucht worden. Man ist daher heute allgemein übereingekommen, den Gebrauch dieser Bezeichnung auf Materialien zu beschränken, die durch einen Überschuß an *Sesquioxyden* gekennzeichnet sind. Die in dem lateritischen Horizont abgelagerten hydratisierten Sesquioxyde entstehen durch Hydrolyse von Silikatmineralien. Sie werden im alkalischen Grundwasser gelöst, steigen während der Trockenzeit aufwärts und geben Anlaß zur Bildung von wasserhaltigen, amorphen Ferrioxyden sowie von Hydrargillit. Der Oberflächenhorizont mit eisenschüssiger *Verkrustung und Konkretionen* kann eine solche Entwicklung erreichen, daß er das Wachstum von Vegetation ausschließt.

Eine wichtige Rolle bei der Bildung tropischer Böden spielen vielfach die Termiten, welche die obersten Horizonte des Bodens völlig durcheinander mischen können.

XVII. BODENKARTIERUNG

1. Zweck der Bodenkartierung

Die Niederlegung der Ergebnisse bodenkundlicher Untersuchungen in Form von Karten soll die praktische Auswertung solcher Arbeiten für landwirtschaftliche Zwecke erleichtern.

Die Aufnahme der Bodenkarte ist besonders für die allgemeine Planung der Bewirtschaftung und Besiedlung neu erschlossener Gebiete von Bedeutung, da die Entwicklung von Landwirtschaft die Berücksichtigung aller bestimmenden natürlichen Faktoren verlangt. Zu den letzteren gehören außer der Bodenart die Niederschlagsmengen, die Vegetation und die Anbauzonen der verschiedenen Kulturpflanzen. Die wissenschaftliche Bedeutung der Bodenkartierung besteht darin, daß sie die regionalen Beziehungen der Böden und den Einfluß von Topographie und Klima auf die Bodenbildung aufzuklären hilft. Nur durch systematisches Kartieren der Verschiedenheiten der Bodencharaktere eines Gebiets lassen sich seine Böden in ein System bringen, das in sich zusammenhängend ist.

2. Agrogeologische und morphologisch-genetische Kartierung

Je nach dem Zweck, den man verfolgt, wird man die Bodenkartierung nach verschiedenen Gesichtspunkten durchführen müssen. Früher ging man bei der Herstellung von Bodenkarten von den geologischen Befunden aus. Für die geologische Betrachtung aber ist die oberste Bodenschicht verhältnismäßig uninteressant, da der geologische Aufbau hauptsächlich aus den darunterliegenden Schichten zu erkennen ist; für landwirtschaftliche Zwecke braucht man jedoch gerade eine *Bodenkarte*, auf der sich die Beschaffenheit der oberen, verwitterten Schicht dargestellt findet.

Diese Darstellung hat man auf verschiedene Arten auszuführen versucht, und zwar vornehmlich mit Hilfe einer *geologisch-agronomischen* und einer *morphologischen Methode*. Die geologisch-agronomische Kartierung nimmt die Unterscheidung der verschiedenen Böden auf Grund des Muttergesteins vor, aus dem sie entstanden sind, die morphologische Kartierung tut dies auf Grund ihrer Bildungsweise unter dem Einfluß der herrschenden Klimafaktoren und Vegetationsformen. Die geologisch-agronomische Kartierung hat sich besonders in Deutschland durchgesetzt, wie überhaupt in Ländern, in denen nicht die klimatischen Gegensätze, sondern die geologisch-topographischen Verhältnisse der vorherrschende Faktor sind. Anders ist es in Ländern mit großen Klimaunterschieden wie in der Sowjetunion, bei denen der Bodentyp in den Vordergrund treten muß. Allgemein ist an die Bodenkartierung die Forderung zu stellen, daß sie das *Bodenprofil* zur natürlichen Einheit der Darstellung macht, da dieses die Veränderungen in Muttergestein, Klima und Topographie widerspiegelt.

Der *landwirtschaftlichen Bodenkartierung*, die uns hier vor allem interessiert, hat man neuerdings die Einteilung nach *Bodentypen* zugrunde gelegt. Den Böden kleinerer Gebiete wird diese jedoch nicht gerecht, da hier, innerhalb gleicher Klimabezirke, die auftretenden Unterschiede durch die geologische Entstehung der Böden bestimmt sind. Man suchte daher nach einer Verschmelzung beider Darstellungsprinzipien, wie man überhaupt bestrebt war, die Hauptkarten durch Nebenkarten zu ergänzen, die, entsprechend den jeweiligen Erfordernissen der Praxis, nach verschiedenen praktischen Gesichtspunkten angefertigt werden können.

3. *Ausführung der Bodenkartierung*

Nach einem Vorschlag von *Stremme* (106) wird bei der Kartierung eine Kombination von Bodenart und Bodentyp durchgeführt. Der Bodentyp wird in Farbe, die Bodenart in Schraffierung angegeben. Es ist auch der Vorschlag gemacht worden, auf durchsichtigem Papier eine Reihe von Deckblättern anzufertigen, auf denen jeweils eine Kartierung für bestimmte Sonderzwecke erscheint und die man der ursprünglichen Bodenkarte auflegt, also etwa Karten mit Angaben über die Niederschläge, über die Anbauzonen, über die Betriebsform und über geologische Verhältnisse von industrieller Bedeutung; diese Anregung besitzt einen unzweifelhaften praktischen Wert, da die Ausführung einer vollständigen Kartierung in einer einzigen Darstellung das Kartenbild unübersichtlich machen würde. Immerhin sind auf einer brauchbaren Bodenkarte folgende Angaben als notwendig zu bezeichnen: Die Oberflächengestaltung, das Muttermaterial, die Wasserverhältnisse, die Tiefe und Reihenfolge der Bodenhorizonte mit Hinweisen auf Textur, Struktur und Farbe und die Vegetation.

Daß Angaben über die Oberflächengestaltung notwendig sind, um den Einfluß der Topographie auf die Bodenbildung erkennen zu lassen, liegt auf der Hand; denn für die Eigenschaften eines Bodens kann es sehr wichtig sein, ob er auf einer Höhe, an einem Abhang oder in einer Senke liegt; vielfach kann man schon aus der topographischen Karte weitgehend Schlüsse auf die Bodenbeschaffenheit ziehen.

Die *Bodenhorizonte*, die eingetragen werden, kennzeichnen die *Bodentypen*. Die Unterschiede in der Textur der einzelnen Horizonte geben die Bodenarten wieder; von diesen sollte man nur so viele unterscheiden, als im Felde durch direkte Beobachtung festgestellt werden können. Das *Muttermaterial* ist weniger im Hinblick auf sein geologisches Alter als auf seine Zusammensetzung aus einzelnen Gesteinen und Mineralien von Bedeutung. Wenn zwei Profile, die aus verschiedenem Muttergestein entstanden, einander gleich sind, kann dieser Umstand für die Beurteilung des Bodens sehr wesentlich sein. Bei der Beobachtung der Struktur sollte man nicht nur die *Makrostruktur* (Schichtbildung, Säulenbildung), sondern auch die *Mikrostruktur*, nämlich Krümelung und Porosität, beachten; Veränderungen, die sich in den Verhärtungen oder Verdichtungen der verschiedenen Horizonte zeigen, sollten ebenfalls aufgezeichnet werden. Das Muttergestein liefert vor allem in Fällen von *Profilverstümmelungen* durch Erosion oder des Auftretens *unreifer Böden* aus nur wenig verändertem Ursprungsgestein Hinweise auf die Beschaffenheit des Bodens; vielfach kennzeichnet es auch die Feuchtigkeitsbedingungen innerhalb des Profils.

Die *Farbe der Böden* ist in diesem Zusammenhang vor allem für diagnostische Zwecke wichtig. Man sollte einen Farbatlas zugrunde legen, um die auftretenden Farbunterschiede objektiv bezeichnen zu können. Aufschlußreich sind insbesondere die Unterschiede zwischen den grauen Farben bei beginnender Durchlässigkeit und den roten Farben von Böden, die in Abwesenheit von saurem Humus vollständig ausgelaugt sind. Auch das Auftreten von rötlichbraunen Flecken oder Streifen sollte vermerkt werden, da es ein Zeichen stauender Nässe ist.

Von der größten Wichtigkeit für die Beurteilung des Bodens ist die Darstellung der Wasserverhältnisse. Diese kommen zwar bereits im Profil zum Ausdruck; infolge ihres großen Einflusses auf die Vegetation ist es aber bei der Kartierung ratsam, auch sie noch besonders zu berücksichtigen. Man muß zwischen Böden mit freier Durchlässigkeit und solchen mit stauender Nässe unterscheiden; auch stufenweise Übergänge von den einen zu den anderen sind einzuzeichnen. Die *Durchlässigkeit des Bodens* sowie die Höhe des *Grundwasserstandes* sind nämlich von maßgebendem Einfluß auf das Gedeihen des Pflanzenbestandes, der allerdings umgekehrt wiederum die Wasserverhältnisse beeinflußt.

Was die Vegetation anbetrifft, so liefert vor allem die Betrachtung des natürlichen Pflanzenwuchses die besten Anhaltspunkte für die Beurteilung der Böden, da zwischen *Vegetationstyp* und Bodencharakter enge Beziehungen bestehen; auch die Unkrautflora kann häufig mit dem Bodencharakter in Verbindung gebracht werden. Das Einzeichnen der Bebauungsart ist für die Kartierung nur von vorübergehender Bedeutung; von überragender Bedeutung ist sie dagegen für die Beratungstätigkeit.

4. *Maßstab der Bodenkarten*

Der *Maßstab*, der für die Bodenkartierung gewählt wird, richtet sich nach der Größe des darzustellenden Gebietes. Für Zwecke der landwirtschaftlichen Beratung ist es erwünscht, einen Maßstab von höchstens 1 : 25000 zugrunde zu legen; bei der Darstellung größerer Gebiete muß natürlich mit einem Maßstab von 1 : 100000 bis 1 : 1000000 gearbeitet werden. *H. Stremme* und seine

Mitarbeiter haben für die Beratung der Landwirte Kartenwerke geschaffen, die bei der bodenkundlich-geologischen Landesaufnahme im früheren Danzig 10 bis 12 Karten umfassen. Von *E. Ostendorf* sind zwei solcher Kartenwerke im Maßstabe von 1 : 10000 erschienen. Beide haben neben der Bodenkarte je eine Karte der Be- und Entwässerung, des Humus, des Kalkes, der Nutzung und Bearbeitung und des Baugrundes. Es ist dies die weitestgehende Ausnutzung, die aus einer Bodenkarte entnommen werden kann. Die Landesplanung in Hannover hat nach *H. Stremmes Vorschlag* einen bodenkundlichen Atlas von Niedersachsen herausgebracht, der außer den Bodenkarten auch die daraus gefolgerten Karten der Entwässerung, Bewirtschaftung und Siedlung umfaßt. Gegenwärtig werden solche Karten in mehreren Teilen Deutschlands fortgesetzt, z. B. durch das von *H. Stremme* geleitete Institut zur Bodenkartierung in Berlin. Nach den gleichen Grundsätzen mit Bodentypen und Bodenarten aufgenommen sind die Übersichtskarten des Deutschen Reiches (Gotha, 1936) und die Bodenkarte von Europa (Berlin, 1937), beide von *H. Stremme* herausgegeben.

Auf Einzelkarten in kleinerem Maßstabe, die man für die Wirtschaftsberatung herstellt, trägt man z. B. jeweils die *Bodenreaktion* bestimmter Schläge ein. Derartige Karten muß man in bestimmten Abständen immer wieder neu anfertigen, um auf diese Weise ein Bild von dem Erfolg der getroffenen Maßnahmen zur Behebung der Bodenazidität zu gewinnen. Auch *Nährstoffkarten* einzelner Wirtschaften hat man aufgestellt, und auch hier muß man sich hüten, die Karte veralten zu lassen; denn der Nährstoffzustand der Böden erfährt durch den Nährstoffentzug der Ernten und durch die Düngung eine sehr rasche Verschiebung. Macht man sich andererseits die Mühe, diese Karte bei der jeweils nach Ablauf einer Fruchtfolge zu wiederholenden Bodenuntersuchung erneut anzufertigen, so gewinnt man eine gute Übersicht über den Erfolg der durchgeführten Maßnahmen und damit eine wertvolle Unterlage für die dauernde Kontrolle des Nährstoffgehaltes der Böden. Bei Karten, auf denen die Bodenverhältnisse größerer Gebiete wiedergegeben werden sollen, vermeide man es, allzu feine Unterschiede zu machen. Es genügt, daß man die hauptsächlichen Bodenarten und Bodentypen voneinander abgrenzt, soweit diese für die Leistung der verschiedenen Gebiete sowie für die Maßnahmen, die zur Steigerung dieser Leistung getroffen werden müssen, von Bedeutung sind.

Bei der Darstellung größerer Gebiete ist ferner irgendeine Zusammenfassung der verschiedenen Gruppen von Böden anzustreben; jedoch haben sich hierüber noch keine einheitlichen Regeln durchsetzen können. In Amerika faßt man z. B. Gruppen von Böden, die aus gleichem oder ähnlichem Muttergestein entstanden sind, zu *Serien* zusammen, und für die Kartierung von Großräumen hat man die *Catena-Methode* in Vorschlag gebracht, mit deren Hilfe man Bodengruppen kennzeichnet, die aus ähnlichem Muttergestein abgeleitet, durch topographische oder hydrologische Bedingungen aber zu verschiedenen Böden, die ständig in Verbindung miteinander auftreten, geworden sind.

Für die schnelle Kartierung von Großraumgebieten schlägt *Vageler* die Aufnahme vom Flugzeug aus vor, eine Methode, die sich inzwischen in den Vereinigten Staaten von Amerika zur Verfeinerung der Bodenkarten bewährt hat. Aus den Aufnahmen läßt sich eine Karte zusammensetzen, welche die Verteilung der Hauptbodenarten auf Grund der Oberflächengestaltung, Vegetation usw. in großen Zügen erkennen läßt. Auf Grund dieser Karte kann man dann die Punkte bestimmen, an denen es notwendig ist, eingehende Profiluntersuchungen vorzunehmen.

Von der Internationalen Bodenkundlichen Gesellschaft wurde eine Bodenkarte von Europa hergestellt, an welcher 80 Fachleute mitarbeiteten. Die Einteilung der Böden erfolgte hier auf Grund einer natürlichen Klassifikation, die durch die internationale Zusammenarbeit der europäischen Länder nach gemeinsamen Gesichtspunkten aufgestellt werden konnte. Als Hauptfaktoren der Bodenbildung wurden dabei Vegetation, Wasser, Gestein, Relief und menschliche Arbeit zugrunde gelegt, die nach dem Klima usw. jeweils wieder in engere Gruppen unterteilt wurden. Diese Karte ermöglicht einen allgemeinen Überblick über die europäischen Bodengebiete, und wir können an Hand ihrer Darstellung erkennen, wie weit in dem einen Gebiet die klimatischen Faktoren, in anderen Gebieten wiederum die topographischen oder biologischen Verhältnisse bei der Entstehung der Böden in den Vordergrund getreten sind.

5. Die deutsche Bodenschätzung

Die im Deutschen Reich gesetzlich eingeführte Bodenschätzung (107) gab das Schema einer genauen Kennzeichnung des Bodens nach seiner Beschaffenheit sowie einer Feststellung seiner Ertragsfähigkeit. Der Boden wird unter dreierlei Gesichtspunkten bezeichnet; im Vordergrund steht die Beschreibung nach der *Bodenart,* d. h. nach dem Mischungsverhältnis der Hauptgemengteile Sand, Kalk, Lehm, Ton und Humus, das für die einzelnen Schichten des Profils festgestellt wird.

Die zweite Einteilungsgrundlage ist die geologische Entstehung. Hierbei werden unterschieden:

D = Diluvium
Al = Alluvium (Flußauen und Täler)
Lö = Löß (feinsandige, durch Windanwehung entstandene Böden)
V = Verwitterungsböden (durch Verwitterung anstehenden Gesteins)
Vg = grobkörnige, steinhaltige Böden (Trümmer oder Gesteinsböden)
Mo = Moor- oder Humusböden.

Der dritten Art der Kennzeichnung liegt der *Bodentyp,* der die Entstehung des Bodens wiedergibt, zugrunde. Man hat dabei den Begriff der *Zustandsstufen* eingeführt, der außer der Entwicklung auch weitere Umstände, die auf die Fruchtbarkeit von Einfluß sind, berücksichtigt. Zur Beschreibung des Ackerbodens hat man sieben Zustandsstufen gebildet:

Stufe 1: = Allmählicher Übergang humusreicher Krume zu humus- und kalkhaltigem Untergrund, gute Krümelstruktur, auch in größerer Tiefe (Schwarzerde).

Stufe 3: = Krume weniger humushaltig, weniger guter Übergang zum Untergrund, Anzeichen von Auswaschung, Versäuerung (Grundwasserhorizont).

Stufe 5: = Scharfes Absetzen der Krume, Bleichzone, beginnende Verdichtung des Untergrundes und Rostfärbung, zunehmende Versäuerung; bei L-Böden roher und untätiger Untergrund.

Stufe 7: = Scharfe Grenze zwischen Krume und Untergrund. Starke Bleichzone und Versäuerung. Untergrund verdichtet und rostfarben. Ortsteinbildung bzw. lettige und schluffige Schichten. Bei Grundwasserböden beginnende Raseneisensteinbildung.

Stufe 2, 4, 6 = Zwischenstufen mit entsprechenden Merkmalen.

Zur Kennzeichnung der Ertragsfähigkeit werden unter Berücksichtigung der natürlichen Ertragsbedingungen *Wertzahlen* für den Grad des Leistungsvermögens eines Bodens eingesetzt. Um diese zu ermitteln, hat man für die Magdeburger Börde die Wertzahl für besten Ackerboden bei ebener Lage, 8° C mittlere Jahrestemperatur und 600 mm Niederschlägen im Jahre gleich 100 gesetzt. Aus Bodenart, Entstehung und Zustandsstufe berechnet man auf Grund des Ackerschätzungsrahmens die Bodenzahl, aus dieser unter Berücksichtigung der besonderen Verhältnisse (Klima, Geländegestaltung, Grundwasserverhältnisse usw.) die Ackerzahl.

Für das Grünland unterscheidet man die Bodenarten S, lS, T und Mo sowie die Zustandsstufen I (= Stufe 2 und 3 des Ackerlandes), II (= Stufe 4 und 5 des Ackerlandes) und III (= Stufe 6 und 7 des Ackerlandes). Ferner sind im Grünlandschätzungsrahmen auch die Klimastufen und die Wasserverhältnisse berücksichtigt.

Für die Klimastufen des Grünlandes unterscheidet man

a) durchschnittliche Jahrestemperatur von 8,0° C
b) „ „ „ 7,9—7,0° C
c) „ „ „ 6,9—5,7° C
d) „ „ „ 5,6° C und darunter.

Die Wasserverhältnisse sind wie folgt gekennzeichnet:

Stufe 1: frische, gesunde Lagen mit gutem Süßgräserbestand,

Stufe 3: feuchte Lagen, keine Staunässe, weniger gute Gräser mit nur geringem Anteil an Sauergräsern;
trockene Lagen mit noch guten, aber härteren Gräsern,

Stufe 5: ausgesprochen nasse bis sumpfige Lagen mit stauender Nässe, schlechte Gräser mit viel Sauergräsern;
sehr trockene Lagen mit weniger guten und harten Gräsern.

Die Stufen 2 und 4 sind Zwischenwerte.

Die Grünlandzahl ist das Ergebnis aus Bodenart, Zustandsstufe, Klima und Wasserverhältnissen. Die höchste Grünlandzahl entspricht 88% Reinertrag des besten Bodens.

Die Berücksichtigung der besonderen örtlichen Verhältnisse ergibt die Grünlandendzahl.

Ackerschätzungsrahmen

Bodenart	Entstehung	Zustandsstufe 1	2	3	4	5	6	7
S	D		41—34	33—27	26—21	20—16	15—12	11— 7
	Al		44—37	36—30	29—24	23—19	18—14	13— 9
Sl (S/lS)	D		51—43	42—35	34—28	27—22	21—17	16—11
	Al		53—46	45—38	37—31	30—24	23—19	18—13
	V			42—36	35—29	28—23	22—18	17—12
lS	D		59—51	50—44	43—37	36—30	29—23	22—16
	Lö		62—54	53—46	45—39	38—32	31—25	24—18
	Al		62—54	53—46	45—39	38—32	31—25	24—18
	V			50—44	43—37	36—30	29—24	23—17
	Vg				40—34	33—27	26—20	19—12
SL (LS/sL)	D		67—60	59—52	51—45	44—38	37—31	30—23
	Lö		72—64	63—55	54—47	46—40	39—33	32—25
	Al		71—63	62—55	54—47	46—40	39—33	32—25
	V		67—60	59—52	51—44	43—37	36—30	29—27
	Vg				47—40	39—32	31—24	23—16
sL	D	84—76	75—68	67—60	59—53	52—46	45—39	38—30
	Lö	92—83	82—74	73—65	64—56	55—46	47—41	40—32
	Al	90—81	80—72	71—64	63—56	55—48	47—41	40—32
	V		76—68	67—59	58—51	50—44	43—36	35—27
	Vg				54—45	44—36	35—27	26—18
L	D	90—82	81—74	73—66	65—58	57—50	49—43	42—34
	Lö	100—92	91—83	82—74	73—65	64—56	55—46	45—36
	Al	100—90	89—80	79—71	70—62	61—54	53—45	44—35
	V		82—74	73—65	64—56	55—47	46—39	38—30
	Vg				60—51	50—41	40—30	29—19
LT	D		78—70	69—62	61—54	53—46	45—38	37—28
	Al		82—74	73—65	64—57	56—49	48—40	39—29
	V		78—70	69—61	60—52	51—43	42—34	33—24
	Vg				57—48	47—38	37—28	27—17
T	D			63—56	55—48	47—40	39—30	29—18
	Al		74—66	65—58	57—50	49—41	40—31	30—18
	V			62—54	53—45	44—36	35—26	25—14
	Vg				50—42	41—33	32—24	23—14
Mo	Al			45—37	36—29	28—22	21—16	15—10

Grünlandschätzungsrahmen

Bodenart	Stufe	Klima	Wasserverhältnisse				
			1	2	3	4	5
S	I (45—40)	a	60—51	50—43	42—35	34—28	27—20
		b	52—44	43—36	35—29	28—23	22—16
		c	45—38	37—30	29—24	23—19	18—13
	II (30—25)	a	50—43	42—36	35—29	28—23	22—16
		b	43—37	36—30	29—24	23—19	18—13
		c	37—32	31—26	25—21	20—16	15—10
	III (20—15)	a	41—37	33—28	27—23	22—18	17—12
		b	36—30	29—24	23—19	18—15	14—10
		c	31—26	25—21	20—16	15—12	11— 7
lS	I (60—55)	a	73—64	63—54	53—45	44—37	36—28
		b	65—56	55—47	46—39	38—31	30—23
		c	57—49	48—41	40—34	33—21	26—19
	II (45—40)	a	62—54	53—45	44—37	36—30	29—22
		b	55—47	46—39	38—32	31—26	25—19
		c	48—41	40—34	33—28	27—23	22—16
	III (30—25)	a	52—45	44—37	36—30	29—24	23—17
		b	46—39	38—32	31—26	25—21	20—14
		c	40—34	33—28	27—23	22—18	17—11
L	I (75—70)	a	88—77	76—66	65—55	54—44	43—33
		b	80—70	69—59	58—48	48—40	39—30
		c	70—61	60—52	51—43	42—35	34—26
	II (60—55)	a	75—65	64—55	54—46	45—38	37—28
		b	68—59	58—50	49—41	40—33	32—24
		c	60—52	51—44	43—36	35—29	28—20
	III (45—40)	a	64—55	54—46	45—38	37—30	29—22
		b	58—50	49—42	41—34	33—27	26—18
		c	51—44	43—37	36—30	29—23	22—14
T	I (70—65)	a	88—77	76—66	65—55	54—44	43—33
		b	80—70	69—59	58—48	47—39	38—28
		c	70—61	60—52	51—43	42—34	33—23
	II (55—50)	a	74—64	63—54	53—54	44—36	35—26
		b	66—57	56—48	47—39	38—30	29—21
		c	57—49	48—41	40—33	32—25	24—17
	III (40—35)	a	61—52	51—43	42—35	34—28	27—20
		b	54—46	45—38	37—31	30—24	23—16
		c	46—39	28—32	31—25	24—19	18—12
Mo	I (45—40)	a	60—51	50—42	41—34	33—27	26—19
		b	57—49	48—40	39—32	31—25	24—17
		c	54—46	45—38	37—30	29—23	22—15
	II (30—25)	a	53—45	44—37	36—30	39—23	22—16
		b	50—43	42—35	34—28	27—21	20—14
		c	47—40	39—33	32—26	25—19	18—12
	III (20—15)	a	45—38	37—31	30—25	24—19	18—13
		b	41—35	34—28	27—22	21—16	15—10
		c	37—31	30—25	24—19	18—13	12— 7

Die übersichtliche Darstellung bodenkundlicher Verhältnisse, welche durch die Bodenkartierung ermöglicht wird, hat den Interessentenkreis für die kartographische Beschreibung der Böden stark erweitert. Auch bei der Behandlung allgemein volkswirtschaftlicher Fragen wird die Bildung klarer Vorstellungen von der Verteilung der wichtigsten Faktoren der natürlichen Erzeugung in den einzelnen Gebieten durch die Bodenkarten stark gefördert, da der Boden nun einmal die Grundlage unseres gesamten Lebens bildet.

XVIII. DIE UNTERSUCHUNG DES BODENS

1. Der Feldversuch

Auf Grund jahrhundertelanger Beobachtungen und Erfahrungen hat sich bei den Bauern aller Länder ein System von Regeln für die Behandlung ihres Bodens entwickelt, das zwar manches unwesentliche Beiwerk, aber zugleich soviel Wertvolles enthält, daß auch der wissenschaftliche Bodenkundler nicht über diesen Regelschatz hinwegsehen darf, wenn er Maßnahmen empfehlen will, die für die jeweils herrschenden örtlichen Verhältnisse zutreffen. Trotzdem hat die außerordentliche Steigerung der Ernten, die sich in den letzten 100 Jahren überall dort, wo die Wissenschaft im Dienste der Landwirtschaft eingesetzt werden konnte, erzielen ließ, auf das schlagendste bewiesen, daß eine systematische Untersuchung des Bodens, die eine eingehendere Kenntnis seiner Eigenschaften vermittelt, als die bloße Erfahrung dies tun kann, die Bewirtschaftung des Ackerlandes noch bedeutend zu verbessern vermag. Diese Untersuchung ist allerdings mit außerordentlichen Schwierigkeiten verbunden, weil im Boden mannigfache Reaktionen vor sich gehen, deren äußerst kompliziertes Zusammenwirken beachtet werden muß; es ist daher nicht verwunderlich, daß Versuche, den Boden in seinen chemischen und physikalischen Eigenschaften zu erforschen, anfänglich zum Fehlschlagen verurteilt waren, so daß man eine lange Zeit hindurch lediglich empirischen Untersuchungsmethoden Wert beilegte und hauptsächlich danach trachtete, die Beobachtung der Pflanzenentwicklung im Feldversuch immer schärfer und exakter zu gestalten, also die Wirkung von Maßnahmen auf die Höhe des Ernteertrages immer genauer zu überprüfen.

Das Grundprinzip des Feldversuches ist dies: Eine Versuchsfläche wird in Teilstücke aufgeteilt, die hinsichtlich der zu prüfenden Maßnahme unterschiedlich, im übrigen aber vollständig gleich behandelt werden. Diese Vorbedingung der Gleichheit der Teilstücke schließt in sich, daß auch Ungleichheiten in der Bodenbeschaffenheit vermieden werden müssen. Um zu erkennen, ob derartige Verschiedenheiten ausgeschaltet sind, legt man die Teilstücke in mehrfacher Wiederholung an; mit Hilfe der Fehlerausgleichsrechnung unterrichtet man sich dann darüber, bis zu welchem Grade die beobachteten Unterschiede tatsächlich eine Folge der unterschiedlichen Behandlung der Versuchsteilstücke und nicht etwa lediglich der zufälligen Schwankungen sind (109).

Der Feldversuch hat den Vorteil, daß er sich den praktischen Verhältnissen so genau wie möglich anpaßt. Er wird auf dem gewachsenen Boden durchgeführt, so daß in den natürlichen Eigenschaften des Bodens keine Veränderungen eintreten. Ferner werden die praktisch zu treffenden Maßnahmen einschließlich aller mit ihnen verbundenen Nebenwirkungen direkt geprüft, so daß ihr Wert sich im Ergebnis deutlich ausdrückt. Diesem Vorteil stehen aber auch Nachteile gegenüber. Die Durchführung eines wirklich exakten Feldversuchs ist nicht einfach. Sein Gelingen hängt von der Gunst der Witterung ab. Vor allem aber kann der Feldversuch nur darüber etwas aussagen, wie eine Maßnahme auf den Ernteertrag gewirkt hat; er gibt dagegen keine Antwort auf die gleich wichtige Frage, welche Rückwirkung die betreffende Maßnahme auf den Boden hat.

2. Morphologische Untersuchungen des Bodenprofils

In dem Maße, wie gegenüber dem Trachten nach Erhöhung der augenblicklichen Rentabilität der Gesichtspunkt der dauernden Erhaltung der Bodenfruchtbarkeit in den Vordergrund trat, machte sich der Bedarf nach Methoden der Bodenuntersuchung, die eine Kontrolle der Bodenfruchtbarkeit ermöglichten, immer dringender geltend.

Der praktische Zweck der landwirtschaftlichen Bodenuntersuchung ist nicht die Bestimmung des einen oder anderen Bodenbestandteils, sondern die Erkenntnis aller die Fruchtbarkeit bedingenden Eigenschaften des Bodens. Man darf sich daher nicht mit der Untersuchung einer aus dem Zusammenhang gerissenen Bodenprobe im Laboratorium begnügen, sondern muß zunächst den gewachsenen Boden an Ort und Stelle betrachten. Die erste Arbeit, die in Frage kommt, ist die Ermittlung der Tiefe der Bodenkrume; über die Tiefgründigkeit des Bodens wird man sich vielfach schon auf Grund von Geländeaufschlüssen an Böschungen, Straßeneinschnitten usw. unterrichten können. Einen genaueren Einblick in den Bau des Bodenprofils bekommt man dadurch, daß man eine Grube aushebt und die verschiedenen Schichten betrachtet, die sich an den Wänden dieser Grube zeigen. Die Ausbildung und Lage der Bodenhorizonte läßt sich mit Hilfe der Farb- und Festigkeitsunterschiede feststellen.

Im Hinblick auf landwirtschaftliche Zwecke besonders lehrreich ist das Studium der Durchwurzelung des Bodens, da die Kenntnis der *durchwurzelten* Schicht für die Bestimmung der Bodenmenge, die von der Pflanze ausgenutzt wird, Voraussetzung ist.

Wesentlich ist ferner die Feststellung des Garezustandes des Bodens. Hierzu sticht man bis zu einer Spatentiefe aus der Krume eine etwa 5—10 cm dicke Schicht ab und prüft diese mit einem Kratzer auf die Krümelung bzw. auf das Auftreten einer Pflugsohle oder verdichteter Schollen, welche die Ausbreitung der Wurzeln verhindern. Man bekommt auf diese Weise ein gutes Bild davon, bis zu welchem Grade die Bearbeitung des Bodens ihrer Aufgabe, eine gute Bodengare zu schaffen, gerecht geworden ist.

Um den Arbeitsaufwand, der mit der Bearbeitung eines Bodens verbunden ist, festzustellen, mißt man entweder den Widerstand, den ein Boden dem Eindringen eines fallenden Spatens entgegenstellt, oder die Kraft, welche notwendig ist, um einen Keil in den Boden zu treiben. Man kann sich auch des Dynamometers bedienen, der zwischen Ackergerät und Zugkraft geschaltet wird und den Widerstand angibt, der sich der Bewegung des Ackergerätes entgegensetzt. *H. Janert* (108) empfiehlt die Anwendung von Bodensonden, die mit einer Vorrichtung zur Messung des Durchdringungswiderstandes des Bodens versehen sind. Im allgemeinen genügt es aber, die Bewertung der Festigkeit des Bodens an Hand der *Spatenprobe* nach *Görbing* gefühlsmäßig auszuführen, indem man den Boden mit den Fingern zerdrückt und ihn dann als zerfallend, locker, fest usw. anspricht.

3. Entnahme von Bodenproben

Die Betrachtung des Bodenprofils in natürlicher Lagerung findet ihre wichtige Ergänzung in Untersuchungen von Bodenproben im Laboratorium. Die erste Voraussetzung dafür, daß die Ergebnisse dieser Untersuchungen richtig ausfallen, ist natürlich die sachgemäße Entnahme der Proben: wenn die Probe den tatsächlichen Verhältnissen nicht entspricht, muß auch die sorgfältigste Untersuchungsmethode irreführende Ergebnisse bringen. Eigentlich dürfte also die Entnahme von Bodenproben nur durch sachverständige Bodenkundler geschehen, was freilich für Massenuntersuchungen von Böden in der Praxis nicht durchführbar ist.

Die Entnahme der Bodenproben aus den verschiedenen Schichten erfolgt bei der Aufgrabung des Profils. Man kann die Proben sowohl in gewachsenem wie in zerkleinertem Zustande entnehmen; sie geben jedoch nur die Verhältnisse an der betreffenden Aufgrabungsstelle wieder, und die Entnahme mehrerer Proben ist daher unerläßlich.

Um die Fehler auszugleichen, die dadurch entstehen können, daß man zufällig auf Profile mit einer vom Gesamtbild abweichenden Beschaffenheit trifft, stellt man sich in der Regel eine Mischprobe aus einer großen Anzahl von Einzelproben her, deren Entnahmestellen über das ganze Feld verteilt sind. Lehmkuppen, kiesige Stellen und andere stark abweichende Bildungen werden bei der Entnahme zur Mischprobe ausgelassen.

Da hauptsächlich die oberste Schicht als Sitz der Wurzeln zu betrachten ist, muß man besonderen Wert darauf legen, daß man eine gleichmäßige Durchschnittsprobe von der gesamten Oberkrume gewinnt. Eine solche zuverlässige Probe kann man nur von einer Fläche erwarten, die in bezug auf Oberkrume und Untergrund gleichmäßig ist, wovon man sich durch Anbohren an verschiedenen Stellen überzeugt.

Anhaltspunkte für die Beurteilung der Gleichmäßigkeit eines Bodens liefert auch der natürliche Pflanzenbestand, vor allem die Unkrautflora, da manche Unkräuter als *Leitpflanzen* für den Gehalt des Bodens an gewissen Stoffen anzusehen sind. Reichen die Wurzeln einer Pflanze tiefer hinab als die Oberkrume, wie es z. B. bei der Luzerne, auch bei Rüben und Obstbäumen der Fall ist, so ist auch der Untergrund bis zu der Tiefe, zu welcher die Wurzeln gehen, zu untersuchen.

Steine im Boden erschweren die Probenahme außerordentlich, da Steingehalt die entnommenen Muster großen Schwankungen unterwirft. Bei der Berechnung der Bodenmenge, die den Pflanzen im Felde zur Verfügung steht, muß man natürlich diesen Steingehalt berücksichtigen, da er die tatsächliche Bodenmenge verkleinert. Die Bodenuntersuchung selbst führt man an abgesiebtem Boden durch.

Da die morphologische Betrachtung des Bodens ergibt, daß der Pflanze jeweils ein gewisses Bodenvolumen zur Verfügung steht, erscheint es naheliegend, auch die Untersuchungsergebnisse auf die Volumeneinheit des Bodens zu beziehen. Dem steht aber gegenüber, daß der Boden nicht gleichmäßig gelagert und sein Volumen ständigen Veränderungen unterworfen ist. Es ist daher schwer, bei einer Wiederholung der Analyse zu vergleichbaren Ergebnissen zu gelangen. Allgemein ist man, um vergleichbare Ergebnisse zu erzielen, dazu übergegangen, die Gewichtseinheit des festen, trockenen Bodens als Grundlage zu wählen.

Um von dem Gewicht wieder zum Volumen des Bodens, das den praktischen Maßnahmen der Landwirtschaft zugrunde liegt, zurückzugelangen, muß man das spezifische Gewicht der festen Bodenteilchen sowie das von Wasser und Luft ausgefüllte Hohlraumvolumen des Bodens ermitteln. Im allgemeinen rechnet man angenähert das Gewicht einer Bodenschicht von 10 cm Tiefe je ha zu $1\frac{1}{2}$ Millionen Kilogramm.

4. Die mechanische Bodenanalyse

Um ein Bild von den allgemeinen physikalischen Eigenschaften eines Bodens und ihrer Beeinflussung durch bestimmte Maßnahmen der Bodenpflege zu gewinnen, nimmt man am Boden eine Reihe von physikalischen Untersuchungen vor.

Das am meisten übliche Hilfsmittel zum Erkennen der Bodenart ist die Fingerprobe, ein Reiben des Bodens zwischen Daumen und Zeigefinger.

Sand hinterläßt bei der Fingerprobe in den Hautriefen keine deutlichen Spuren (höchstens Abfärben von Eisenhydroxyd).

Schwach anlehmiger Sand und anlehmiger Sand fühlen sich nicht bindig oder klebrig an. Bleibt in den Hautriefen ein Fleck in voller Größe der Reibefläche, so handelt es sich um anlehmigen Sand, ist er kleiner oder unvollständig, um schwach anlehmigen Sand.

Schwach lehmiger Sand fühlt sich deutlich bindig und klebrig an, ist aber noch nicht plastisch. Zwischen den Handflächen läßt er sich nicht ausrollen.

Lehmiger Sand ist deutlich plastisch; zwischen den Handflächen ist er ausrollbar, bis über Bleistiftstärke, er ist auch als Kugel formbar.

Sandiger Lehm ist ausrollbar bis unter Bleistiftstärke.

Lehm ist so plastisch, daß sich kleine Figuren daraus formen lassen. Bei Fingerprobe bleibt die Schmierfläche völlig stumpf, bei stärkerer Druckanwendung ist deutlich Sand fühlbar. Am Ohr ergibt die Fingerprobe ein leicht knirschendes Geräusch.

Toniger Lehm zeigt eine mattglänzende Schmierfläche. Die Fingerprobe am Ohr ergibt kein knirschendes Geräusch.

Ton ist bei der Fingerprobe hochglänzend und hat eine leichtgleitende Schmierfläche.

Schluff fühlt sich in trockenem Zustand zwischen den Fingern wie Mehl an, haftet im Gegensatz zu Ton nicht an Papier oder in den Hautriefen. Im Gegensatz zum Feinsand sind die Körner mit bloßem Auge weder zu sehen noch zu fühlen.

Um zahlenmäßig festzustellen, in welchem Verhältnis die verschiedenen Korngrößen an der Zusammensetzung des Bodens beteiligt sind, nimmt man die sogenannte mechanische Bodenanalyse vor.

Wichtig sind bei dieser Bestimmung vor allem die kolloidalen Bestandteile, da sie auf die Struktur des Bodens in natürlicher Lagerung von bestimmendem Einfluß sind. Bei der Abgrenzung der Korngruppen hat man sich auf Grund internationaler Vereinbarungen auf die Skala von *Atterberg* geeinigt, nach welcher die Korngrößen wie folgt abzugrenzen sind:

Korngröße mm	Bezeichnung der Korngruppe
über 20	Steine
20—2	Kies, Grand
über 2	Grobboden
unter 2	Feinboden
2 —0,2	Grobsand
0,2 —0,02	Feinsand
0,02—0,002	Schluff
unter 0,002	Feinstes (Rohton)

Um die durch verschiedenen Steingehalt bedingten Schwankungen auszuschalten, werden die Steine aus der zur Untersuchung gelangenden Bodenprobe entfernt und die Untersuchung an dem von Steinen befreiten Boden vorgenommen. Um die Verhältnisse des Freilandes aber dann noch richtig beurteilen zu können, muß man den Steingehalt mit berücksichtigen, d. h. man muß vorher den Steingehalt bestimmen. Dazu untersucht man gleich im Freien bei der Probenahme eine größere Bodenprobe von 15 bis 30 kg, bei welcher der Steingehalt dem Durchschnitt entspricht, auf die in ihr enthaltene Menge an Steinen, indem man sie durch ein Sieb von 2 cm Maschenweite wirft. Diese Bestimmung ist insofern von Bedeutung, als auch der Steingehalt des Bodens wichtig ist, denn einerseits nehmen die Steine im Boden den Pflanzenwurzeln Platz weg, andererseits können sie aber auch eine günstige Wirkung auf den Boden ausüben, indem sie Wärme speichern. Die Beweglichkeit des Wassers im Boden wird durch einen Gehalt an Steinen vergrößert, so daß das Wasser leichter versickert und der Boden trockner wird; wenn Steine an der Bodenoberfläche liegen, können sie aber andererseits auch die Verdunstung von Feuchtigkeit aus dem Boden einschränken.

Von dem Boden, der durch das 2-cm-Sieb gegangen ist, wiegt man etwa 1 kg ab und läßt diesen durch ein 2-mm-Sieb gehen. Man bestimmt das Gewicht des Siebrückstandes, der den sogenannten Kies mit einem Teilchendurchmesser von 2 bis 20 mm darstellt. Für die Untersuchungen im Laboratorium wird gewöhnlich nur die Feinerde unter 2 mm Durchmesser benutzt.

Bei der Umrechnung der Analysenergebnisse auf den ursprünglichen Boden muß man seinen Gehalt an Steinen und Kies, der für die Labor-Untersuchungen entfernt wurde, entsprechend berücksichtigen.

Vor der Bestimmung des Anteils der verschiedenen Korngrößenklassen muß man zunächst eine Abscheidung der organischen Bodenteile vornehmen, die sonst einzelne Mineralteilchen zu größeren Aggregaten zusammenfassen würden. Dies geschieht durch Behandeln des Bodens mit 6%igem Wasserstoffsuperoxyd unter Erwärmen, wodurch praktisch die gesamte organische Substanz des Bodens zu Kohlendioxyd und Wasser oxydiert oder doch zu löslichen Produkten umgewandelt wird, die aus dem Boden entfernt werden können. Nach dem Abkühlen werden 150—200 cm^3 n/5 Salzsäure zugesetzt, um das Calciumcarbonat aufzulösen, und die Säure wird dann ausgewaschen. Schließlich wird der Boden noch mit 0,005-n Natronlauge verrührt, wodurch eine weitere Dispersion bewirkt wird. Nachdem der Boden auf diese Weise vorbehandelt ist, wird die gröbste Fraktion, welche Teilchen von 2 mm bis 0,2 mm enthält, durch Absieben getrennt. Dabei benutzt man Messingsiebe, deren Öffnungen einen Durchmesser von 0,2 mm haben. Das Sieben kann trocken geschehen, meist wird man aber den Boden durchschlämmen. Die feineren Fraktionen werden durch ihre Fallgeschwindigkeit in Wasser nach dem *Stokes*schen Gesetz berechnet

$$v = \frac{2g \cdot r^2 \, (s-d)}{9 \cdot \eta}.$$

Darin ist: r = Radius der Teilchen, s = ihr spez. Gewicht, d = das spez. Gewicht der Flüssigkeit, g = die Erdbeschleunigung und η = der Reibungskoeffizient der Flüssigkeit.

Für die Schlämmanalyse können wir in der Formel die folgenden Werte einsetzen:

g = 981 Dyn, s (für Ton): 2,65, d (für Wasser): 1,00, η (für Wasser): = 0,01

Für die Geschwindigkeit von Tonteilchen, die sich im Wasser unter dem Einfluß der Schwerkraft bewegen, können wir also setzen

$$v = \frac{2}{9} \cdot \frac{981\,(2{,}65 - 1)}{0{,}01} \cdot r^2 \cdot = 35\,970\, r^2.$$

Beispiel:

Bei einem Teilchendurchmesser $= 0{,}2$ mm ist $r = 0{,}01$ cm. Die Fallhöhe sei 10 cm. Es ergeben sich folgende Fallzeiten:

$$\text{Fraktion } 0{,}2\,\text{mm:}\quad v = 35970 \cdot 0{,}0001 = \frac{10}{t_1}$$
$$t_1 = 2{,}78''$$
$$0{,}02\,\text{mm:}\quad v = 35970 \cdot 0{,}000001 = \frac{10}{t_2}$$
$$t_2 = 278'' = 4'\ 38''$$
$$0{,}002\,\text{mm:}\quad v = 35970 \cdot 0{,}00000001 = \frac{10}{t_3}$$
$$t_3 = 27800'' = 7\,\text{h}\ 43'\ 20''$$

Genaue Bestimmungen verlangen für jede Temperatur den genauen Wert für η und für d, da beide von der Temperatur abhängig sind. Das spez. Gewicht des verwendeten Bodens muß bei feinen Messungen stets experimentell bestimmt werden.

Man unterscheidet zwei verschiedene Arten von *Schlämmethoden:*

1. Die *Spülmethoden,* bei welchen die Teilchen verschiedener Größe in einem senkrecht nach oben fließenden Wasserstrom getrennt werden, und
2. die *Sedimentiermethoden,* bei welchen das Fallen der Bodenteilchen im stehenden Wasser zur Trennung benutzt wird.

Bei den Spülmethoden nach *Schoene* oder *Kopetzki* wird eine Bodenaufschlämmung, die man vorher in einer Schüttelmaschine herstellte, in den Spülapparat gefüllt, der aus Zylinderröhren von verschiedenen Durchmessern besteht. Beim Durchfließen des Wassers stellt sich in jeder Röhre bei gleicher Durchflußmenge des Wassers eine bestimmte Geschwindigkeit ein, die so berechnet ist, daß sie nach dem *Stokes*schen *Gesetz* der Fallgeschwindigkeit der Teilchen, die man in dem betreffenden Zylinder zurückhalten will, gleich ist. Die Schlämmung ist beendet, wenn das Wasser aus dem weitesten Zylinder völlig klar abfließt.

Bei den Sedimentierverfahren läßt man die Teilchen in stehendem Wasser sich absetzen und beobachtet die Zeiten, in denen das Absetzen erfolgt. Während man bei den älteren Apparaten den Boden mehrmalig in bestimmten Zeiträumen abschlämmte, haben *Sven Oden* (110) und *Wiegner* (111) die Schlämmmethode dadurch vervollkommnet, daß sie die Fallkurve der verschiedenen Bodenteilchen durch Beobachtung der durch das Absinken der Bodenteilchen bedingten Änderung des spezifischen Gewichtes der Bodenaufschlämmung kontinuierlich verfolgten. *Köhn* (112) und *Köttgen* (113) haben die Schlämmanalyse durch Ausbildung eines *Pipettierverfahrens* besonders für praktische Zwecke verbessert. Bei der Pipettiermethode wird die Bodenaufschlämmung nach gutem Schütteln in den Schlämmzylinder eingefüllt, mit Wasser bis zu einem bestimmten Volumen aufgefüllt und nach nochmaligem gründlichen

Umschütteln der Sedimentation überlassen. Nach einer bestimmten Zeit wird mit einer Pipette in einem gewissen Abstand von der Oberfläche vorsichtig der Suspension eine Menge von 10 cm^3 entnommen. Ebenso entnimmt man nach einer längeren Zeit wiederum 10 cm^3. Die beiden abpipettierten Mengen werden eingedampft und gewogen. Die beim ersten Abpipettieren gefundene Menge Trockensubstanz stellt die Summe von Ton und Schluff dar, die beim zweiten Mal gefundene Menge gibt ein Maß für den Gehalt an Ton. Von *Casagrande* und *Zunker* sind Aräometer-Methoden zur Korngrößenbestimmung entwikkelt worden, die darauf beruhen, daß die Dichte der Bodenaufschlämmung während der Sedimentation abnimmt.

Einen wesentlichen Einfluß auf die Ergebnisse der Schlämmethode hat die Vorbehandlung des Bodens, die eine unterschiedliche Aufteilung der kleinsten Teilchen bewirkt.

Nach internationaler Festsetzung unterscheidet man zwei Methoden der *Vorbereitung für die mechanische Bodenanalyse:*

a) Das Behandeln ohne chemische Hilfsmittel,

b) das Behandeln mit chemischen Hilfsmitteln zwecks Aufteilung in die einzelnen Texturelemente.

Um vergleichbare Werte zu erhalten, wendet man im allgemeinen die zweite Methode an.

Bei der Untersuchung des Bodens ohne aufteilende Vorbehandlung ist man bemüht, die tatsächliche Struktur des Bodens zu erkennen. Dies ist zwar nicht einwandfrei möglich, da ein großer Teil der Krümel des Bodens schon durch das Wasser zersetzt wird; immerhin aber erfaßt man wenigstens die besonders widerstandsfähigen Krümel, die der Behandlung mit Wasser Widerstand leisten, weil sie durch die Klammerwirkung mehrwertiger Kationen zusammengehalten werden. Die Krümelung wird nach *Vageler-Alten* durch den *Strukturfaktor* $\frac{\text{Ton I} - \text{Ton II}}{\text{Ton I}} \cdot 100$ gekennzeichnet. Hierin bedeutet Ton I die in dem vorbehandelten, Ton II die in dem nicht vorbehandelten Boden gefundene Menge Ton.

5. Untersuchung des Wasserhaushalts des Bodens

Die mechanische Bodenanalyse soll vor allem eine Anschauung vom Wasserhaushalt des Bodens vermitteln, da Durchlässigkeit und Kapillarität weitgehend von der Textur des Bodens abhängen. Bei der Wichtigkeit, die dem Verhalten des Bodens gegen Wasser zukommt, versucht man außerdem, durch direkte Bestimmungen nähere Einblicke in seinen Wasserhaushalt zu gewinnen.

Zur Bestimmung der *Wasserkapazität* füllt man den lufttrockenen, abgesiebten Boden in einen Metallzylinder, der unten mit einem Drahtnetz und Filtrierpapier verschlossen ist, und läßt ihn von unten sich mit Wasser sättigen. Man nimmt den Zylinder dann aus dem Wasser heraus, stellt mittels Filtrierpapier eine Kapillarverbindung zwischen dem Drahtnetz und einer etwas tiefer liegenden Wasseroberfläche her und wiegt bis zur Gewichtskonstanz. Nach *Zunker* geschieht die Bestimmung des Wasserhaltungsvermögens an Bodenproben, die durch Eintreiben eines Zylinders in naturfeuchtem Zustande volumenmäßig dem gewachsenen Boden entnommen sind.

Zur Bestimmung des *Porenvolumens* messen *Vageler* und *Alten* (114) den *linearen Schrumpfungs*koeffizienten. Ein mit 80% der minimalen Wasserkapazität versetzter Boden wird in ein Schälchen von genau 10 cm lichtem Durchmesser mit genau senkrechten Wänden eingepreßt. Die Oberfläche wird sorgfältig geglättet, das gefüllte Schälchen wird gewogen, zur Gewichtskonstanz getrocknet und wieder gewogen. Der Schrumpfungskoeffizient ergibt sich aus der Differenz zwischen dem Durchmesser der trockenen und der feuchten Bodenscheibe. Der Luftgehalt des nassen Bodens bei 80% Sättigung berechnet sich aus der Differenz zwischen dem Volumen des Schälchens minus dem Wasser und dem durch sein spezifisches Gewicht dividierten Bodentrockengewicht. Die Volumenprozente Wasser im nassen Boden ergeben sich aus dem Gewichtsverlust beim Trocknen; die Volumenprozente feste Substanz berechnet man schließlich als Differenz.

Zur Bestimmung der *Hygroskopizität* wird nach *Janert* (115) die *Benetzungswärme* benutzt. Das ist die Wärmemenge, die der absolut trockene Boden bei der Einführung in Wasser bei Zimmertemperatur entwickelt. Man bestimmt sie kalorimetrisch. Nach *Mitscherlich* (116) wird die *Hygroskopizität* direkt bestimmt, indem man Boden in trockenem Zustande bei Zimmertemperatur in einem Exsiccator über 10%iger Schwefelsäure aufstellt und die Gewichtszunahme ermittelt.

Vageler (117) empfiehlt die Bestimmung der *kapillaren Steighöhe* im laboratoriumsmäßig präparierten Boden. Er sieht in dieser nicht ein Maß der tatsächlich im Boden wirksamen Kapillarkräfte, sondern ein Maß für die Dicke der Bodenschicht, in der die Reibung des Wassers so groß geworden ist, daß ein Transport von Wasser in flüssiger Form nicht mehr merkbar durch sie hindurch stattfindet.

6. Bestimmung des Kalkgehaltes

Bei einer chemischen Untersuchung des Bodens steht das Bestreben im Vordergrunde, den Gehalt des Bodens an gewissen Pflanzennährstoffen, die in einer pflanzenaufnehmbaren Form vorliegen, zu bestimmen. In erster Linie wurde diese Art der Bodenuntersuchung zur Bestimmung des Kalkbedarfs der Böden angewandt, da das Auftreten von Kalkmangel in Düngungsversuchen nicht rechtzeitig zu erkennen ist.

In Böden, die stark kalkhaltig sind, bestimmt man den Gehalt an kohlensaurem Kalk durch Messung der Kohlensäure, die beim Behandeln mit Säure entweicht.

Ungleich wichtiger ist die Untersuchung kalkarmer Böden. Die Bestimmung des Kalkbedarfs muß unter zwei Gesichtspunkten erfolgen, nämlich einmal im Hinblick auf die Beseitigung der sauren Bodenreaktion, zum anderen Male hinsichtlich der Beeinflussung der physikalischen Struktur des Bodens durch den Kalk. Zur Bestimmung des Kalkzustandes nimmt man zunächst die Bestimmung der p_H-*Zahl,* die eine Bodensuspension in einer 1-n Chlorkaliumlösung aufweist, vor; an der Höhe der p_H-Zahl läßt sich erkennen, ob bei einem Boden die Gefahr besteht, daß die *Austauschazidität* ein die Pflanzen schädigendes Ausmaß annimmt.

Die Austauschazidität des Bodens selbst bestimmt man dadurch, daß man den mit Chlorkaliumlösung ausgeschüttelten Boden filtriert und das Filtrat titriert. Bei wiederholter Vornahme der Ausschüttelung mit neuen Mengen Chlorkaliumlösung tritt erneut Austauschazidität auf; man berechnet gewöhnlich den Gesamtwert der Austauschsäure, indem man die bei der ersten Titration erzielten Werte mit 3,5 multipliziert. Aus der Laugenmenge, die man zur Beseitigung der Austauschazidität benötigt, kann man die Menge Calciumcarbonat bestimmen, die man theoretisch zur Neutralisation des Bodens braucht.

Die Bestimmung der *hydrolytischen Azidität* erfolgt in gleicher Weise wie die der Austauschazidität, nur verwendet man zum Ausschütteln Calciumacetat. Die hydrolytische und die Austauschsäure stellen keine verschiedenen Arten der Bodensäure dar; sie kennzeichnen lediglich die Haftfestigkeit der H'-Ionen, die sich mit zunehmendem p_H vergrößert. *Kappen* (118) benutzt die hydrolytische Azidität, um die Kalkmengen zu berechnen, die erforderlich sind, um den Aziditätsgrad saurer Mineralböden auf bestimmte p_H-Zahlen zu bringen.

Den *Sättigungsgrad* des Bodens bestimmt man nach *Kappen,* indem man den Boden mit einem Überschuß an Säure stehen läßt und dann zurücktitriert. Aus der im Boden zurückbleibenden Säuremenge berechnet sich die Menge der austauschbaren Basen *(S).* Die Größe *T—S* berechnet man aus der hydrolytischen Azidität, indem man den aus der ersten Titration ermittelten Wert mit dem empirischen Faktor 6,5 multipliziert. Man erhält auf diese Weise die zur Berechnung des Sättigungsgrades $V = \frac{100 \cdot S}{T}$ benötigten Werte.

Nach den Methoden von *Jensen* (119) und *Goy* (120) wird der Boden *elektrometrisch* titriert und die Änderung der p_H-Zahl der Bodenaufschlämmung bei stufenweisem Zusatz von Neutralisationsmitteln messend verfolgt. Mit Hilfe der so ermittelten Reaktionszahlen wird die *Titrationskurve des Bodens* konstruiert. Durch Interpolation lassen sich dann die Basenmengen ermitteln, die erforderlich sind, um der Bodenaufschlämmung die p_H-Werte 5,5 bzw. 7,7, die dem Auftreten der Austausch- bzw. hydrolytischen Azidität entsprechen, zu erteilen. Nach der Methode *Schachtschabel* werden 10 g Boden mit 25 cm^3 n-Calciumacetat-Lösung (p_H 7,4—7,6) versetzt und aus dem p_H der Acetat-Aufschlämmung der Kalkbedarf für einen p_H-Wert des Bodens von 7 errechnet. Dieser für p_H 7 bestimmte Kalkwert kann weiter auf beliebige andre p_H-Werte umgerechnet werden (121).

7. Das Redoxpotential des Bodens

Bei jeder Verwitterung der anorganischen Bestandteile des Bodens sowie bei der Zersetzung der organischen Substanz, sind Reduktions- und Oxydationsvorgänge beteiligt. Bei diesen Prozessen werden Elektronen abgegeben oder aufgenommen. Die Tendenz zur Elektronenabgabe oder -aufnahme kann elektrometrisch bestimmt werden, indem man z. B. eine Platinelektrode als Meßelektrode und eine Elektrode mit konstantem Potential (Normal-Wasserstoffelektrode) als Bezugselektrode verwendet. Das auf diese Weise gemessene Potential wird mit E_h bezeichnet. Die Benutzung des Redox-Potentials des Bodens als Kennzeichen für den Boden wurde bereits von *Remesow* vorgeschlagen. Bisher konnte sie sich aber wegen der mit der Bestimmung verbundenen Schwierigkeiten nur wenig durchsetzen. In jüngster Zeit ist diese Methode von *Flaig, Scharrer* und *Judel* (122) durch Vervollkommnung der elektrometrischen Bestimmung des Redox-Potentials in Bodenauszügen sowie durch die notwendige Berücksichtigung des p_H-Wertes der zu messenden Lösung wesentlich genauer gestaltet worden.

Bei den vorgenommenen Untersuchungen wurden charakteristische Unterschiede im Redox-Potential des natürlichen und des landwirtschaftlich genutzten Bodens festgestellt. Während die einzelnen Horizonte, z. B. in Waldböden, starke Unterschiede des Redox-Potentials aufwiesen, zeigten die landwirtschaftlich genutzten Böden in den verschiedenen Horizonten nur wenig Unterschiede, was als Folge der Verbesserung dieser Böden durch Düngung und Fruchtfolge anzusehen ist. Eine gute Durchlüftung des Bodens verschiebt allgemein das Redox-Potential zugunsten der Oxydation, eine starke Entwicklung des Mikrobenlebens zugunsten der Reduktion.

8. Chemische Methoden zur Bestimmung des Düngerbedarfs der Böden

Als ein besonders wichtiges Aufgabengebiet der Bodenuntersuchung betrachtet die Landwirtschaft die Bestimmung des Düngerbedarfs der Böden. Nachdem *Liebig* erkannt hatte, daß die Pflanze dem Boden gewisse Elemente entnimmt, um ihren Körper aus ihnen aufzubauen, und daß ihr Wachstum davon abhängt, ob diese Stoffe in genügender Menge vorhanden sind, schien es verhältnismäßig leicht zu sein, sich über den Düngerbedarf des Bodens durch eine chemische Analyse zu unterrichten: Man brauchte offenbar nur zu ermitteln, welche Mengen der verschiedenen Elemente eine gute Ernte dem Boden entzieht, und vergleichend festzustellen, welche Mengen dieser Elemente der Boden enthielt. Allerdings erforderte eine solche Analyse eine außerordentliche Exaktheit. Die Trockenmasse der Ackerkrume eines Hektars von 20 cm Tiefe beträgt etwa 3 Millionen kg, und der Nährstoffentzug je ha schwankt zwischen 30 und etwa 300 kg Nährstoff: eine Bodenuntersuchungsmethode müßte daher so genau arbeiten, daß in der Menge eines Nährstoffs Unterschiede von 0,001% bis 0,01% noch mit Sicherheit festzustellen sind.

Die Agrikulturchemie schlug zunächst den Weg der *chemischen Bodenuntersuchung* ein und versuchte, die Düngebedürftigkeit der Böden mit Hilfe der Bestimmung ihres Gesamtgehaltes an Nährstoffen festzustellen. Es zeigte sich aber bald, daß diese Methode nicht zum Ziele führte. Zwar konnte die chemische Totalanalyse das Kapital an Nährstoffen, das in einem Boden enthalten ist, ermitteln; sie konnte aber über die Nährstoffmenge, welche der Boden im Laufe einer Vegetationsperiode an die Pflanze abgeben kann, nichts aussagen. Man gelangte daher bald dazu, die Brauchbarkeit der Bodenanalyse für landwirtschaftliche Zwecke gering einzuschätzen und ihr nur in Fällen, in denen es sich um die Feststellung der in einem Boden enthaltenen Gesamtreserve an Nährstoffen handelte, Wert zuzuerkennen, z. B. in der forstlichen Bodenkunde.

Das Versagen der chemischen Bodenanalyse hat seinen Grund darin, daß der Pflanze nicht die gesamte Menge der chemisch — etwa durch den Aufschluß mittels starker Säuren — feststellbaren Bodennährstoffe zur Verfügung steht, sondern nur der Teil derselben, der eine bestimmte Löslichkeit besitzt. Man versuchte, dieser Tatsache Rechnung zu tragen, indem man an Stelle der Bauschanalyse die Bestimmung der Nährstoffe in Auszügen des Bodens mit verdünnten Säuren vornahm, die in ihrer lösenden Wirkung dem Aufschließungsvermögen der Pflanzenwurzeln gleichkommen sollten. So verwendete *Dyer* (123), da er gefunden hatte, daß die saure Reaktion von Pflanzenwurzeln ungefähr derjenigen von 1- bis 2%iger Zitronensäure entsprach, zur Bestimmung des Phosphorsäuregehalts der Böden eine 2%ige Zitronensäure. *König* und *Hasenbäumer* (124) bedienten sich einer 1%igen Zitronensäurelösung, um den Gehalt eines Bodens an pflanzenaufnehmbarem Kali zu bestimmen.

Es erwies sich jedoch als unmöglich, die Wirkung der Düngung auf Grund des Ausfalls einer derartigen Bodenuntersuchung vorherzusagen. Offenbar erfolgt der Aufschluß der Bodennährstoffe durch die Pflanzenwurzeln in einer Weise, die der Einwirkung der verdünnten Säuren nicht entspricht.

Da es die von den Pflanzenwurzeln entwickelte Kohlensäure ist, die zum Auftreten von Wasserstoffionen im Boden führt, versuchte *Mitscherlich* den Boden durch kohlensäurehaltiges Wasser aufzuschließen. Die Ergebnisse langjähriger Arbeiten führten ihn aber zu der Überzeugung, daß die chemische Bodenanalyse nicht in der Lage ist, die Nährstoffmengen, welche die lebende Pflanze aufnehmen kann, richtig wiederzugeben.

Dirks und *Scheffer* (125) betrachten die in der Bodenlösung befindliche Nährstoffmenge als die hauptsächliche Nahrungsquelle der Pflanze. Um diese Menge zu bestimmen, behandeln sie den Boden unterhalb einer p_H-Zahl von 6,5 mit einer Calcium-Bicarbonatlösung, oberhalb dieser Zahl mit destilliertem Wasser.

Auch die Methode von *v. Wrangell-Andronikow* (126) geht von der Annahme aus, daß die Pflanzen bei der Aufnahme von Nährstoffen aus dem Boden auf die in der Bodenflüssigkeit gelösten Mengen angewiesen sind; sie bestimmt daher die Löslichkeit und die Lösungsgeschwindigkeit der im Boden vorhandenen Nährstoffe.

Die den letztgenannten Methoden zugrunde liegende Anschauung, daß die Pflanze ihre Nahrung ausschließlich aus der Bodenlösung aufnimmt, ist offenbar unrichtig; denn bei direkter Berührung der Pflanzenwurzeln mit den Oberflächen fester Bodenteilchen können auch aus diesen Nährstoffe in die Pflanze übergehen. Als man später auch diese Art der Nahrungsaufnahme berücksichtigte, nahm man an, daß für sie besonders die leicht austauschbaren Stoffe in Betracht kämen, und suchte durch eine Ermittlung der in austauschfähiger Form vorliegenden Nährstoffe zu einem richtigen Bild des Düngerbedarfs zu gelangen. Man bestimmte hierzu die *Gesamtmenge der adsorptiv gebundenen Basen* durch Behandeln des Bodens mit Ammoniumsalzen.

Bei dem Versuch, auf diesem Wege den Wert S, der die Basensättigung des Bodens angibt, zu bestimmen, ergibt sich jedoch aus der Tatsache, daß sich im Boden ein Gleichgewicht einstellt, die Unmöglichkeit, durch ein einmaliges Behandeln des Bodens den Wert S in seiner Gesamtheit zu erfassen. Man wird stets nur Bruchteile von S bestimmen, deren Größe von den zufälligen Bedingungen des Bodens stark abhängig ist, so daß die Ergebnisse nicht vergleichbar sind.

Vageler (127) benutzt daher als Vergleichsbasis die Grenzwerte von S, die man erhalten würde, wenn man unendlich große Mengen eines verdrängenden Ions auf einen Boden einwirken ließe. Von der Annahme ausgehend, daß die Verdrängung nach einer Formel $y = \frac{x \cdot S}{x + q \cdot S}$ (siehe Seite 69) erfolgt, läßt er zwei verschiedene Mengen eines verdrängenden Ions auf eine bestimmte Menge Boden einwirken und benutzt diese beiden Werte, um den Verlauf der ganzen Verdrängungskurve zu ermitteln.

Der Gedanke, die P_2O_5-Menge, die beim Ausschütteln des Bodens in Lösung geht, im Verhältnis zu der Gesamtmenge des P_2O_5 zu bestimmen und die relative Löslichkeit als Maß für die Aufnehmbarkeit des P_2O_5 zu betrachten, liegt der Methode von *Lemmermann* (128) zugrunde.

Köttgen (129) unterwirft einen Boden der *Elektrodialyse* und bestimmt durch fortgesetzte Entnahme von kleinen Proben die Geschwindigkeit, mit der die Bodennährstoffe in Lösung gehen. Er erhält auf diesem Wege charakteristische Kurven für die verschiedenen Böden.

Auch die Methoden, welche den Boden mit verschiedenen Säuren behandeln, sind als Verfahren zur Bestimmung der austauschfähig gebundenen Nährstoffe zu betrachten. Um vergleichende Resultate zu ermöglichen, muß man darauf achten, daß die Wasserstoffionenkonzentration, welche auf den Boden wirkt, jeweils die gleiche ist. *v. Sigmond* (130) sucht diese Bedingung dadurch zu erfüllen, daß er entsprechend dem Gehalt des Bodens an Carbonaten zur Herstellung der Bodenausschüttlung eine verdünnte Salpetersäure von solcher Konzentration wählt, daß die Endazidität der Bodenlösung einer $\frac{\mathrm{n}}{100}$ Säure entspricht.

Das gleiche sucht man durch Behandeln des Bodens mit Pufferlösungen, die stets die gleiche p_H-Zahl erzeugen, zu erreichen. Ein derartiges Verfahren ist die *Methode von Egner-Riehm* (131) zur Bestimmung der leichtlöslichen Phosphorsäure und des leichtlöslichen Kalis mit einer Laktatmischung. Diese Methode ist als Schnellmethode zur serienweisen Massenuntersuchung von Böden ausgestaltet worden, die es ermöglicht, die Untersuchung einer sehr großen Zahl von Böden zu bewältigen.

Eine Schnellmethode zur Bestimmung des pflanzenaufnehmbaren Magnesiums wurde von *P. Schachtschabel* (132) ausgearbeitet. Sie beruht auf der Verdrängung des austauschbaren Magnesiums durch eine verdünnte $CaCl_2$-Lösung und der kolorimetrischen Bestimmung des in Lösung gegangenen Magnesiums mit Titangelb.

9. Biologische Methoden der Bodenanalyse

Die im Gange chemischer Methoden sich ergebende Schwierigkeit, den Boden genau so aufzuschließen, wie es die Pflanzenwurzeln tun, veranlaßte *Neubauer* (133), Roggenkeimpflanzen als Aufschlußmittel für den Boden zu benutzen. Bei der Anwendung der *Keimpflanzenmethode Neubauers* werden 100 g trockener Boden in kleine Glasschälchen eingefüllt und mit Sand überschichtet; dann werden Roggenkörner eingesät, die man 17 Tage lang sich entwickeln läßt. Nach dieser Zeit spült man den an den Wurzeln haftenden Boden ab, verascht die Keimpflanzen und bestimmt die in ihnen enthaltene Menge Kali und Phosphorsäure. Den gleichen Versuch wiederholt man als Blindversuch in reinem, nährstofffreiem Sand und erhält so die Menge Kali und Phosphorsäure, die in den Keimpflanzen enthalten ist, ohne daß Bodenkalium und Bodenphosphorsäure aufgenommen werden; als aus dem Boden entnommene, pflanzenlösliche Nährstoffe betrachtet man die Differenz.

Bei der *Neubauer*-Methode wird nicht der gesamte Gehalt des Bodens an wurzellöslichen Stoffen erfaßt, da sich zwischen den adsorbierenden Kräften des Bodens und den austauschenden Kräften der Wurzeln ein Gleichgewicht einstellt. Gegenüber der Behandlung des Bodens mit verdünnten Säuren hat aber die Keimpflanzenmethode unzweifelhaft den Vorzug, daß sie diejenige Konzentration und Art der Einwirkung von Kohlensäure und Wasser auf den Boden möglichst genau wiedergibt, die beim Wachstum der Pflanzen herrscht.

Auch die nach der *Neubauer*-Methode gewonnenen Ergebnisse sind nicht ohne weiteres auf die Verhältnisse des Freilandes übertragbar, weil im *Neubauer*-Gefäß infolge der guten Durchwurzelung des Bodens und der optimalen Wasserzufuhr neben den von den Bodenkolloiden adsorbierten Nährstoffen auch die in den Bodenmineralien enthaltenen in ungleich größerem Umfange aufgeschlossen werden, als dies im Freilande möglich ist. Man hat daher mehr oder weniger willkürliche Umrechnungsfaktoren für die einzelnen Pflanzenarten angewendet, um ein Maß für die Aufnehmbarkeit der Nährstoffe im Freiland zu gewinnen. Außerdem muß auch die Beweglichkeit der Bodenlösung berücksichtigt werden, wenn man sich auf Grund der *Neubauer*-Analyse ein Bild von den Verhältnissen im Freilande zu machen wünscht.

Niklas (134) verwendete zur Untersuchung des Bodens auf Phosphorsäure oder Kali einen Pilz, *Aspergillus niger*. Er versetzte eine gewisse Bodenmenge mit einer Zitronensäurelösung, in der alle Nährstoffe des Pilzes außer Kali bzw. Phosphorsäure enthalten sind, so daß der Pilz beim Wachsen seinen Phosphorsäure- oder Kalibedarf aus dem Boden decken muß. Je nach dem Phosphorsäure- oder Kaligehalt des betreffenden Bodens erfolgt die Mycelbildung in verschieden großem Umfange, und die Bestimmung des Mycelgewichts ergibt eine technisch sehr einfache Möglichkeit zur analytischen Erfassung des Phosphorsäure- oder Kaligehalts des Bodens. *Sekera* (135) benutzte den Pilz Aspergillus niger, um einen *Mikrodüngungsversuch* durchzuführen, bei dem er aus dem Auftreten einer Wachstumsförderung des Mycels durch einzelne Nährstoffe Schlüsse auf die Versorgung des Bodens mit diesen Nährstoffen zog.

Die Bestimmung des Gehalts eines Bodens an *pflanzenaufnehmbarem Stickstoff* ist mit Hilfe von Schnellmethoden nicht durchführbar, da der Stickstoffgehalt des Bodens infolge seiner Abhängigkeit von Bakterientätigkeit und Auswaschung im Verlaufe der Vegetationsperiode zu stark schwankt.

Eine pflanzenphysiologische Methode zur Bestimmung des Nährstoffgehalts der Böden, die auch den Stickstoff einbezieht, ist der *Düngungsversuch nach Mitscherlich* (136), da der Verlauf der Ertragskurve bei steigenden Gaben eines Nährstoffs einen Rückschluß auf die bereits im ungedüngten Boden in pflanzenaufnehmbarer Form enthaltene Menge dieses Nährstoffs gestattet. Die Bodenuntersuchung nach *Mitscherlich* wird in Form von Gefäßversuchen vorgenommen; um den Ausschlag zu verfeinern, vermischt man den Boden mit nährstofffreiem Sand.

Schon von *P. Wagner* wurde angeregt, man solle den Nährstoffgehalt der auf einem Boden wachsenden Pflanzen als Mittel zur Kennzeichnung des Nährstoffgehalts des Bodens benutzen, und es war in der Tat möglich, den Kali- und Phosphorsäurebedarf von Wiesen durch eine Heuanalyse zu bestimmen. *Lagatu* (137) wandte die *Blattanalyse* zur *Diagnostik* des Nährstoffbedarfs der Reben an. Später stellte *Lundegardh* (138) fest, daß zwischen der Konzentration der Nährstoffe einerseits und der Pflanze und ihrem Wachstum andererseits ein Zusammenhang besteht. Die Menge eines Nährstoffs in der Pflanze ist von der Aufnahme des betreffenden Nährstoffs aus dem Boden und der Geschwindigkeit seiner Weiterverarbeitung in der Pflanze abhängig. Hat man einmal festgestellt, wie hoch der Nährstoffspiegel sein muß, um optimale Erträge zu gewährleisten, so kann man aus der Beobachtung des *Nährstoffspiegels der Pflanze* ersehen, ob sie ausreichend mit dem betreffenden Nährstoff versorgt ist. Als das geeignetste Organ, um diese Untersuchung durchzuführen, hat sich das Blatt erwiesen. Im Gange der Methode *Lundegardhs* ist auch eine Bestimmung des Stickstoffbedarfs möglich. In Amerika schlug *Hoffer* (139) eine diagnostische Methode zur Bestimmung des Nährstoffbedarfes auf Grund einer Untersuchung der Zusammensetzung bestimmter Gewebe der Maispflanze vor, die von *G. Scarseth, G. Schaer* und *S. Thorton* (140) auch auf andere Pflanzen ausgedehnt wurde.

10. Auswertung der Bodenuntersuchung

Bei jeder Untersuchung von Bodenproben im Laboratorium ist zu bedenken, daß der Boden aus seiner natürlichen Lagerung herausgenommen und zerkleinert, daß also seine Durchdringbarkeit für Luft, Wasser und Wurzeln verbessert worden ist. Die Bodenanalyse kann daher nur angeben, welche Nährstoffmengen ein Boden der Pflanze unter optimalen Bedingungen der Versorgung mit Luft und Wasser und bei bester Durchdringbarkeit zur Verfügung stellt. In der Praxis herrschen derartig günstige Bedingungen nicht; man muß daher bei der Übertragung der Ergebnisse die gefundenen Nährstoffmengen je nach den örtlichen Verhältnissen reduzieren. Dieser Reduktionsfaktor richtet sich einmal nach der Fähigkeit der Pflanzen, Nährstoffe aufzunehmen, zum anderen hängt er von den Eigenschaften der Böden ab, wie z. B. der Beweglichkeit der Nährstoffe im Boden, der Festigkeit ihrer Bindung und dem Verhältnis, in dem sie zu anderen Stoffen anwesend sind.

Die Auswertung der Bodenuntersuchungen zwecks Bestimmung des Düngerbedarfs erfolgte früher in der Weise, daß man die Ergebnisse der Bodenuntersuchung mit denen von Düngungsversuchen verglich und Grenzzahlen aufzustellen versuchte, oberhalb deren eine Düngung sich nicht mehr lohnt. Derartige Grenzzahlen können aber nur für einen engen Bezirk Gültigkeit beanspruchen, nämlich nur für Böden, die denen, an denen die betreffende Methode geeicht wurde, genau entsprechen. Irgendeine Verallgemeinerung der *Grenzzahlen* ist nicht möglich; denn dann zeigt sich beim Vergleichen der Ergebnisse der Bodenuntersuchung mit denen der Düngungsversuche keine Korrelation mehr.

Der Grund hierfür ist ein doppelter. Einmal stellen die Werte, die bei der Bodenuntersuchung gefunden werden, keine absoluten Größen dar. Die Methoden zur Bestimmung des Nährstoffbedarfs der Böden sind konventioneller Art, und ihr Ergebnis hängt von der Genauigkeit ab, mit der die Analysenvorschrift eingehalten wird, weil sonst sofort ein abweichendes Resultat festzustellen ist. Würde man z. B. bei der Phosphorsäurebestimmung die Einwaage verdoppeln, so würde sich ein wesentlich geringerer Gehalt des Bodens an Phosphorsäure ergeben. Der Umstand, daß das Resultat derart von der genauen Einhaltung der Analysenvorschrift abhängt, zeigt, daß den erhaltenen Ergebnissen kein allgemeingültiger Charakter zukommt, wenn sie auch für bestimmte Zwecke sehr nützlich sein mögen. Außerdem hängt auch die Wirkung eines Düngemittels nur zum Teil vom Nährstoffgehalt des Bodens ab; sie wird auch durch andere Faktoren, wie z. B. die Witterung, sehr stark beeinflußt.

Aus diesen Gründen begnügt man sich heute damit, die Böden in schlecht-, mäßig- und gutversorgte einzuteilen, wobei man die Ergebnisse der Bodenuntersuchungen den örtlichen Verhältnissen entsprechend auswertet. Für gut versorgte sowie auch für mäßig versorgte Böden ist dann eine Düngung zu empfehlen, welche einen Ersatz der durch die Ernte entzogenen Nährstoffe bewirkt, während schlecht versorgte Böden durch verstärkte Anwendung der fehlenden Nährstoffe verbessert werden müssen.

Noch wesentlicher für die Tatsache, daß die Bodenuntersuchung die Frage nach der voraussichtlichen Düngerwirkung nicht beantworten kann, ist der Grund, daß die Fragestellung bei der Bodenuntersuchung eine ganz andere ist als beim Düngungsversuch. Ob eine Düngung einen Mehrertrag bewirkt, kann nur der Düngungsversuch feststellen, der aber wiederum nichts darüber aussagt, wie hoch der Nährstoffgehalt des Bodens ist. Umgekehrt kann die Bodenuntersuchung nicht vorhersagen, ob auf einem armen Boden eine Düngerwirkung auch wirklich eintreten oder ob auf einem reichen Boden eine Düngung nicht dennoch eine günstige Wirkung haben wird; sie gibt lediglich an, wie hoch der Gehalt des Bodens an Pflanzennährstoffen in einer bestimmten Löslichkeitsform ist. Daß sich auf Grund einer solchen Auskunft nicht vorherbestimmen läßt, ob eine Düngung sich rentieren wird oder ob die Einsparung einer Düngung ohne Ertragsrückgang möglich ist, versteht sich. Selbst wenn man versucht, durch Vergleichen mit Feldversuchen eine Korrelation aufzustellen, wird diese immer zufälliger Art bleiben.

Der praktische Wert der Bodenuntersuchung liegt auf einem anderen Gebiet, dem der *Nährstoffkontrolle*. Denn die Düngung verfolgt nicht einzig und allein den Zweck, durch Erzielung von Mehrerträgen die Rentabilität des Betriebes zu erhöhen; eine nicht minder wichtige Aufgabe erfüllt sie, indem sie die Fruchtbarkeit des Bodens erhält und dafür Sorge trägt, daß der Boden nicht — wie es vor allem in Kolonialgebieten so häufig geschehen ist — auf Grund einer rücksichtslosen landwirtschaftlichen Nutzung verarmt und für die Landwirtschaft unbrauchbar wird. Die Handhabe, um eine etwaige Verarmung und deren Grad festzustellen, liefert die Bodenuntersuchung.

Die Nährstoffe des Bodens dürfen nur so weit ausgenutzt werden, als sie unter den herrschenden klimatischen Bedingungen von selbst durch Verwitterung löslich werden; denn dies entspricht dem Zustand der Böden, der sich in geologischen Zeiträumen für die betreffenden Verhältnisse als naturbedingt herausgebildet hat. Wenn wir aber durch Maßnahmen, die eine Ertragssteigerung bewirken, den Nährstoffvorrat des Bodens stärker angreifen, so bedeutet dies, daß die Nährstoffe des Bodens in einem größeren Umfange aufgeschlossen werden, als es den natürlichen Gegebenheiten entspricht. Es ist anzunehmen, daß in denjenigen Ländern, die bisher extensiv wirtschafteten und sich mit geringen Erträgen begnügen mußten, bis jetzt ein Gleichgewicht zwischen dem Nährstoffentzug der Ernten und der durch die klimatischen Faktoren bedingten Nährstofflieferung des Bodens bestanden hat. Gelingt es aber, dort durch eine bessere Bodenbearbeitung und den Anbau ertragreicherer Sorten, durch Einführung einer verbesserten Fruchtfolge sowie einer besseren Humuswirtschaft die Erträge zu erhöhen, so müssen dem Boden von vornherein mindestens diejenigen Nährstoffmengen zurückerstattet werden, die ihm die gesteigerten

Erträge — gewissermaßen zwangsweise — entrissen haben. Nur auf diese Art läßt sich ein dauernder Erfolg erzielen und ein Raubbau am Bodenkapital vermeiden, wie er in anderen Ländern nach kurzer Zeit zu sehr schweren Rückschlägen geführt hat. Eine ständige Nährstoffkontrolle des Bodens muß dafür Sorge tragen, daß ein solcher Raubbau unterbleibt; mit ihrer Hilfe kann die Düngung so bemessen werden, daß sie den notwendigen Ersatz verbrauchter Nährstoffe gewährleistet.

11. Untersuchung des Adsorptionskomplexes

Um die Bodenuntersuchung für die Erhaltung der Fruchtbarkeit des Bodens mit Erfolg ausnutzen zu können, darf man nicht bei der früheren statischen Auffassung des Nährstoffhaushalts, die den Boden als ein mit Nährstoffen gefülltes Reservoir betrachtete, stehenbleiben, sondern man muß ihn dynamisch als das Ergebnis der unablässig auf ihn einwirkenden Kräfte auffassen. Im Sinne dieser neuzeitlichen Auffassung steht die Erhaltung des *Adsorptionskomplexes des Bodens* im Brennpunkt aller Maßnahmen der landwirtschaftlichen Bodenpflege, und auch die Düngung muß demselben Zweck dienen, indem sie dem Boden leichtlösliche Nährstoffe in genügender Menge zuführt, so daß die Pflanze nicht genötigt ist, in stärkerem Umfange auf den Nährstoffgehalt des Adsorptionskomplexes zurückzugreifen. In den Mittelpunkt des Interesses tritt damit bei der Bodenuntersuchung an Stelle der Bestimmung einzelner Nährstoffgehalte die Erforschung der Konstitution des Adsorptionskomplexes des Bodens, da dieser es ist, der den Nährstoffgehalt des Bodens regelt.

Der Adsorptionskomplex entspricht im wesentlichen der Ton- und Humusfraktion des Bodens, und man ist neuerdings eifrig bemüht, in die Zusammensetzung dieser Fraktion Licht zu bringen. Von den chemischen Methoden ist hierzu besonders die Bestimmung des Verhältnisses von $Al_2O_3 : SiO_2$ herangezogen worden, da sich auf diese Weise Tone ihren verschiedenen Eigenschaften entsprechend charakterisieren ließen. Die Bestimmung des T-Wertes diente dem gleichen Zweck. Da sich herausstellte, daß die Tonmineralien wenigstens zum Teil kristallin sind, ließ sich die Röntgenspektrographie als wertvolles Hilfsmittel zur Unterscheidung der verschiedenen in der Tonfraktion vorliegenden Mineralien einsetzen. Auch im Elektronenmikroskop waren die einzelnen Tonmineralien zu erkennen, und gerade die unmittelbare Anschauung zeigte deutlich, daß es unbedingt notwendig ist, die qualitative Zusammensetzung des Tons zu klären, ehe man daran denken kann, quantitative Untersuchungen erfolgreich durchzuführen.

12. Bestimmung des Humusgehalts

Auch bei der Untersuchung der *Humusfraktion* ist die Ermittlung der qualitativen Zusammensetzung des Humus dringend notwendig. Man bestimmt gewöhnlich den Gesamthumus, indem man eine Bestimmung des im Boden enthaltenen C vornimmt und aus dem Ergebnis mit einem Umrechnungsfaktor den Humus berechnet. Ein Bild vom Verhalten des Humus im Boden gibt diese Bestimmung allein jedoch nicht, sondern es müssen darüber hinaus Zusammensetzung und Bindungsform des Humus bekannt sein. Um die Humusqualität zu bestimmen, ermittelt man kolorimetrisch eine Reihe von Eigenschaften der Humuslösungen; vor allen Dingen sucht man festzustellen, ob *Braunhumus* oder *Grauhumus* vorliegt.

13. Mikrobiologische Untersuchung des Bodens

Eine wichtige Aufgabe der Bodenkunde, die bisher noch nicht in genügendem Umfange gelöst werden konnte, ist die *mikrobiologische Untersuchung des Bodens.* Ihr stehen deshalb besondere Schwierigkeiten entgegen, weil gerade die mikrobiologischen Verhältnisse im Boden außerordentlich schwankend sind. Um gewisse Anhaltspunkte über die Tätigkeit eines Bodens zu gewinnen, pflegt man die *Ammonifikationskraft des Bodens* zu messen, indem man bestimmte Mengen Boden mit Blutmehl von bekanntem Stickstoffgehalt vermischt und nach Stehenlassen im dunklen Raum bei 50% der Wasserkapazität feststellt, welche Ammoniakmengen gebildet werden. Das *Nitrifikationsvermögen* des Bodens bestimmt man, indem man Boden mit schwefelsaurem Ammoniak mit und ohne Zusatz von Kalk bei 50% der Wasserkapazität im Brutschrank bei 30° stehen läßt und die gebildete Nitratmenge ermittelt. Die *Atmungsgröße* des Bodens erhält man, indem man in einem Adsorptionsapparat durch den Boden Luft hindurchleitet und die entwickelte Kohlensäure in geeigneten Adsorptionsapparaten auffängt. Die *zellulosezersetzende Kraft* des Bodens wird gemessen, indem man dem Boden gemahlenes Filtrierpapier zusetzt und dann wieder unter Luftdurchleiten die gebildete Kohlensäure bestimmt. Das *Stickstoffbindungsvermögen* eines Bodens endlich stellt man fest, indem man dem Boden Dextrose zusetzt, eventuell auch Kalk, Phosphorsäure und Kali, und nach Stehenlassen im Brutschrank die Zunahme des Gesamtstickstoffs ermittelt. *E. Hofmann* (57) kennzeichnet die biologische Tätigkeit der Böden durch Bestimmung der in ihnen gebildeten Fermente (Saccharase und Urease). Alle diese Untersuchungen ergeben aber nur konventionelle Werte, und in Anbetracht der Bedeutung der Mikroorganismen für das Leben des Bodens bleiben daher gerade auf diesem Gebiet für die Bodenkunde noch wichtige Aufgaben zu lösen.

XIX. BODENBEARBEITUNG

1. Aufgabe der Bodenbearbeitung

Der Boden in seiner natürlichen Lagerung befindet sich gewöhnlich nicht in einer Verfassung, die einen erfolgreichen Anbau von Kulturpflanzen gewährleistet: erst die Tätigkeit des Landwirts macht ihn zum Kulturboden. Die Maßnahmen der Bodenpflege, die der Landwirt trifft, wie Bodenbearbeitung, Fruchtwechsel, Düngung beeinflussen den Boden in physikalischer, chemischer und biologischer Hinsicht, wobei bald die eine, bald die andere Seite der Wirkung in den Vordergrund tritt. In ihrer Gesamtheit führen diese Maßnahmen den Zustand des Bodens herbei, den man als Bodengare bezeichnet, einen Zustand, der durch besonders günstige physikalische, chemische und biologische Eigenschaften gekennzeichnet ist.

Aufgabe der Bodenbearbeitung ist es, durch mechanische Einwirkungen den Boden in einen Zustand zu versetzen, wie er den Ansprüchen der Pflanze von der Saat bis zur Ernte am besten genügt. Die Zusammensetzung des Bodens aus kleinsten Teilchen verschiedener Korngröße, seine Textur, ist gegeben und kann durch die Bodenbearbeitung nicht verändert werden; die physikalischen Eigenschaften eines Bodens beruhen jedoch nicht allein auf seiner Textur, sondern werden stark auch durch seine Struktur bestimmt, d. h. durch die Art und Weise, wie die kleinsten Teilchen zu größeren Aggregaten, Krümeln, vereinigt sind. Die Bodenbearbeitung befaßt sich lediglich mit der Zurichtung der einer Bearbeitung zugänglichen obersten Bodenschicht, indem sie eine weitgehende Beeinflussung der Wasserführung, Durchlüftung und Erwärmungsfähigkeit dieses Teils des Bodens durchführt. Die CO_2-Produktion des Bodens wird durch die Bodenbearbeitung gesteigert. Dies ist günstig für das Wachstum der Pflanzen, die auf diese Weise besser mit CO_2 versorgt werden. Andererseits wird aber dadurch der Gehalt des Bodens an organischer Substanz vermindert. Die organische Substanz liegt daher im Ackerboden stets in geringerer Menge vor als im Grünlandboden. Auch die Bodenfauna wird durch die Bodenbearbeitung beeinträchtigt, da zahlreiche Lebewesen dadurch vernichtet werden.

2. Beeinflussung des Wasserhaushalts des Bodens

Die Bodenbearbeitung bewirkt eine Veränderung des Porenvolumens, und zwar wird dieses durch eine Lockerung des Bodens erhöht, durch ein Zusammenpressen verkleinert. Diese Veränderung beeinflußt zu allererst den Wasserhaushalt des Bodens, und da das Wasser von ausschlaggebender Bedeutung für die Höhe der Ernten ist, muß die Bodenbearbeitung danach trachten, den Wasserhaushalt recht sparsam zu gestalten. Der Acker muß so zubereitet werden, daß die Niederschläge rasch in ihn eindringen und in möglichst großem Umfange von ihm festgehalten werden können, ohne daß stauende Nässe eintritt; schließlich muß der Wasservorrat vor Verlusten durch Verdunstung geschützt werden. Dies gilt nicht nur für die Niederschläge, die während der Vegetationszeit fallen, sondern vor allem auch für die Winterfeuchtigkeit, die nach Möglichkeit im Boden aufgespeichert werden muß.

Grobkörnige Sandböden sind fast immer fähig, das Wasser rasch aufzunehmen; hier fällt der Bodenbearbeitung die Aufgabe zu, kleinere Hohlräume zu schaffen, welche die Kapillarität erhöhen. Auf schweren Böden ist dagegen eine starke Lockerung erforderlich, damit auch nichtkapillare Hohlräume, die das Wasser der Niederschläge rasch aufnehmen und weiterleiten, gleichmäßig im Boden verteilt sind. In diesen Böden darf der durch Kapillarität bewirkte Wassergehalt des Bodens nicht so hoch werden, daß das Porenvolumen vollständig mit Wasser erfüllt ist; ein gewisser Teil desselben muß der Luftführung vorbehalten bleiben.

Die im Sinne des Wasserhaushalts der Böden günstigere Struktur, die eine rasche Aufnahme der Niederschläge ermöglicht, sichert in der Regel gleichzeitig eine ausreichende Durchlässigkeit für das absickernde Senkwasser. Hierdurch wird im Porenvolumen ein Verhältnis von Luft zu Wasser eingestellt, das den Pflanzenwurzeln optimale Bedingungen bietet.

Eine bessere Durchlüftung kann mit einer höheren maximalen Wasserführung Hand in Hand gehen. Eine Auflockerung des Bodens bewirkt nämlich eine Steigerung der gewichtsprozentigen Wasserführung neben einer Steigerung des lufthaltigen Porenvolumens, solange die Auflockerung gleichmäßig, also ohne die Bildung größerer Hohlräume, erfolgt. Überschreitet die Auflockerung allerdings ein gewisses Maximum, so sinkt der Wassergehalt wieder, so daß die Durchlüftung stärker zunimmt als das Porenvolumen. Da durch die Bearbeitung sowohl der Wasserhaushalt wie die Durchlüftung gefördert werden sollen, liegt das Optimum der Auflockerung durch die Bearbeitung dort, wo sich eine möglichst gute Durchlüftung ergibt, ohne daß die gewichtsprozentige Wasserführung beeinträchtigt wird. Auf leichten Böden, deren wasserhaltende Kraft an sich nur schwach ist, wird dieses Optimum schon bei verhältnismäßig geringer Auflockerung überschritten; ein Boden mit grobkörniger Struktur und einem geringen Feinerdegehalt darf also nur wenig aufgelockert werden. Böden, die reich an kolloidalen Teilchen sind, erlangen dagegen erst bei stärkerer Auflockerung ein Porenvolumen, bei welchem sich eine gute Durchlüftung mit einer reichlichen Wasserführung verbindet.

Um einen kolloidreichen Boden diesem Erfordernis gemäß zu verbessern, muß man ihn in einem Feuchtigkeitszustande bearbeiten, in dem die einzelnen Krümelaggregate ihren Zusammenhalt wahren, große Krümelverbände dagegen nur noch so locker aneinander haften, daß sie keine festen Klumpen bilden, sondern unter der Einwirkung mechanischer Kräfte zerbröckeln. Der Feuchtigkeitsgehalt des Bodens ist auch auf die Kraft, welche für die Bodenbearbeitung benötigt wird, von Einfluß. Ist ein Boden sehr trocken und sehr hart, so setzt er den Bearbeitungsgeräten einen großen Widerstand entgegen; die Bearbeitung wird um so leichter, je feuchter der Boden ist, jedoch stellt sich zuletzt die Gefahr ein, daß der Boden verschmiert. Der Zusammenhalt der einzelnen Bodenteilchen wird nämlich dann so gering, daß durch den Druck der Bearbeitungsgeräte nicht nur große Schollen, sondern auch die einzelnen Teilchen auseinandergerissen werden, so daß der Boden in Einzelkornstruktur übergeführt wird.

3. Wirkung auf die Bodentemperatur

Durch das Verhältnis von Wasser und Luft im Boden wird auch die Bodentemperatur stark beeinflußt. In einem gut gekrümelten Boden sinkt das Wasser rasch zum Untergrunde ab, so daß die Krume sich leichter erwärmt. Die Temperatur hängt allerdings auch von der Wärmeleitfähigkeit des Bodens ab. Ein fester Boden leitet die eingestrahlte Wärme schneller in die Tiefe als ein lockerer, bei dem große Luftzwischenräume die einzelnen Teilchen voneinander trennen. Je größer und zahlreicher die Hohlräume in einem Boden sind, desto langsamer, je fester und dichter er gelagert ist, desto rascher wird er bei gleichem Wassergehalt den Temperaturschwankungen folgen. Eine gleichmäßige Lockerung, welche bei guter Wärmeleitfähigkeit allzu starke Temperaturschwankungen verhütet, bietet die besten Bedingungen für ein gesundes Wachstum der Pflanze. Ein solcher Boden wird sich im Frühjahr rasch erwärmen und im Sommer die Wurzeln vor übermäßiger Erhitzung bewahren.

4. Chemische Wirkung der Bodenbearbeitung

Die durch die Bodenbearbeitung bewirkte Veränderung der Wasser- und Luftverhältnisse sowie der Bodentemperatur sind indirekt von Einfluß auf die chemischen Umsetzungen in den Böden. Auch die stärkere Ausbildung des Wurzelsystems in einem gut gelockerten Boden erhöht den Aufschluß der Bodennährstoffe durch die dann erfolgende stärkere CO_2-Entwicklung. Eine gute Bodenbearbeitung wirkt daher auch in bezug auf die Nährstoffversorgung vorteilhaft, wobei allerdings zu bedenken ist, daß die bessere Nährstoffausnutzung als ein stärkerer Angriff auf das Bodenkapital anzusehen ist.

Eine weitere Aufgabe der Bodenbearbeitung, welche ebenfalls die stoffliche Zusammensetzung des Bodens verändert, ist die, Stoffe in den Boden zu bringen, die verbessernd wirken sollen, also die verschiedenen Düngemittel und die Stoppelrückstände. Hier muß eine wendende Behandlung des Bodens mit einer mischenden zusammenarbeiten, damit eine gleichmäßige Verteilung, vor allem des Stallmists und der Stoppelrückstände, erzielt wird.

5. *Verbesserung der biologischen Tätigkeit des Bodens*

Weit wichtiger als die chemische Beeinflussung durch die Bodenbearbeitung ist die Beeinflussung der biologischen Tätigkeit des Bodens. Mit zunehmender Durchlüftung und Wärme wird bei ausreichendem Wasservorrat das Bakterienleben ganz außerordentlich gefördert, und die schädlichen Reduktionsvorgänge treten gegenüber den für das Pflanzenleben wichtigeren Oxydationsvorgängen in den Hintergrund, was besonders den Nitrifikationsbakterien zugute kommt. Eine sorgfältige Bodenbearbeitung kann bewirken, daß diese für das Pflanzenwachstum wertvollen Bakterien ganz außerordentlich gefördert werden und daß der Stickstoffgehalt des Bodens sich enorm verbessert. *G. Torstensson* (141) fand, daß bei bearbeiteter Vollbrache der Gehalt des Bodens an Nitrat-Stickstoff bis auf 5 mg je 100 g Boden anstieg. Die durch die Bearbeitung hervorgerufene günstige Beeinflussung der chemischen und biologischen Vorgänge im Boden schafft gleichzeitig wieder die Vorbedingungen für eine noch bessere Krümelung. Der Boden erreicht den gewünschten Zustand der Gare erst dann, wenn die Kleinlebewesen des Bodens, denen die mechanische Bearbeitung günstigere Lebensbedingungen schafft, durch ihre Tätigkeit die im Boden vorgebildete Krümelstruktur vervollkommnen und festigen.

6. *Der Pflug*

Je nach dem Zweck, der mit einer bestimmten Maßnahme der Bodenbearbeitung verfolgt wird, werden verschiedene Werkzeuge benutzt. Die Grundformen dieser Geräte sind der Pflug, die Ackerschleppe, der Kultivator, die Egge, die Walze und die Bodenfräse. Für die Wahl des einen oder des anderen Gerätes sind häufig betriebswirtschaftliche Gründe ausschlaggebend: hier können wir uns nur damit beschäftigen, die Arbeitsweise der verschiedenen Ackergeräte rein bodenkundlich zu betrachten.

Der Pflug schneidet mit der Pflugschar und dem vor dem Pflugkörper befestigten Vorschneider in einer senkrechten und in einer waagerechten Schnittstellung einen Streifen, einen sogenannten Pflugbalken, los. Das gekrümmte Streichbrett des Pfluges wendet diesen Pflugbalken um, wobei in demselben eine Torsionsspannung entsteht. Das Streichbrett ist zylindrisch oder schraubenförmig gewölbt. Es bildet mit der Fahrtrichtung einen Winkel. Je kleiner Schneidewinkel und Steigungswinkel des Streichbrettes sind, desto besser wird der Boden gewendet, da dann verhütet wird, daß der Pflugbalken schon vor erfolgter vollständiger Umdrehung zerbröckelt.

Das volle Wenden um 180° pflegt nur beim Umbruch von Wiesen zu geschehen, wenn die Narbe untergebracht werden soll. Gewöhnlich strebt man beim Pflügen ein Wenden um 135° an. Die Balken stehen dann auf einer Kante, so daß Hohlräume unter ihnen verbleiben und der Boden eine größere Neigung zum Zerbröckeln hat. Je größer der Schneidewinkel ist und je steiler das Streichbrett ansteigt, desto weniger vollkommen ist das Wenden, weil der Boden infolge heftiger Beanspruchung beim raschen Drehen in Krümel zerfällt und vom Streichbrett herabstürzt. Das Pflügen mit großem Schnittwinkel bewirkt eine starke Volumenvermehrung des Bodens. Je schwerer und bindiger der Boden ist, desto wichtiger ist diese Art der Lockerung, die auf Sandboden geringere Bedeutung hat. Bei dieser Art zu pflügen, treten unter den schräg gelagerten Pflugbalken keine größeren Hohlräume auf, wohl aber bilden sich zahlreiche Hohlräume innerhalb der Pflugbalken. Auch die Breite des Balkens ist von Bedeutung für die Lockerung des Bodens, da ein schmaler Pflugbalken stärker zerfällt als ein breiterer. Auf schweren, bindigen Böden wird man daher, um eine gute *Krümelung* zu erzielen, schmälere Pflugbalken anwenden. Der dem Hauptschar vorangehende Vorschäler, der auf halber Furchentiefe geht, soll die Oberschicht auf die Furchensohle legen; er dient ferner zum sicheren Einbringen der Stoppeln und des Düngers.

Ein Mischen des Bodens kommt hauptsächlich dadurch zustande, daß der Pflug das Unterste der Ackerkrume zu oberst kehrt. Das Wenden der Ackerkrume ist sehr wichtig; denn durch die atmosphärischen Niederschläge werden ständig feine Bodenteilchen nach unten gespült, so daß der Boden in der obersten Schicht an diesen feinerdigen und kolloiden Bestandteilen verarmt, die — abgesehen von ihrer Bedeutung für die Struktur — auch wichtige Träger der Pflanzennährstoffe sind. Durch das Wenden des Bodens wird dieser Veränderung der Zusammensetzung der Ackerkrume entgegengewirkt, und die feinen Teilchen, die von der Auswaschung betroffen waren, werden wieder nach oben gebracht. Das Herabsinken der feinsten Bodenteilchen kann dazu führen, daß diese an der Stelle, wo die Bodenbearbeitung regelmäßig aufhört und das Porenvolumen sich also verengt, zur Ausfällung kommen. Die vorhandenen Poren werden dadurch noch weiter verengt, und es bildet sich schließlich eine feste, undurchlässige Schicht, die sogenannte Pflugsohle. Die Ausbildung einer derartigen Schicht wird verhütet, wenn die Tiefe der Bodenbearbeitung wechselt.

Die Tiefe des Pflügens richtet sich in erster Linie nach dem Zweck, den man beim Pflügen verfolgt.

Beim *Schälen* der Stoppeln nach der Ernte beschränkt man sich darauf, die obersten 5—6 cm der Bodenschicht zu lockern. Man will damit erreichen, daß der Boden sich mit einer gut gekrümelten, rasch abtrocknenden Schicht bedeckt, welche die Kapillarität von unten her unterbricht, so daß Wasserverluste in den Monaten nach der Ernte vermieden werden. Diese Ersparnis fällt besonders ins Gewicht, wenn die Herbstregen ausbleiben. Fällt andererseits Regen, so hat der geschälte Acker mit seiner lockeren Oberfläche eine größere Aufsaugfähigkeit als der ungeschälte. Die geschälte Schicht trocknet gleichmäßig ab, ohne daß harte Klumpen entstehen, welche die späteren Bearbeitungsmaßnahmen erschweren. Gleichzeitig werden durch das Schälen die Wurzelunkräuter abgeschnitten oder ausgerissen und mindestens geschwächt. Die Samenunkräuter finden in der geschälten Ackerkrume gute Wachstumsbedingungen und keimen rasch auf, so daß sie durch die nachfolgende Bearbeitung vernichtet werden können. Beim Schälen kommt es weniger auf die genaue Ausführung als auf eine schnelle Beendigung der gesamten Arbeit an. Vor allem auf schweren Böden ist es wichtig, das Schälen zu beenden, ehe sich die Bodenoberfläche verhärtet hat. Vorbedingung für den Erfolg der Schälarbeit ist aber das sofortige Abeggen oder Schleppen, um Wasserverluste zu vermeiden; besonders auf den leichten Böden ist die Wasserersparnis das oberste Gesetz der Bodenbearbeitung. Ist der Landwirt in der Lage, die Stoppel sofort tief zu stürzen, so kann er sich das Schälen ersparen. Vor allem gilt dies für leichten Boden, der möglichst wenig umgearbeitet werden soll. Auch nach Hackfrüchten, deren Ernte erst spät erfolgt, ist ein Schälen nicht erforderlich.

Soll das Saatbeet vorbereitet werden, so pflügt man tiefer. Die Tiefe der Pflugfurche wird dann durch die Tiefgründigkeit des Bodens bestimmt, durch seine Zähigkeit und durch die Ansprüche der anzubauenden Früchte. Die Tiefe schwankt zwischen 15 cm (flache Furche) und 25 cm (tiefe Furche). Jedes Pflügen, das eine größere Tiefe als 25 cm erreicht, bezeichnet man als Tiefkultur. Abgesehen von der Rücksicht auf den Kraftbedarf findet die Tiefkultur ihre Grenzen darin, daß man es vermeiden muß, schlechten, toten Boden nach oben zu bringen. Je geringer die biologische Tätigkeit eines Bodens ist, desto gefährlicher ist eine rasche Vertiefung der Kultur. Die Bakterien werden bei einer solchen Arbeitsweise nach unten gebracht und ersticken in dem undurchlässigen Boden. Eine Vertiefung kann jedenfalls nur allmählich erfolgen.

Von großem Einfluß auf die Krümelung ist die Geschwindigkeit, mit welcher der Pflug über das Feld gezogen wird. Je rascher das Pflügen erfolgt, desto stärker werden die einzelnen Schollen zerschlagen und gelockert. Auch der Wassergehalt des Bodens bestimmt die Wirkung der Pflugarbeit. Die beste Bearbeitungsmöglichkeit bietet ein Boden, dessen Wassergehalt zwischen 40 und 50% der vollen Wassersättigung liegt. Wird ein Boden zu naß gepflügt, so verschmiert er, ist der Boden zu trocken, so stellt er bei der Bearbeitung zu große Ansprüche an die Zugkraft.

Zur Verhinderung der Sohlenbildung dient außer der wechselnden Pflugtiefe die *Untergrundlockerung*, bei welcher der Untergrund nur gelockert, aber nicht emporgebracht wird. Die Untergrundlockerung bewirkt man neuerdings durch eine unterhalb der Pflugschar, welche nur die Krume flach wendet, verstellbar angebrachte Schar, welche ganz schwach schräg nach hinten ansteigt, den Boden schneidet, leicht anhebt und hinter sich wieder fallen läßt. Der Zweck der Untergrundlockerung ist der, das Absinken des überschüssigen Wassers zu ermöglichen, so daß der obere Teil des Untergrundes in Krümelstruktur verbleibt. In einen gelockerten Untergrund können die Wurzeln besser eindringen und so den Wassergehalt der tieferen Schichten ausnutzen, was besonders beim Anbau der Zuckerrübe von Vorteil ist. Man hat für die Tiefenbearbeitung auch Pflüge empfohlen, in die alte, mit Aussparungen versehene Streichbretter eingesetzt sind, durch welche der Boden ohne Wenden hindurchstürzt.

Auf schweren Böden sollte man beim Einpflügen von Stallmist oder Gründüngung keine zu tiefe Furche geben, weil die untergepflügte organische Substanz sich unter Luftabschluß in ungünstiger Weise zersetzen würde; auf leichten Sandböden ist umgekehrt ein tiefes Unterpflügen angebracht, damit eine allzu rasche Zersetzung des Düngers vermieden wird.

Jede Pflugarbeit bringt Wasserverluste mit sich, da der Boden während der Bearbeitung mit der Luft in Berührung kommt, da ferner die zwischen den abgelagerten Pflugbalken entstehenden Hohlräume eine gute Luftzirkulation ermöglichen und da schließlich durch die Pflugfurche die Oberfläche des ganzen Feldes vergrößert wird. Man wird daher stets dafür sorgen, daß die Pflugarbeiten im Herbst vorgenommen werden, damit der Boden Gelegenheit hat, die Winterfeuchtigkeit aufzustapeln. Die Herbstfurche ist der Frühjahrsfurche auch deswegen überlegen, weil der Frost auf das gepflügte Land günstiger einwirkt als auf den unbearbeitet daliegenden Acker. Wenn die Herbstarbeiten keine Zeit für das Pflügen übriglassen, sollte man möglichst bald frostfreie Wintertage ausnutzen, um das Versäumte nachzuholen.

Ist die Saatfurche im Herbst gegeben und durch den Frost eine gute Krümelung erzielt worden, so darf man sie im Frühjahr nur flach bearbeiten, um die gut gekrümelte Schicht an der Oberfläche zu behalten. Man wird daher bei der Frühjahrsbearbeitung die Ackerschleppe oder Egge anwenden.

7. Die Ackerschleppe

Die Ackerschleppe besteht aus einem oder mehreren kantigen Balken, die über den Acker gezogen werden; ihre Aufgabe ist es, die obenauf liegenden Schollen zu zertrümmern und die Oberfläche des in rauher Furche liegenden Bodens einzuebnen. Das Glätten bewirkt eine Verkleinerung der den Einflüssen des Windes und der Sonnenstrahlen ausgesetzten Oberfläche und verringert Verdunstungsverluste. Da die Schleppe den Boden flach bearbeitet, kann sie schon bei nur oberflächlicher Austrocknung des Bodens angewandt werden. Ist der Boden bereits durch Austrocknen verhärtet, so greift die Schleppe in gewöhnlicher Lage nicht an; man neigt sie daher in diesem Falle gegen den Boden. Wird der Balken flach nach vorn geneigt, so übt die Vorderkante eine schneidende Wirkung auf den Boden aus und dringt in einem geringen Ausmaß in die oberste Bodenschicht ein. Die Kämme der Furchen werden, wenn man die Schleppe schräg quer zur Furchenrichtung einsetzt, in die Tiefe der Pflugfurche gebracht. Erfolgt die Bearbeitung durch die Schleppe zu spät und sind die Kämme schon ausgetrocknet, so ergeben sich im Felde abwechselnd trockene und nasse Streifen.

Durch die Schleppe wird der Boden im allgemeinen nur eingeebnet, aber nicht verdichtet. Eine Verdichtung tritt jedoch ein, wenn der Boden zu naß ist, und zwar besonders auf leicht verschlämmbaren, tonigen Böden. Im allgemeinen wird durch die Schlepparbeit die Kapillarität der obersten Bodenschicht zerstört und dadurch Feuchtigkeit im Boden zurückgehalten. Die oberste

Bodenschicht, die durch das Schleppen von der Kapillarwirkung abgetrennt ist, erwärmt sich rascher, und so bewirkt die Schlepparbeit eine Keimung der darin enthaltenen Unkrautsamen, die durch die nachfolgenden Bestellungsarbeiten dann zerstört werden.

8. Grubber und Kultivator

Grubber und Kultivator sind Ackergeräte, welche den Boden mit Blatt- oder Messerscharen aufreißen. Beim Grubber sind die Schare an starren, beim Kultivator an federnden Stielen befestigt. Der Zweck der Bearbeitung durch Grubber und Kultivator ist der, die in der Pflugfurche liegenden Schollen zu zerschlagen, Ungleichmäßigkeiten der Pflugfurche in den tieferen Schichten zu beseitigen und zusammengesackten Boden wieder aufzulockern, dadurch zu erwärmen und in seinem Lufthaushalt zu verbessern. Ferner dienen diese Geräte dazu, Wurzelunkräuter zu bekämpfen. Durch die Zinken des Federzahnkultivators werden die Queckenwurzeln aus dem Boden gezogen; sie vertrocknen dann bei günstigem Wetter an der Oberfläche. Auf Schlägen, die mit Hackfrucht bestellt und mit Stalldung abgedüngt werden sollen, ist es erforderlich, die Kultivatorarbeit, wenn sie der Queckenbekämpfung dienen soll, bereits im Herbst auszuführen, ehe der Stallmist untergepflügt ist, damit nicht im Frühjahr die Kultivatorzinken den Dung wieder nach oben bringen. Auf queckenreinem Boden kann man auf die Kultivatorarbeit mit ihren Wasserverlusten verzichten.

Grubber und Kultivator bewirken ein Herabsinken der feinsten Bodenteilchen nach unten, während sie die gröberen Brocken heraufholen. Durch das Herabsinken seiner feinsten Teilchen erhält der Boden Schluß nach dem Untergrund zu, und seine Kapillarität wird erhöht; jedoch bleibt an der Oberfläche stets eine lockere Schicht, welche Verdunstungsverluste vermindert. Immerhin liegt nach dem Grubber das Land in rauher Oberfläche, so daß es rascher austrocknet als nach Schleppen- oder Eggenstrich. Die Wirkung von Grubber und Kultivator ist um so stärker, je rascher ihre Geschwindigkeit ist. Solange die obersten 10 cm des Bodens noch feucht sind, muß eine Bearbeitung mit dem Kultivator vermieden werden, da der Boden sonst verschmiert, besonders wenn er schwer ist. Die Wasserverluste bei der Kultivatorarbeit sind im allgemeinen groß. Man läßt daher — jedenfalls auf leichten Böden — dem Kultivator die Schleppe oder Egge unmittelbar folgen. Auf schweren Böden ist vor allem bei unbeständiger Witterung eine solche Koppelung nicht angebracht, da ein Regenschauer den Boden leicht wieder dicht schlagen kann. Wird ein Boden in zu nassem Zustande gegrubbert, so trocknet er oberflächlich ab, bleibt aber unten teigig und zähe. Die festen Schollen, die durch die Kultivatorzinken heraufgebracht werden, trocknen in Sonne und Wind zu Zementhärte, backen zusammen und sind kaum wieder fein zu bekommen; schwerere Böden mit dem Kultivator zu bearbeiten, solange sie nicht genügend abgetrocknet sind, ist daher stets ein nicht wiedergutzumachender Fehler. Auch dem Kultivator muß wegen der Größe der Wasserverluste die Schleppe oder die Egge folgen.

9. Die Egge

Die Egge dient ebenso wie der Kultivator zum Lockern der oberen Krumenschicht, zum Zerkleinern der Schollen und zur Durchmischung des Bodens. Ihre Arbeitstiefe, die von der Schwere der Balken und der Länge der Zinken abhängt, ist jedoch geringer als die des Kultivators. Das Gewicht der Egge muß nach der Bodenart und der gewünschten Bearbeitungstiefe bemessen werden. Stumpfe Eggenzähne lockern den Boden besser, scharfe schneiden das Unkraut besser ab.

Die Egge soll die für den Aufgang der Saat erforderliche lockere Krume und günstige Keimbedingungen schaffen. Sie soll ferner für die erste Dauer der Vegetationszeit die oberste Schicht des Bodens offenhalten und entstehende Krusten brechen. Obgleich auch die Bearbeitung durch die Egge Wasserverluste aus der obersten Schicht mit sich bringt, wirkt die Egge insgesamt wassersparend, weil die durch sie auf dem Boden geschaffene Isolierschicht die Wasserverdunstung verhindert. Viel mehr noch als beim Pflug und beim Kultivator hängt die krümelnde Wirkung der Egge von der Schnelligkeit ab, mit der sie über den Acker gezogen wird; denn da ihre Wirkungsweise hauptsächlich auf Stoß beruht, ist die Wirkung um so intensiver, je rascher das Tempo ist.

Die besten Ergebnisse mit der Egge erzielt man bei einem mittleren Feuchtigkeitsgehalt des Bodens. Ist ein Boden, der zu naß gepflügt wurde, zu stark ausgetrocknet, so sind die Klumpen so hart, daß sie von der Egge nicht mehr zerkleinert werden können; sie gleiten zwischen den Eggenzähnen hindurch. Auch eine mehrmalige Wiederholung der Eggenarbeit vermag in diesem Falle nichts. Man eggt dabei lediglich den Boden tot, indem man die oberste Schicht in Teilchen von verschiedener Größe zerlegt und die Schollen auseggt. Der Boden trocknet in diesem Falle zu stark ab. Umgekehrt verbietet sich ein zu nasses Eggen deshalb, weil der Boden hierbei infolge zu geringer Festigkeit der Krümel verschmiert.

In trockenen Ländern werden an Stelle der üblichen Eggen vielfach Scheibeneggen benutzt. Der Boden wird durch flachgewölbte Scheiben, die schräg gegen die Fahrtrichtung stehen, zerkleinert; diese nehmen die abgeschnittene Erde mit und lassen sie gekrümelt wieder abfallen. Die Scheibenegge bewirkt so hauptsächlich eine Unterbrechung der Kapillarität, die den Boden gegen Wasserverluste schützt.

Zur Pflege der Saat benutzt man leichte Eggen, die nur oberflächlich angreifen und das Unkraut ausreißen, ohne die Saat zu beschädigen. Hinter der Drillmaschine ist eine Egge überflüssig, weil sie die Gleichmäßigkeit der Saattiefe stören würde. Breitwürfige Saat hingegen wird mit der schweren Egge untergebracht. Ebenso dient die Egge zum Einbringen der Handelsdünger in den Boden.

10. Die Walze

Das Walzen ist eine besonders schwierige Bearbeitungsart, bei der leicht nicht wiedergutzumachende Fehler gemacht werden können. Die Walze soll durch ihr Gewicht den Boden oberflächlich verdichten und Schollen, die auf dem Boden aufliegen, zerdrücken; sie soll auf dem Boden rollen und nicht den Boden vor sich herschieben. Das natürliche Absetzen, das durch das eigene Gewicht des Bodens erfolgt, soll sie beschleunigen; ihre Wirkung ist um so stärker, je feuchter der Boden ist. Man darf daher den Acker nicht zu naß walzen, da die Walze dann zu stark, jedoch auch nicht zu trocken, da sie dann zu wenig wirkt.

Walzen für landwirtschaftliche Zwecke sind entweder glatt oder mit Rillen oder Stacheln versehen; eine Walze mit scharfkantiger Oberfläche, eine Ringel- oder Stachelwalze, zerdrückt die Schollen besser als eine Glattwalze.

Die Schollen, die auf schwerem Boden lagern, nachdem Grubber und Egge ihre Arbeit verrichtet haben, müssen erst etwas abtrocknen, ehe sie von der Walze zerdrückt werden können. Folgt sie der Schälfurche und der Saatfurche, so zerdrückt und glättet die Walze die Schollen und spart auf diese Weise Wasser ein. Insbesondere die Stachelwalze zeigt sich wirksam, da sie die Schollen nicht nur zerkleinert, sondern zugleich in den weicheren, feuchten Boden hineindrückt.

Die Walze verdichtet den Boden, wirkt also den übrigen Bodenbearbeitungsgeräten entgegen. Sie ist anzuwenden, wenn sich der Boden infolge Ausbleibens von Niederschlägen nicht setzen konnte, so daß kein kapillarer Aufstieg von Wasser stattfindet. Zweck des Walzens ist es, eine geschlossene Krümelstruktur herzustellen, bei der die Verdichtung so weit geht, daß der höchste Grad der Wasserkapazität erreicht wird, ohne daß es an einer ausreichenden Durchlüftung fehlt. Während der ersten Vegetationszeit bildet sich nach Platzregen häufig eine Kruste, die den Luftwechsel im Boden verhindert; diese läßt sich durch Anwendung von rauhen Walzen zerbrechen. Auch Wintersaaten werden im Frühjahr vielfach gewalzt, damit die Wurzeln, die durch den Frost gelockert sind, wieder fest in den Boden eingepreßt werden.

11. Die Bodenfräse

Die Bodenfräse zerhackt den Boden mittels einer mit Haken besetzten Welle, die sich in der Fahrtrichtung rasch dreht. Die einzelnen Zinken reißen je einen Erdstreifen vom festen Boden los und werfen ihn hinter die Welle, wodurch er zu Krümeln zerfällt. In einem einzigen Arbeitsgang erhält der Boden also dieselbe Struktur, die ihm sonst in mehreren Arbeitsgängen durch Pflug, Egge, Grubber oder Walze gegeben wird.

Die Bodenfräse ist vor allem für schwere Böden von Nutzen, deren Auflockerung sie fördert. Für sandige Böden, die schon an und für sich zu locker sind, hat sie keine Bedeutung, ebenso ist ihre Anwendung auf steinigen Böden naturgemäß ausgeschlossen.

12. Das Hacken

Das Hacken mit der Maschine oder noch sorgfältiger mit der Hand erhält den Boden unkrautfrei. Wichtiger noch ist die lockernde Wirkung des Hackens, welche die Wachstumsbedingungen verbessert. Vor allem werden durch Vernichtung des Unkrauts und Schaffung einer lockeren Bodenschicht Wasserverluste verhütet.

Nach neueren Untersuchungen von *Rothamsted* kann im Hinblick auf die Verminderung der Verdunstung aber auf die Lockerung der Bodenoberfläche verzichtet werden, wenn man durch Anwendung neuzeitlicher Unkrautbekämpfungsmittel für eine Vernichtung der Unkräuter Sorge trägt.

13. Frostgare und Schattengare

Der Idealzustand einer völligen Bodengare wird durch die übliche Bodenbearbeitung nicht immer erreicht, und besonders auf schweren Böden wird man sich zumeist mit einer Teilgare begnügen müssen, weil die Herstellung der Vollgare allzu große Bearbeitungsunkosten verursachen würde. Deshalb ist es wichtig, alle natürlichen Hilfsmittel, welche die Garebildung fördern, wie Frost und Bodenbeschattung, auszunutzen. Die Einwirkung des Frostes auf den Erdboden findet ihre Erklärung dadurch, daß beim Gefrieren des Wassers enge Hohlräume erweitert und weite Hohlräume durch das Einbröckeln von Bodenteilchen verengt werden. Eine krümelnde Wirkung des Frostes ist ferner auch durch Koagulationserscheinungen bedingt, die auftreten, wenn aus der Bodenlösung reines Wasser ausfriert, wodurch sie konzentrierter wird. Auch die Abkühlungsgeschwindigkeit ist von Einfluß; ist sie groß, so werden viele kleine Eiskristalle gebildet, ist sie gering, so bilden sich weniger zahlreiche, größere Kristalle. Bei langsamer Abkühlung geht nämlich zunächst das im spannungsfreien Porenvolumen den Gesetzen der Kapillarität und der Schwerkraft folgende Wasser in den festen Zustand über, und erst später kristallisiert auch das an der Oberfläche fest gebundene Wasser aus. Die zuerst gebildeten Kristalle können in diesem Falle auf Kosten des fester gebundenen Wassers weiterwachsen, was zu einer Vergröberung des Bodengefüges führt, die allerdings beim Auftauen wieder verlorengehen kann.

Da nicht die lange Dauer der Frosteinwirkung, sondern der Wechsel von Frost- und Tauwetter die Lockerung des Bodens bedingt, kann sich selbst in milden Wintern der Frost genügend auswirken. Am tiefsten dringt er in das gepflügte Land ein. Auf schweren Böden ist diese Frostwirkung unersetzlich und das einzige Mittel zur Erlangung einer Vollgare, während sie auf leichten Böden eine geringere Bedeutung besitzt.

Die Schattengare ist eine Folge der Beschattung des Bodens durch die angebauten Pflanzen, vor allem auf Feldern, die Hülsenfrüchte oder Hackfrüchte mit starkem Blattwuchs tragen. Es handelt sich hier mehr um eine Erhaltung oder Verbesserung der bestehenden als um die Schaffung von neuer Gare. Die Schattengare erleichtert die Bodenbearbeitung für die nachfolgende Frucht, sie geht aber im Gegensatz zu der Frostgare sehr bald verloren, wenn das Land ohne Pflanzendecke der Einwirkung von Sonne und Regen ausgesetzt ist; um ihre Wirkung auszunutzen, ist es deshalb notwendig, das Land möglichst bald nach der Ernte wieder zu bearbeiten oder durch Neuansaat zu beschatten.

XX. FRUCHTWECHSEL UND BRACHE

1. Fruchtfolge und Bodengare

Die Bodenbearbeitung kann nur die Vorbedingungen für die Gare schaffen, nicht die Gare selbst erzeugen; hierzu bedarf es noch anderer Mittel der landwirtschaftlichen Bodenpflege, vor allem der Einhaltung einer zweckmäßigen Fruchtfolge. Wenn der Landwirt den Anbau seiner Früchte nach einer bestimmten Folge regelt, so geschieht dies nicht nur aus wirtschaftlichen und betriebstechnischen Gründen, wie z. B. der Bekämpfung von Unkraut und Schädlingen, sondern auch deshalb, weil der Fruchtwechsel eine Maßnahme der Bodenpflege darstellt: er soll verhüten, daß durch den Anbau von Kulturpflanzen der Garezustand eines Bodens verschlechtert wird. Neben der Düngung ist die Einführung einer sachgemäßen Fruchtfolge eine der hauptsächlichsten Ursachen gewesen, daß die Erträge der europäischen Böden in den letzten 100 Jahren beträchtlich zugenommen haben.

Für den Fruchtwechsel gelten im Interesse der Bodenpflege die folgenden allgemeinen Gesichtspunkte:

1. Man wechselt ab zwischen Tiefwurzlern und Flachwurzlern, da die Tiefwurzler auch Nährstoffe aus dem Untergrund emporheben und in ihren Überresten teilweise der nachfolgenden Frucht in der Ackerkrume zur Verfügung stellen.

2. Einer Halmfrucht schickt man eine Blattfrucht voraus. Die Blattfrucht, welche den Boden beschattet, erhält ihn krümeliger und wasserreicher und schafft eine Schattengare, die der nachfolgenden Halmfrucht zugute kommt.

3. Die Stallmistdüngung und die Gründüngung werden in der Fruchtfolge so verteilt, daß diejenigen Kulturpflanzen den Stallmist bekommen, welche die größten Anforderungen an die Gare des Bodens stellen.

Die frühere, jahrhundertelang übliche Fruchtfolge war die alte *Dreifelderwirtschaft:*

1. Brache
2. Wintergetreide
3. Sommergetreide

Mit der Einführung des Kartoffel-, Rüben- und Kleebaues wurde die alte Dreifelderwirtschaft in die *verbesserte Dreifelderwirtschaft* abgeändert, bei welcher die Brache teilweise mit Klee, teilweise mit Hackfrüchten bestellt wird. Der von *Thaer* eingeführte *Norfolker Fruchtwechsel* bringt nur alle vier Jahre Klee. Die Reihenfolge ist diese: Hackfrucht, Sommergetreide, Rotklee, Wintergetreide. Da der Klee unter unseren Verhältnissen nicht so häufig wiederkehren darf, weil dann Kleemüdigkeit eintritt, hat man eine siebenjährige Fruchtfolge eingeführt, etwa Hackfrucht, Sommergetreide, Rotklee, Wintergetreide, Hackfrucht, Wintergetreide und zuletzt Hafer als abtragende Frucht. Je nach den örtlichen Verhältnissen hat man zahlreiche andere *Fruchtfolgen* aufgestellt, in denen sich jedoch die Grundgedanken der Fruchtwechselwirtschaft, daß Flachwurzler mit Tiefwurzlern, Blattfrüchte mit Halmfrüchten, Stickstoffsammler mit Stickstoffzehrern, phosphorsäure- und kalibedürftige mit anspruchslosen, unkrauttötende mit unkrautfördernden Pflanzen jährlich abwechseln müssen, stets wiederholen.

Bei der Festsetzung des Fruchtwechsels spielt zunächst das Klima eine große Rolle. Der Zeitpunkt, zu dem die Vorfrucht das Feld verläßt und die Aussaat der nachfolgenden Frucht erfolgen kann, bestimmt die einzuhaltende Fruchtfolge weitgehend. Auch der Zustand des Bodens ist von großem Einfluß. Nach Früchten, die das Land in gutem Zustand hinterlassen (Rüben, Kartoffeln, Hülsenfrüchte), genügt eine einfache Bodenbearbeitung, so daß sehr rasch Winterroggen gesät werden kann. Nach Getreide dagegen, welches das Land in einer ungünstigen Struktur hinterläßt, muß der Boden einer sorgfältigen Bearbeitung unterzogen werden, so daß der Anbau einer Sommerfrucht ratsamer ist.

Vor allem sind die Ansprüche der Pflanze an den Wassergehalt des Bodens zu berücksichtigen. Alle Blatt- und Hackfrüchte sind starke Wasserverbraucher. Von den Getreidearten haben Hafer und Weizen einen größeren Wasserverbrauch als Gerste und Roggen, letztere hinterlassen infolgedessen das Feld in einem für die Nachfrucht besseren Wasserzustand. Die wasseranspruchsvollen Früchte sollen wassersparenden Früchten folgen, also z. B. Rüben der Gerste und nicht dem Hafer. Eine ähnliche Rolle spielt der Einfluß der Anbaufolge im Hinblick auf den Nährstoffgehalt des Bodens. Auf stickstoffsammelnde Pflanzen darf man keine Pflanzen folgen lassen, denen ein zu hoher Stickstoffgehalt des Bodens unzuträglich ist. Man wird also z. B. Braugerste nicht auf Leguminosen folgen lassen, sondern anstatt dessen eine Pflanze wählen, für welche der hohe Stickstoffgehalt des Bodens günstig ist. Auch die Fähigkeit der angebauten Pflanzen, den Stallmist auszunutzen, bestimmt ihre Reihenfolge in der Fruchtfolge. Über die Rücksicht auf den Nährstoffbedarf kann man sich allerdings dank der Möglichkeit, Handelsdüngemittel anzuwenden, hinwegsetzen. Schwieriger sind dagegen die Ansprüche an die Wasserversorgung zu befriedigen. So wird z. B. die durch Ausdehnung des Anbaus von Leguminosen angestrebte Verringerung des Stickstoffbedarfs der Fruchtfolge durch die Wasserverhältnisse des Bodens begrenzt.

2. Der Zwischenfruchtbau

Der Anbau von Zwischenfrüchten hat für die Pflege des Bodens den Vorteil, daß er die Schattengare des Bodens erhält und gewisse Bodenbearbeitungsmaßnahmen erspart. Der Anbau der Zwischenfrucht muß jedoch den Wassergehalt des Bodens berücksichtigen. Sind die Niederschläge nicht ausreichend, um sowohl den Bedarf der Hauptfrucht wie den der Zwischenfrucht zu decken, so beeinträchtigt die Zwischenfrucht die Wasserversorgung der Hauptfrucht und schädigt deren Entwicklung. Der Wasserbedarf der Hauptfrucht sei bei einer Ernte von 10 t Trockensubstanz 4000 t = 400 mm. Liegt die Regenmenge in der gleichen Höhe, so fehlt das Wasser, welches die Zwischenfrucht verbraucht, der Hauptfrucht, so daß diese entsprechend weniger bringt. Unter diesen Umständen wäre ein Zwischenfruchtanbau also sinnlos; man müßte vielmehr danach trachten, die Niederschläge der vegetationslosen Monate für den Bedarf der Hauptfrucht möglichst vollständig im Boden aufzuspeichern.

3. Die Brache

In Trockengebieten genügen unter Umständen die in der Zeit der Vegetationsruhe fallenden Niederschläge, auch wenn sie restlos im Boden aufgespeichert werden, nicht, um das für eine normale Ernte benötigte Wasser bereitzustellen; in solchen Gebieten muß man daher, um eine ausreichende Wasserversorgung der angebauten Frucht zu erzielen, zur Anwendung der Brache schreiten, indem man das Feld unter Verzicht auf den Ertrag eines Jahres unbebaut liegen läßt. Dabei „ruht" der Boden nicht etwa, sondern es setzt im Gegenteil eine äußerst lebhafte Tätigkeit seitens der Bodenbakterien ein.

Durch die Brache soll auf Böden, die infolge der Bebauung und unter dem Einfluß des Klimas ihre Gare verloren haben, die Gare wieder neu geschaffen werden. Die volle Brache kommt nur für schwer zu bearbeitende Böden in Frage, vor allem unter ungünstigen klimatischen Verhältnissen, also bei feuchter Witterung und kurzer Vegetationszeit. Eine *Teilbrache* ist die *Johannis*- oder besömmerte *Brache,* bei der das Land zunächst durch Frühkartoffel- oder Futterbau (z. B. Roggen mit Zottelwicke) oder ein anderes Grünfuttergemenge ausgenutzt wird und nach einer zeitig vorgenommenen Ernte bis zur Aussaat des Wintergetreides brach liegenbleibt. Die Schwarzbrache ist vor allem in Trockengebieten, in denen die Niederschläge eines Jahres selbst bei restloser Speicherung für den Bedarf einer Ernte nicht ausreichen, sehr verbreitet. Bei der *Schwarzbrache* wird die Zeit des Brachliegens dazu benutzt, um den Boden zu bearbeiten, Stalldung unterzubringen, Unkraut zu bekämpfen und eine bessere Bodenstruktur herbeizuführen, damit ein *Gewinn* an Wasser und Stickstoff erzielt wird. Diese Art der Brache erhält den Boden vor allem deshalb feuchter, weil die wasserverdunstende Tätigkeit des Pflanzenbestandes wegfällt. Auf diese Weise speichert man das Wasser eines ganzen Jahres für die Getreideernte des folgenden Jahres im Boden; eine sorgfältige Bodenbearbeitung nach jedem Niederschlag ist selbstverständlich Vorbedingung. Es darf kein Unkraut aufkommen, welches dem Boden Wasser entzieht, und die Kapillarität des Bodens muß an der Oberfläche unterbrochen sein, damit Verdunstungsverluste vermieden werden. Die Tätigkeit der Bakterien bewirkt einen starken Abbau der Humussubstanzen sowie des unlöslichen Stickstoffs des Bodens, der in die Nitratform übergeführt wird. Neben der Anhäufung von Stickstoff hat die Tätigkeit der Bakterien eine Verbesserung der Bodengare zur Folge, so daß eine bessere Durchlüftung des Bodens stattfindet.

In der Sowjetunion hat *Wiljams* (46) ein Fruchtfolgesystem vorgeschlagen, bei dem der Boden mehrere Jahre hindurch mit einem ausdauernden Leguminosen-Grasgemisch bebaut wird. Da der Boden unter dieser Bedeckung in Ruhe bleibt, kann sich durch die Tätigkeit von anaëroben Bakterien Humus im Boden bilden, während bei der sonst erfolgenden jährlichen Bodenbearbeitung die organischen Rückstände durch die Tätigkeit aërober Bakterien immer wieder zerstört würden. Die Anreicherung des Bodens an organischer Substanz verbessert die Bodenstruktur und ermöglicht in Verbindung mit entsprechender Bodenbearbeitung und Düngung eine intensive Nutzung des Bodens. Gleichzeitig liefert der Anbau eines Gras-Leguminosengemisches die Futterbasis für den Betrieb.

Einen wesentlichen Teil des Systems von *Wiljams* stellt auch die regelmäßige Anlage von Waldstreifen als Schutz gegen austrocknende Winde dar, die zusammen mit der Verbesserung der wasserhaltenden Kraft des Bodens dem Kampf gegen die Dürre dienen soll.

XXI. REGELUNG DER WASSERFÜHRUNG DES BODENS

1. Entwässerung

Der günstige Einfluß der Wasserversorgung auf das Wachstum der Pflanze erreicht mit steigendem Wassergehalt ein Optimum, das im Sandboden bei 50—60% liegt. Darüber hinaus bringt eine weitere Vermehrung des Wassergehaltes eine Verminderung der Produktion mit sich, weil von da ab die Luftversorgung beeinträchtigt wird.

Um den wichtigsten Wachstumsfaktor, das Wasser, zu beherrschen, sucht der Landwirt den Wasserhaushalt des Bodens durch Meliorationsmaßnahmen zu regeln, die in einer Abfuhr oder einer Zufuhr von Wasser bestehen. Das Ziel ist dabei stets, die Wasserführung des Bodens so zu gestalten, daß die Pflanze ausreichend mit Wasser, aber auch mit Luft versorgt ist. Die Entwässerung kommt namentlich für Böden in Frage, die an stauender Nässe leiden und daher die Ausbildung einer Bodengare nicht zulassen. Der bei der Entwässerung verfolgte Zweck ist die Schaffung eines günstigen Verhältnisses zwischen Luftkapazität und Wasserkapazität, also zwischen den nichtkapillaren und den kapillaren Formen des Porenvolumens; das Ergebnis ist eine Verbesserung der Bodenstruktur, die mit einer Erleichterung der Bearbeitung und einer Verlängerung der Vegetationszeit Hand in Hand geht.

Die Entwässerung muß so durchgeführt werden, daß man den Wasserhaushalt des Bodens beherrscht und eine zu große Senkung des Wassergehalts vermeidet. Die anzubauende Kulturpflanze, die Menge und Verteilung der Niederschläge und die Beschaffenheit des Bodens sind für die Senkung des Grundwasserspiegels bestimmend. Dieser soll nur soweit gesenkt werden, wie die Möglichkeit, daß das kapillare Wasser bis zu den Pflanzenwurzeln emporsteigt, gegeben ist. Da die Möglichkeit des kapillaren Aufstiegs je nach der Schwere des Bodens zwischen ½ m und 1½ m schwankt und die landwirtschaftlichen Kulturpflanzen einen durchschnittlichen Wurzeltiefgang von 1 bis 2½ m aufweisen, so ergibt sich, daß es ungünstig ist, wenn der Grundwasserspiegel zu tief liegt. Der beste Grundwasserstand für Sandboden ist mindestens 1 m, für Lehmboden 1,50 m, für Tonboden 2 m. In feuchten Lagen mit hohen Niederschlägen ist bei schwerem Ton noch ein Grundwasserstand von 4 m Tiefe günstig. Der kapillare Aufstieg bewirkt keine vollständige Auffüllung der Kapillaren mit Wasser; ein Teil der Hohlräume bleibt vielmehr mit Luft gefüllt. Soll eine ununterbrochene kapillare Wirkung erzielt werden, so muß etwa noch die Hälfte der Poren mit Wasser gefüllt bleiben, da sonst die Kapillarität unterbrochen wird. Im Moorboden, der ein sehr großes Porenvolumen hat, muß man mit der Absenkung des Grundwasserspiegels besonders vorsichtig sein.

Zwischen den Dränsträngen stellt sich der *Grundwasserspiegel* in einer nach oben gewölbten Fläche ein. Je durchlässiger der Boden ist, desto geringer ist die Wölbung dieser Fläche. Entfernung und Tiefe der Dräne müssen so gewählt sein, daß die obersten Stellen der Grundwasserkurve noch tief genug liegen. Die Entfernung der Dränstränge richtet sich nach der Menge des abzuführenden Wassers, der Stärke des Gefälles, der Tiefenlage der Röhren und der Lagerung des Bodens, maßgebend für die Tiefenlage sind die Niederschlagsverhältnisse, die Kulturart und die Beschaffenheit. Je rascher die Niederschläge abgeführt werden müssen und je schwerer der Boden ist, desto flacher soll die Dränage liegen. Je tiefer die Wurzeln gehen und je größer die Ansprüche an die Luftkapazität sind, desto tiefer müssen die Röhren gelegt werden. Auch der Schutz der Dränage gegen Frost spielt bei der Wahl der Tiefenlage eine Rolle.

2. Bewässerung

Die Verbesserung der Wasserverhältnisse kann umgekehrt eine Zufuhr von Wasser erforderlich machen. Eine künstliche Wasserzufuhr ist vor allen Dingen in Gebieten notwendig, in denen einer hohen Lufttemperatur eine geringe Niederschlagsmenge gegenübersteht. Die Sicherheit eines guten Ernteausfalls erhöht sich wesentlich, wenn durch Beregnung oder Bewässerung dafür Sorge getragen wird, daß der wichtige Wachstumsfaktor Wasser nicht ins Minimum gerät. Dann erst lohnt sich der Anbau hochwertiger Kulturen, die großen Aufwand an Material und Arbeit erfordern.

Unter unseren Bedingungen kommt hauptsächlich eine Ergänzung des Spitzenbedarfs an Wasser in Frage, wie sie durch die *Beregnung* geschaffen wird. Man betrachtet die letztere vielfach nicht so sehr als eine normale Pflegemaßnahme, wie hauptsächlich als eine Dürreversicherung, die dazu bestimmt ist, die Ernte in kritischen Zeiten zu retten, und die es daher überhaupt erst möglich macht, die Aufwendungen für intensive Kulturmaßnahmen zu wagen.

Unter extrem ariden Bedingungen, die selbst bei sparsamer Wasserwirtschaft und Einschaltung einer Brache eine Sicherstellung der Wasseransprüche der Pflanze nicht gestatten, ist eine landwirtschaftliche Bodennutzung nur mit Hilfe der Bewässerung möglich. Voraussetzung für die Durchführbarkeit der Bewässerung ist zunächst, daß geeignetes Wasser in genügender Menge zur Verfügung steht. Beim Aufstellen von Bewässerungsprojekten wird dieser Punkt, so selbstverständlich er erscheint, vielfach nicht genügend berücksichtigt. Das Wasser, das als Bewässerungswasser dienen soll, darf keine Stoffe enthalten, welche die Struktur des Bodens verschlechtern; zu den letzteren gehört vor allem das Natriumion, das durch die Verdrängung von Calcium den Boden in Einzelkornstruktur überführt, so daß er dichtschlämmt und wasserundurchlässig wird. In einen solchen Boden kann das Bewässerungswasser nur flach eindringen, so daß den Wurzeln der Pflanze nur der Wassergehalt einer dünnen Krumenschicht als statisch nutzbares Wasser zur Verfügung steht. Außerdem ist aber in einem solchen dichtgeschlämmten Boden die Wasserbeweglichkeit im Natriumton sehr gering, so daß die Menge des dynamisch verfügbaren Wassers noch weiter eingeschränkt wird. Bei Bewässerung mit einem derartigen Wasser beginnt ein Boden schon nach wenigen Jahren unbrauchbar zu werden.

Die Lieferung von Wasser an den Boden kann außer durch Beregnung durch Überstauung *(Bassinbewässerung)* oder durch Überflutung *(Berieselung)* geschehen.

Die Bassinbewässerung stellt die größten Ansprüche an die zuzuführenden Wassermengen. Diese sind höher, als es der Verdunstung durch die Pflanze entspricht, so daß ein Teil durch den Boden in den Untergrund versickert, vorausgesetzt, daß der Boden gut genug dräniert ist. Bei dieser Art der Bewässerung kommt es, wenn sie richtig durchgeführt wird, daher nicht zu einer Anreicherung von Salzen, so daß die Struktur des Bodens erhalten bleibt.

Sparsamer ist der Wasserverbrauch bei Überflutung, da die letztere so geregelt werden kann, daß das zugeführte Wasser von den Pflanzen nutzbar gemacht und vollständig ausgewertet wird. Ein Nachteil der Überflutung ist aber der, daß der Salzgehalt des Wassers, da keine Versickerung in den Untergrund stattfindet, im Boden verbleibt und diesen verändert. Das gleiche gilt für die Beregnung des Bodens.

Wenn also die künstliche Bewässerung auch die sicherste Lösung des Wasserproblems ist, so ist sie dennoch nicht überall durchführbar, und es muß vorher genau geprüft werden, ob die hohen Aufwendungen für sie sich auf die Dauer zu lohnen versprechen.

XXII. DIE DÜNGUNG

1. Wirkung der Düngung

Unter Düngung versteht man die Veränderung der stofflichen Zusammensetzung eines Bodens, die dadurch bewirkt wird, daß man ihm Stoffe zuführt, welche seine Eigenschaften als Standort der Pflanze verbessern. Diese Art der Bodenpflege kann weit tiefer in die Eigenschaften eines Bodens eingreifen, als es die mechanische Bearbeitung zu tun vermag, und in der Tat rührt die enorme Steigerung der Ernteerträge, die im letzten Jahrhundert erzielt wurde, von der verbesserten Anwendung der Düngung her, die wir den wissenschaftlichen Forschungen *Liebigs* und anderer Agrikulturchemiker verdanken.

Während ein Boden, der nicht unter Kultur ist, sich auch im Laufe längerer Vegetationsperioden in seinem Nährstoffgehalt nur unwesentlich verändert, da die Nährstoffe, welche die Pflanzen aus dem Boden herausgezogen haben, ihm bei ihrem Absterben wieder zurückerstattet werden, führt die landwirtschaftliche Nutzung der Böden wegen des Entzugs der Ernten sehr rasch zu einer Erschöpfung. Schon frühzeitig haben die Landwirte dies beobachtet und sind dazu übergegangen, das angegriffene Nährstoffkapital des Ackers durch Düngung wieder aufzufüllen.

Tabelle 1

Stalldünger und tierische Auswürfe

Mittlere Zusammensetzung. Nach *E. von Wolff* und *S. Stutzer* (142)

Bezeichnung der Düngemittel	Wasser %	Organ. Masse %	Stickstoff ganze Menge %	Phosphorsäure ganze Menge %	Kali %	Kalk %	Magnesia %	Schwefelsäure %	Chlor %
Gewöhnlicher Stallmist frisch	75,0	21,0	0,45	0,20	0,60	0,45	0,14	0,10	0,13
Stallmist nach 3—5 monatiger fester Lagerung (gut aufbewahrt)	77,0	17,0	0,54	0,25	0,70	0,50	0,18	0,15	0,19
Mistjauche von überdachter Düngerstätte	98,2	1,0	0,25	0,01	0,55	0,03	0,04	0,07	0,12

Die *Wirkung der Düngung* erschöpft sich jedoch nicht in einer Zufuhr von Nährstoffen, also in einer chemischen Beeinflussung. Ebenso wie die mechanische Bodenbearbeitung nicht nur den physikalischen Zustand des Bodens, sondern auch seine chemischen und biologischen Eigenschaften verändert, so bewirkt die durch das Düngen hervorgerufene chemische Veränderung des Bodens hauptsächlich durch Beeinflussung der Kolloidsubstanz eine starke Veränderung der physikalischen Eigenschaften. Noch stärker werden allerdings die biologischen Eigenschaften des Bodens beeinflußt, vor allem dann, wenn organische Düngemittel zugeführt werden, die als Bakteriennahrung dienen. Indirekt fördern auch die mineralischen Düngemittel das Bakterienwachstum, sei es, daß sie die physikalische Bodenstruktur verbessern, sei es, daß sie den Bakterien durch eine vermehrte Erzeugung von Wurzeln die für die Entwicklung benötigte organische Substanz liefern.

2. Stallmist

Die Grundlage der Düngung sind die Ausscheidungen des Viehs, die zusammen mit der Einstreu den Stallmist bilden; sie sind wohl das erste Düngemittel gewesen, das der Landwirt zur Steigerung seiner Ernten auszuwerten lernte. Diese Ausscheidungen stellen zum Teil die unverdauten Reste der Nahrung dar, die als Kot ausgeschieden werden, zum Teil die mit dem Harn ausgeschiedenen Stoffwechselprodukte.

Leicht zersetzliche, sogenannte hitzige Dünger sind der trockene Pferdemist und der Schafmist; langsamer zersetzt sich der Rindermist, der reich an schleimigen Ausscheidungen ist und daher länger feucht bleibt. Bei der Aufbewahrung unterliegt der Stalldünger infolge der Tätigkeit der in ihm enthaltenen Bakterien einer Rottung. Der Grad der Zersetzung entscheidet über den Wert des Düngers. Die Düngerrottung besteht darin, daß die organischen Stoffe, Zellulose, Eiweiß usw., soweit zersetzt werden, daß infolge rascherer Abnahme der Zellulose das Verhältnis des Kohlenstoffs zum Stickstoff abnimmt, sich also günstiger gestaltet, so daß es im Boden nicht mehr zur Festlegung von Stickstoff durch die Bakterien kommt.

Die Rottung soll den Stallmist also zu einer geeigneten Bakteriennahrung machen. Zweck der Rotte ist es hingegen nicht, den Stalldung reichlicher mit Bakterien zu bevölkern; denn jeder Boden enthält Mikroorganismen in genügender Menge; ihre Zahl kann durch eine geeignete Nahrungszufuhr sehr rasch erheblich gesteigert werden.

Bei der chemischen Düngewirkung des Stallmists spielt hauptsächlich sein Gehalt an Stickstoff eine Rolle; man hat daher bei seiner Aufbewahrung den Versuch gemacht, den Stickstoffgehalt durch Zusatz von Säuren oder säurebildenden Stoffen zu konservieren. Zu diesen Bestrebungen ist zu sagen, daß bei den herrschenden niedrigen Handelsdüngerpreisen der Gewinn an Stickstoff zu der Schädigung des biologischen Wertes des Stallmists in keinem Verhältnis steht, da die Konservierungsmittel Zersetzung und Bakterientätigkeit beeinträchtigen. Konservierend auf den N-Gehalt des Mists, ohne Schäden mit sich zu bringen, wirkt dagegen eine Trennung der festen von den flüssigen Ausscheidungen, wie sie besonders in Ställen mit Kurzständen möglich ist. Die flüssigen Ausscheidungen müssen in möglichst luftdicht schließenden Behältern aufbewahrt werden, die zugleich ein Versickern unmöglich machen.

Der Wert der *Jauche* für das Pflanzenwachstum besteht hauptsächlich in ihrem Stickstoffreichtum. Bei ihrer Anwendung muß man darauf achten, daß sie sofort eingearbeitet wird, damit sie nicht mit der Luft in Berührung kommt und Ammoniak verliert, das hingegen bei sofortiger Unterbringung von den Bodenkolloiden adsorbiert wird.

Auch bei Anwendung von Stallmist ist zu beachten, daß das Unterpflügen rasch und bei möglichst kühlem Wetter geschieht. Je besser der Dung ist, desto größer ist die Gefahr vor Verlusten. Wenn nämlich ein Stallmist, der unter anaëroben Bedingungen gewonnen wurde und reichliche Mengen Ammoniak enthält, auf dem Felde plötzlich Lebensmöglichkeiten für die bisher in ihrer Tätigkeit gehemmten Bakterien findet, so zersetzt er sich sehr rasch unter Verlust von Stickstoff. Wird der Stallmist im Herbst angewandt und untergepflügt, so beginnt bereits vor Eintritt des Winters die Umwandlung des organisch gebundenen Stickstoffs in Ammoniak und später in Nitrat. Es besteht dann die Gefahr von Stickstoffverlusten durch Auswaschung, die um so größer wird, je milder und niederschlagsreicher der Winter ist. Als besonders vorteilhaft ist dagegen die Düngung des Bodens mit Stallmist im Frühjahr kurz vor der Bestellung anzusehen.

Die Wirkung, die der Stallmist im Ackerboden entfaltet, beruht nur zum Teil auf den Pflanzennährstoffen, die er mitbringt; viel wichtiger ist die durch die Zufuhr von organischer Substanz bedingte bodenverbessernde Wirkung. Ganz allgemein werden daher diejenigen Früchte für eine Stallmistdüngung am dankbarsten sein, die besonders hohe Ansprüche an die Bodengare stellen. Nächst den Hackfrüchten sind dies die Öl- und Faserpflanzen sowie das Gemüse. Diese bodenverbessernde Wirkung ist bei schweren Böden darauf zurückzuführen, daß einerseits die zwischen den Bodenteilchen eingelagerten Strohteilchen des Mists den Boden rein mechanisch lockern; zum zweiten wirkt die Kohlensäure, die bei der Zersetzung des Stallmists gebildet wird, lösend auf den Kalkgehalt ein und veranlaßt dadurch eine Ausflockung der Bodenkolloide. Aus der organischen Substanz des Stallmists werden durch die Kleinlebewesen im Boden Humusstoffe gebildet, die ebenfalls krümelnd wirken. Auf leichten Böden erhöht die Zufuhr von Humusstoffen die wasserhaltende Kraft.

Diese bodenverbessernden Eigenschaften sind es, die in erster Linie die Notwendigkeit der Stallmistanwendung bedingen; denn die Nährstoffe sind auch in Form der Handelsdünger zu beschaffen.

3. Gründüngung

Steht einer Wirtschaft Stallmist nicht in ausreichender Menge zur Verfügung, so kann die wichtigste Aufgabe desselben, die Zufuhr von organischer Substanz, auch von der Gründüngung übernommen werden. Aus der untergebrachten Gründüngungsmasse bildet sich Humus, der den Boden lockert und erwärmt und seine wasserhaltende Kraft erhöht.

Eine Zufuhr von Kali und Phosphorsäure wird zum Unterschied gegen den Stallmist durch die Gründüngung nicht bewerkstelligt. Die Menge Kali und Phosphorsäure, welche in den Gründüngungspflanzen enthalten ist, stammt aus dem Ackerboden und wird diesem lediglich wieder zurückerstattet. Von Bedeutung kann allerdings sein, daß tiefwurzelnde Gründüngungspflanzen Phosphorsäure aus dem Untergrund heraufholen.

Als Gründüngungspflanzen verwendet man in erster Linie Stickstoffsammler. Man baut sie entweder als Hauptfrucht oder als Unter- bzw. Zwischensaat an; ihr Anbau als Hauptfrucht kommt nur in Ausnahmefällen in Frage, weil dabei die Ernte eines Jahres verlorengeht. Bei ausreichender Feuchtigkeit des Landes ist die Untersaat das Gegebene; sie wird in Getreide eingesät, welches frühzeitig das Feld räumt. Die Stoppelsaat muß man sofort nach dem Mähen des Getreides vornehmen, damit Wasserverluste vermieden werden; denn eine ausreichende Wasserversorgung ist, wie gesagt, Vorbedingung für das Gedeihen der Gründüngung. Eine rasche Aussaat ist auch deswegen angebracht, weil dann die günstige Vegetationszeit im Sommer ausgenutzt wird; jeder Tag Zeitgewinn ist von größter Bedeutung.

Diese Art der Düngung kommt vor allem für leichte Böden, die stickstoffarm sind, in Betracht. Eine Gründüngung mit Leguminosen führt dem Boden rund 100 kg Stickstoff je Hektar zu, der von der nachfolgenden Kultur je nach der Beschaffenheit der Gründüngungs- und der angebauten Pflanzen zu 20—40% ausgenutzt wird. Auf den geringeren Böden ist die Ausnutzung schlechter, weil hier größere Stickstoffverluste durch Auswaschung eintreten. Wählt man für die Gründüngung andere Pflanzen als Schmetterlingsblütler, so erzielt man keinen Stickstoffgewinn, sondern der Boden wird lediglich mit organischer Substanz angereichert. Allerdings können auch solche Pflanzen stickstofferhaltend wirken, indem sie den in Nitratform enthaltenen Stickstoff festlegen und dadurch vor Auswaschung schützen.

Das Unterbringen der Gründüngung geschieht möglichst spät, damit eine allzu schnelle Zersetzung verhindert wird; man darf die Pflanzen aber nicht stehenlassen, bis sie verholzen, weil sich in diesem Stadium das Verhältnis des Kohlenstoffs zum Stickstoff ungünstiger gestaltet.

4. Kompost

Ein Wirtschaftsdünger, durch den der Landwirt vor allem eine Belebung der biologischen Tätigkeit des Bodens herbeiführen kann, ist der Kompost, der durch sachgemäße Lagerung aus Abfällen der Wirtschaft hergestellt wird. Zur Bereitung von Kompost können sämtliche Abfälle tierischen Ursprungs (Eingeweide, Federn), Küchenabfälle, Laub, Unkraut, Bauschutt, Grabenaushub, Schlamm aus Teichen, verdorbene Nahrungs- und Futtermittel, Kehricht usw. dienen. Durch die im Komposthaufen erfolgende Zersetzung wird der Düngewert aller dieser Stoffe verbessert, insbesondere wenn für einen genügenden Kalkgehalt, der die Zersetzung beschleunigt, und durch Zufuhr von Jauche für eine Anreicherung des Komposts mit Bakterien Sorge getragen wird.

Neuerdings wird auch das *Kompostieren von Stallmist* oder Stroh mit einer Erde empfohlen, die montmorillonitartigen Ton enthält. Durch Bindung des entstehenden Humus an dieses Tonmineral erzielt man eine besonders wertvolle Humusform. Das Kompostieren von Stroh ist vor allem dann von Bedeutung, wenn die reichliche Stroherzeugung in den großen Getreidebaubetrieben die *Verwendung von Stroh für Düngezwecke* nahelegt. In der Regel ist eine solche Düngung nicht ratsam, da bei Unterbringung großer Strohmassen Ertragssenkungen eintreten. Die Düngung mit Stroh hat nämlich den Nachteil, daß infolge eines ungünstigen *Kohlenstoff : Stickstoff-Verhältnisses* die Bakterien löslichen Stickstoff verarbeiten, um ihn bei der Zersetzung der Zellulose des Strohs in unlöslicher Form festzulegen. Um diesem Übel abzuhelfen, hat man das Stroh unter Zusatz von Stickstoffdüngern einer Gärung unterworfen, in deren Verlauf der zugesetzte Stickstoff den Bakterien, welche die Zellulose des Strohs zersetzen, als Nahrung dient.

In neuerer Zeit hat man versucht, die günstige Wirkung des Stallmists auf die Bodenstruktur durch Zufuhr geringerer Mengen von bestimmten organischen Stoffen zu ersetzen. *I. Quastel* und *D. Webley* fanden in Rothamsted, daß der Zusatz des Natriumsalzes der Alginsäure die Durchlüftung, wasserhaltende Kraft und Krümelbeständigkeit des Bodens verbesserte. Verschiedene amerikanische Firmen haben daraufhin Präparate, wie Kryllium, Fluffium usw., in den Handel gebracht, die Großmoleküle von Acrylnitril usw. sind. Die Wirkung dieser Stoffe soll darauf beruhen, daß die Salze zunächst wasserlöslich sind und sich gleichmäßig im Boden verteilen, daß das organische Anion aber, nachdem es vom Boden adsorbiert ist und die Bodenkrümel verklebt, nicht mehr ausgewaschen werden kann. Voraussetzung für den Erfolg ist ferner, daß diese Stoffe nicht der Zersetzung durch Bodenbakterien unterliegen. Als anzuwendende Menge werden 200 kg je ha empfohlen. Des hohen Preises wegen kommen diese Mittel zunächst nur in Frage für hochwertige Kulturen.

5. *Handelsdünger*

Ist der Stallmist auch die natürliche Grundlage aller Düngung, weil er den Fruchtbarkeitszustand des Bodens nicht nur durch seinen Nährstoffgehalt, sondern auch durch seinen Gehalt an organischer Substanz verbessert, so reicht er doch nicht aus, wenn die Landwirtschaft intensiv betrieben wird und das Ziel verfolgt, einen großen Teil ihrer Anbauprodukte der Ernährung der städtischen Bevölkerung zur Verfügung zu stellen, wodurch sie der bäuerlichen Wirtschaft entzogen werden. Der Stallmist kann selbst bei bester Pflege dem Acker die durch die Ernten entnommenen Nährstoffe nur so weit zurückgeben, als die Ernteerzeugnisse in der Wirtschaft selbst verbraucht worden sind. Die nicht unbeträchtlichen Nährstoffmengen dagegen, die in den aus dem Bauernhofe ausgeführten Produkten enthalten sind, können bei alleiniger Anwendung von Stalldünger dem Boden nicht ersetzt werden. Die ausschließliche Verwendung des in der Wirtschaft anfallenden Stallmists bedeutete also eine Inanspruchnahme des Bodenkapitals an leichtlöslichen Nährstoffen. Bei fortgesetztem Anbau und ungenügendem Nährstoffersatz tritt daher ziemlich rasch der Fall ein, daß der Boden nicht mehr in der Lage ist, die hohen Ernten zu liefern, welche die neuzeitliche Landwirtschaft anstreben muß. Eine derartige Bewirtschaftung würde zu dem Vorwurf berechtigen, der vielfach gegen die moderne intensive Landwirtschaft erhoben worden ist, nämlich daß sie den Boden für die kommenden Geschlechter unfruchtbar macht. Um dieser Gefahr zu begegnen, ergänzt man die Stalldüngung dadurch, daß man dem Boden zusätzliche Nährstoffe in Form der verschiedenen Handelsdünger zuführt, welche *Stickstoff*, *Phosphorsäure* und *Kali* entweder einzeln oder in Mischung enthalten. Eine Sonderstellung nimmt der Pflanzennährstoff *Kalk* ein, den man in der Regel nicht in einer Menge anwendet, wie sie dem Bedarf der Pflanze entspricht, sondern der seiner bodenverbessernden Eigenschaft halber als Bodendünger in größeren Mengen zugeführt wird.

6. *Stickstoffdünger*

Die Stickstoffdünger, die dem Landwirt zur Verfügung stehen, sind nur zum Teil organische Verbindungen. Die anorganischen Stickstoffdünger spielen bei weitem die Hauptrolle, da infolge ihrer Erzeugung aus Luftstickstoff ihre Produktionsmöglichkeit unbegrenzt groß ist. Sie enthalten den Stickstoff teils in Ammoniak-, teils in Nitrat- und teils in Amidform, einzelne enthalten sowohl Ammoniak- wie auch Nitratstickstoff. Die hauptsächlichsten heute im Handel befindlichen Stickstoffdüngemittel sind die folgenden: *Ammonsulfatsalpeter* 26% N, *Schwefelsaures Ammoniak* 20,6% N, *Kalkammonsalpeter* 20,5% N, *Natronsalpeter* 16% N, *Kalksalpeter* 15,5% N, *Kalkstickstoff* 20 bis 24% N, ferner *Stickstoffmagnesia* 10/8 und 15/4 mit 10 bzw. 15% N und 8 bzw. 4% MgO.

Die am meisten angewandte Stickstoffform ist der *Ammoniakstickstoff*. Im Boden wird durch die Tätigkeit der Nitrifikationsbakterien der Ammoniakstickstoff in Nitratstickstoff übergeführt. Diese Überführung geht allmählich vor sich, so daß der Ammoniakstickstoff nicht so rasch zur Wirkung kommt wie der Nitratstickstoff. Diese langsamere Wirkung des Ammoniakstickstoffs, die dadurch bedingt ist, daß er erst nitrifiziert werden muß, bietet andererseits den Vorteil der größeren Nachhaltigkeit. Von Vorteil für diesen Überführungsvorgang ist die Anwesenheit von Kalk, da die Nitrifikationsbakterien eine neutrale Reaktion bevorzugen, während eine saure Reaktion ihrer Tätigkeit abträglich ist. Bei Verwendung von Ammoniakdünger ist es deshalb erforderlich, daß man der Kalkung des Bodens ausreichende Beachtung schenkt; denn sämtliche Ammoniakdüngemittel, in denen das Ammoniak an Schwefelsäure gebunden ist, sind physiologisch sauer.

Der *Nitratstickstoff* ist die Stickstofform, die von der Pflanze im allgemeinen am raschesten und stärksten aufgenommen wird. Eine Festlegung des Nitratstickstoffs durch den Boden findet nicht statt; er ist daher leicht beweglich und kann leicht an die Wurzeln herandiffundieren. Andererseits unterliegt er in stärkerem Maße der Gefahr der Auswaschung, so daß Stickstoffverluste möglich sind. Die Salpeterarten, in denen der Nitratstickstoff an Natrium oder Calcium gebunden ist, sind physiologisch alkalisch, da aus ihnen das Anion rascher aufgenommen wird als das Kation.

Der *Kalkstickstoff* wird im Boden zunächst zu Calciumhydroxyd und Cyanamid zersetzt. Aus dem Cyanamid bildet sich dann Harnstoff, der weiter der Nitrifikation unterliegt. Die bei der Umwandlung des Cyanamids wirksamen Kräfte sind Oberflächenwirkungen der kolloidalen Substanzen des Bodens; eine besondere Rolle spielen dabei die im Boden vorkommenden Eisen- und Manganverbindungen. Am günstigsten verläuft die Zersetzung des Kalkstickstoffs auf adsorptionskräftigem Boden. In leichteren Böden verlaufen die Umsetzungsprozesse langsamer, besonders wenn die Wasserversorgung ungünstig ist.

Die *organischen Stickstoffdünger* werden nur in sehr geringem Umfange benutzt, da sie wesentlich teurer sind als die mineralischen. Die wichtigsten dieser Düngemittel sind: Blutmehl, Hornmehl, Fischmehl und Mehl aus Rückständen der Preßkuchen von Ölpflanzen. Bei der Zersetzung der organischen Dünger im Boden bildet sich allmählich zunächst Ammoniak und daraus Salpetersäure.

7. Phosphorsäuredünger

Die Versorgung der Böden mit Phosphorsäure ist für Europa ein besonders schwerwiegendes Problem, da dieser Erdteil nicht über ausreichende Phosphatmengen verfügt. Es ist daher wichtig, zwecks bester Ausnutzung des P_2O_5 der Phosphatdünger stets das für den betreffenden Boden am besten geeignete Düngemittel zu verwenden. Die hauptsächlichsten Phosphorsäuredünger sind: *Superphosphat, Thomasphosphat* und *Rhenaniaphosphat.* Alle diese enthalten den Phosphor in Form von Phosphaten, jedoch in verschiedener Löslichkeit. Das Superphosphat enthält die Phosphorsäure in wasserlöslicher Form. Im Thomasphosphat ist die Phosphorsäure in zitronensäurelöslicher Form enthalten, im Rhenaniaphosphat in citratlöslicher Form.

Das *Superphosphat* enthält ca. 16—18% P_2O_5 in *wasserlöslicher Form* als Monocalciumphosphat, daneben Calciumsulfat. Die wasserlösliche Phosphorsäure des Superphosphats wird im Boden sehr bald als Dicalciumphosphat wieder ausgefällt; die Verteilung der Phosphorsäure erfolgt durch Auflösung in der Bodenfeuchtigkeit besonders gleichmäßig. Für die Pflanze aufnehmbar sind bei Anwendung von Superphosphat im allgemeinen nur diejenigen Mengen Phosphorsäure, die durch die kohlensäurehaltige Bodenlösung bzw. durch die lösende Mitwirkung der von den Wurzeln entwickelten Wasserstoffionen in Lösung gebracht werden. Auffallend ist die gute Wirkung der wasserlöslichen Phosphorsäure vor allem auf ariden Böden, die oft einen natürlichen Phosphorsäurereichtum aufweisen, der aber den Pflanzen nicht zugänglich ist.

Zur Verbesserung der Ausnutzung des P_2O_5 ist von *E. Rauterberg*, neuerdings insbesondere von sowjetischen Forschern, die nesterweise Anwendung der Phosphatdünger empfohlen worden, da auf diese Weise eine zu starke Festlegung des P_2O_5 durch den Boden verhütet wird. Eine solche nesterweise Verteilung des P_2O_5 wird erreicht durch Anwendung granulierter Dünger, besonders wenn diese in oder unmittelbar neben die Pflanzreihen gestreut werden.

Das *Thomasphosphat* wird aus der bei der Stahlgewinnung nach dem Thomasverfahren abfallenden basischen Schlacke gewonnen; es enthält 13 bis 16% Phosphorsäure. Nachdem man die Thomasschlacke zuerst als wertloses Abfallprodukt betrachtet hatte, stellte *P. Wagner*, Darmstadt, fest, daß die Phosphorsäure dieser Schlacke, obgleich sie nicht wasserlöslich ist, von den Pflanzen gut verwertet werden kann, wenigstens soweit sie sich in *Zitronensäure* lösen läßt.

Das Thomasphosphat führt dem Boden nicht nur Phosphorsäure zu, sondern auch gut wirksamen Kalk in nicht unerheblichen Mengen sowie verschiedene Spurenelemente, vor allem Mangan.

Das *Rhenaniaphosphat* mit ca. 24% *citratlöslicher* Phosphorsäure entspricht in seiner Wirkung dem Thomasphosphat.

Auf saurem Hochmoorboden ist die lösende Wirkung des Bodens so stark, daß man *gemahlene Rohphosphate* zur Düngung benutzen kann. Auch die physiologisch sauren Beidünger können eine Erhöhung der Phosphorsäureaufnahme aus schwerlöslichen Phosphaten bewirken. In zunehmendem Maße finden weicherdige Rohphosphate (Hyperphos) in fein gemahlenem Zustande vor allem auf biologisch aktiven Böden Anwendung.

8. Kalidünger

Eine Düngung mit Kali wurde unbewußt schon in alter Zeit vorgenommen, da die Holzasche, die bereits in der primitiven Landwirtschaft als Düngemittel benutzt wurde, ihren Düngewert zur Hauptsache ihrem Gehalt an Kali verdankt. Gegenwärtig dienen als Kalidüngemittel fast ausschließlich die bergmännisch gewonnenen Kalisalze, die an verschiedenen Stellen Europas in unerschöpflicher Menge vorkommen. Diese werden einfach vermahlen und als Kalirohsalz angewandt, oder sie werden durch Umkristallisieren von den Nebenbestandteilen mehr oder weniger befreit, so daß höherprozentige Kalisalze mit 40, 50 oder 60% K_2O in Form von Kaliumchlorid gewonnen werden. Durch Umsetzen mit Kieserit werden auch chlorarme bzw. chlorfreie Sulfate von Kali bzw. doppelte Sulfate von Kali und Magnesia hergestellt. Die wichtigsten für Düngezwecke gebräuchlichen Kalisalze und ihre Zusammensetzung sind die folgenden:

In 100 Teilen sind enthalten	Schwefelsaures Kali K_2SO_4	Chlorkalium KCl	Schwefelsaures Magnesium $MgSO_4$	Chlormagnesia $MgCl_2$	Chlornatrium NaCl	Schwefelsaurer Kalk (Gips) $CaSO_4$
Kainit 12—15% . .	0—4	19—24	0—32	0—8	29—27	0,2—6
40er Kalidüngesalz .	0—9	60,1—66,4	0—10	0—6	16—80	0,2—6
50er Kalidüngesalz .	0—3,5	79,1—85,4	0—5	0—3	00—16	0,1—4
Schwefelsaures Kali.	89,0—86,0	0—4,5	1,5—4,5	0—1,5	1,5—4	0,3—4
Kalimagnesia . . .	48,1—55,3	0—3,0	25—38	0—1,5	1,0—4	0—6

In allen diesen Düngemitteln ist das Kali in der wasserlöslichen Form des Kaliumions enthalten. Im Boden wird der Kaligehalt der Kalisalze durch die Bodenfeuchtigkeit gelöst. Er verbleibt jedoch nicht in der Bodenlösung; die kolloidalen Bestandteile des Bodens haben die Fähigkeit, Kalium im Austausch gegen andere Basen festzulegen, so daß das Kali der Düngesalze dadurch vor Auswaschung geschützt ist. Die Festlegung des Kalis durch die Bodenkolloide bewirkt, daß selbst bei langjährigen Dauerversuchen auf mittleren Böden der Kaligehalt des Bodens nur bis zu einer Krumentiefe von etwa 20—30 cm angereichert wird. Auf schweren Böden, die reich an austauschfähigen Komplexen sind, kann die Austauschadsorption so stark sein, daß lediglich die oberste Krumenschicht mit Kali angereichert wird.

Auf Sandböden, die nur wenig Kolloide enthalten, ist die Beweglichkeit des Kalis im Boden natürlich größer.

Bei der Austauschadsorption der Kalisalze tritt Kali an Stelle von Calcium oder auch von Natrium in den Bodenkomplex ein.

Aus den Adsorptionskomplexen wird Kalium durch die von den Wurzeln ausgeschiedenen Wasserstoffionen gelöst. Die Lösungsfähigkeit dieser Ionen ist aber um so geringer, je fester das Kalium von einem ungesättigten Boden abgebunden wird. So ist vielfach auf schweren Böden beobachtet worden, daß das mit einer Düngung zugeführte Kalium nicht zur Wirkung kam, nicht etwa, weil der Boden zu kalireich, sondern weil er so arm war, daß er das ganze zugeführte Kali an sich riß. Erst eine Anreicherung des Bodens mit Kali ergab in diesem Falle die Möglichkeit einer Düngewirkung.

Durch Festlegung wird das Kali vor der Auswaschung geschützt. Bei Lysimeterversuchen wurde von *Gerlach* (143) festgestellt, daß die Auswaschungsverluste an Kali auf Böden, die eine Kalidüngung erhalten hatten, nicht größer waren als auf den gleichen Böden, wenn sie ohne Kalidüngung geblieben waren. Fast sämtliches Düngerkali war von den Bodenkolloiden adsorbiert worden, und es stellte sich daher in beiden Fällen in den Bodenlösungen dasselbe Gleichgewicht ein.

Die Kalidüngung fand praktische Anwendung zunächst auf den leichten Böden, was sich daraus erklärt, daß diese an Kolloiden armen Böden nur wenig adsorptiv gebundenes Kali enthalten. Das Kali kommt hier rasch zur Wirkung, weil es nicht vom Boden festgelegt wird; andererseits läßt sich der Kaligehalt dieser Böden nicht für längere Dauer anreichern.

Auch auf Moorböden war die Anwendung von Kalidünger seit jeher die Voraussetzung für die Durchführung der Kultivierung. Die Adsorptionsverbindung von Kali mit Humus, die sich auf Moorböden bildet, ist im Gegensatz zu den Adsorptionsverbindungen mineralischer Böden leicht löslich. Daraus erklärt sich einerseits die große Armut der Moorböden an Kali, andererseits aber bewirkt diese leichte Löslichkeit, daß das Kali auf Moorböden nicht festgelegt wird, sondern rasch zur Wirkung kommt.

Auf schweren Böden hielt man früher eine Anwendung der Kalidüngung nicht für nötig. Schon *Maercker* konnte diese Ansicht widerlegen. Die schwereren Böden haben zwar gewöhnlich einen höheren Gehalt an Kali; dieser ist aber für die Pflanzen weniger leicht aufnehmbar, so daß zur Erzielung hoher Ernten eine Erhöhung des leichtlöslichen Anteils notwendig wird.

9. Kalkdünger

Eine richtige Versorgung des Bodens mit Kalk ist als Grundlage für die sachgemäße Durchführung der übrigen Düngungsmaßnahmen zu betrachten. Die Kalkformen, die in Frage kommen, sind: der *kohlensaure Kalk*, der *Branntkalk* und der *Löschkalk*, auf alkalischen Böden auch der *Gips*. Eine große Rolle spielt bei der Bewertung von Kalkdünger neben dem Gehalt an Kalk auch der Feinheitsgrad der Mahlung; denn je feiner ein Kalk ist, desto rascher ist seine Wirkung.

Bei der Düngung mit alkalisch reagierenden Kalkformen verfolgt man in erster Linie den Zweck, die Bodensäure abzusättigen. In der Praxis gibt man gewöhnlich eine Überschußkalkung, um die Sicherheit zu haben, daß das angestrebte Ergebnis auch vollständig erreicht wird. Diese Überschußkalkung ist insofern unbedenklich, als die neutralisierende Wirkung des Kalkes, die man in letzter Zeit in den Vordergrund gerückt hatte, durchaus nicht die einzige und vielleicht auch nicht einmal die wichtigste Wirkung des Kalkes auf den Boden ist. Von noch größerer Bedeutung ist vielmehr die Wirkung des Calciumions auf die Struktur der Bodenkolloide: das Calciumion fällt die Bodenkolloide aus und erzeugt eine Krümelstruktur des Bodens. Die an Kalk gebundenen Bodenkolloide haben eine körnige Beschaffenheit, da das Calciumion nur eine geringe Wasserhülle hat. Der Boden wird auf diese Weise leichter entwässert und besser durchlüftet und ist leichter bearbeitbar. Die Pflanzenwurzeln und die nützlichen Kleinlebewesen des Bodens können sich besser entwickeln, und Wasserhaltung und Wasserführung werden verbessert, da ein Wasserüberfluß zwar leicht abgegeben wird, aber trotzdem bei Trockenheit genügend Wasser in den Hohlräumen aufgespeichert bleibt und der Verdunstung entzogen wird.

Auch die Wärmeverhältnisse im Boden werden durch den Kalk günstig beeinflußt. Einen förderlichen Einfluß auf die Bodenbakterien, die zu einem großen Teil eine neutrale Bodenreaktion verlangen, üben vor allem die alkalisch wirkenden Kalkverbindungen aus. Der Gips andererseits hat infolge seiner größeren Löslichkeit eine besonders stark krümelnde Wirkung; eine Verbesserung der Bodenreaktion kann er dagegen nicht bewirken, und er ist daher auf sauren Böden ohne Einfluß auf die Bodenbakterien.

Von Bedeutung ist der $CaSO_4$-Gehalt mancher Düngemittel deswegen, weil er eine Schwefelversorgung der angebauten Pflanzen bewirkt, die zwar bei Anwendung von Ammonsulfat, Superphosphat und magnesiumsulfathaltigen Kalisalzen gesichert ist, nicht aber bei fortgesetzter Düngung mit hochkonzentrierten, ballastfreien Volldüngern bzw. schwefelfreien Düngemitteln, wie Kalkammonsalpeter, Thomasphosphat und anderen Glühphosphaten, Kaliumchlorid und anderen.

Als Pflanzennährstoff erfährt der Kalk bei der Bemessung der Kalkdüngung keine besondere Berücksichtigung, da die unter diesem Gesichtspunkt erforderlichen Kalkmengen dem Boden ohnehin in Form von Phosphorsäuredünger, von Kalkstickstoff und von Kalkammonsalpeter in genügender Menge zugeführt werden.

Bei der Wiederherstellung von Land, das durch Meereswasser überschwemmt war, hat man in Holland gute Erfahrungen mit der Anwendung von Gips gemacht.

10. Volldünger

Die Anwendung der Handelsdünger bringt einen vollen und dauernden Erfolg nur dann, wenn sie nicht einseitig geschieht, sondern in Form einer Volldüngung, in welcher die drei Hauptnährstoffe Stickstoff, Phosphorsäure und Kali in einer dem Bedarf der Pflanzen entsprechenden Menge enthalten sind. Der Landwirt, der eine solche Düngung verabfolgen will, kann entweder die verschiedenen Düngerarten, die gewöhnlich nur je einen Nährstoff enthalten, selbst mischen, oder er kann einen fertigen Mischdünger beziehen, der alle Nährstoffe in dem richtigen Verhältnis enthält.

Von besonderer Bedeutung sind die Volldünger, die durch Aufschluß von Rohphosphat und nachheriges Ausfällen des Dicalciumphosphats mit Ammoniak gewonnen werden und bei denen das entstehende Ammoniumnitrat durch Umsetzung mit Kaliumchlorid in Kalisalpeter übergeführt worden ist. Diese in gut streufähiger, granulierter Form gewonnenen Volldünger weisen einen wesentlich höheren Nährstoffgehalt auf, als mechanische Mischungen der Einzeldünger erreichen können. Durch ihre Anwendung kann der Landwirt erhebliche Einsparungen an Kosten für Antransport, Lagerhaltung, Mischen und Ausstreuen bewirken, und die Anreicherung des Bodens an Pflanzennährstoffen kann erfolgen, ohne daß ihm gleichzeitig größere Mengen an Ballaststoffen zugeführt zu werden brauchen.

Vor allem in Ländern, in denen die Landwirtschaft mit schwierigen Arbeitsverhältnissen rechnen muß, wird die Anwendung der Volldünger derjenigen der Einzeldünger mehr und mehr vorgezogen. In Deutschland sind hauptsächlich die Volldüngerarten Nitrophoska, Amsupka, Kampka, Volldünger Höchst und Ruhr-Volldünger verbreitet.

11. Magnesiadünger

Obgleich man längst wußte, daß Magnesia ein wichtiger Pflanzennährstoff ist, wurde eine Düngung mit Magnesia bisher meist unterlassen, da man annahm, daß der Bedarf an diesem Nährstoff durch den natürlichen Magnesiagehalt des Bodens gedeckt würde. Lediglich in der holländischen Landwirtschaft wurde eine Magnesiadüngung in der Weise durchgeführt, daß man als Kalidüngemittel die Kalimagnesia mit einem Gehalt von 26—30% $MgSO_4$ benutzte. In letzter Zeit wurden aber in verschiedenen Teilen der Welt Magnesiamangelerscheinungen festgestellt, die vor allem bei intensiver Anwendung von kali- und ammoniumhaltigen Düngemitteln auftraten. Man hat daher begonnen, auch der Düngung mit Magnesia größere Aufmerksamkeit zu widmen, und zwar in der Weise, daß man Düngemittel anwendet, die einen Gehalt an Magnesiumsulfat aufweisen. In dieser Form führt man dem Boden gleichzeitig Schwefel zu, der ebenfalls als ein wichtiger Pflanzennährstoff zu betrachten ist. Die wichtigsten dieser Düngemittel sind die Kalimagnesia sowie die Stickstoffmagnesia.

12. Spurenelemente

An einer Reihe von Elementen hat die Pflanze nur einen geringen Bedarf, und eine über diesen Bedarf hinausgehende Zufuhr dieser Elemente hat eine stark schädigende Wirkung auf die Pflanzen. Umgekehrt treten aber beim Fehlen dieser als Spurenelemente bezeichneten Nährstoffe krankheitsartige Mangelerscheinungen auf, so daß man unter Umständen auch auf eine Zufuhr dieser Stoffe durch die Düngung bedacht sein muß. Aus der Zahl dieser Spurenelemente sind vor allem Bor, Kupfer, Mangan, Zink, Molybdän und Kobalt zu nennen. Eine Reihe von Düngemitteln, welche Bor oder andere Spurenelemente enthalten, sind im Handel und erleichtern dem Landwirt die richtige Anwendung der Spurenelemente.

XXIII. PRAKTISCHE GEGENWARTSAUFGABEN DER BODENKUNDE

Die reine Bodenkunde ist ein Zweig der Naturwissenschaft, und ihre Aufgabe ist die Erforschung der im Boden obwaltenden Naturgesetze; dieses ihr Ziel, die immer eingehendere und umfassendere Erkenntnis, zeichnet ihr wie jeder anderen Wissenschaft den Weg vor. Dem Fortschritt der bodenkundlich-wissenschaftlichen Erkenntnis wäre schlecht gedient, wollte man den Forscher auf die Bearbeitung von Fragen beschränken, die eine unmittelbare praktische Bedeutung besitzen, und gerade der Praxis brächte ein solcher Verzicht auf freies Arbeiten keinen Vorteil, lehrt doch die Geschichte der Erfindungen und Entdeckungen, daß das wirklich Umwälzende am häufigsten dann zustande kam, wenn die Wissenschaft völlig unabhängig und ohne Rücksicht auf etwaige spätere Verwertungsmöglichkeiten des Gesuchten Grundlagenforschung betrieb. Ein Beispiel hierfür sind *Liebigs* zunächst rein theoretischen Gedankengänge über die mineralische Ernährung der Pflanze, die später zur Anwendung der Mineraldüngung und damit zu grundlegenden Neuerungen in der Landwirtschaft führten.

Die Arbeitsfreiheit, die der Bodenkundler als Wissenschaftler für sich in Anspruch nehmen muß, darf aber nicht dazu verleiten, daß die Bodenkunde den Zusammenhang mit der landwirtschaftlichen Praxis verliert. Die Praxis erwartet von der Bodenkunde, daß sie ihr das Rüstzeug für die Lösung der Aufgaben liefert, denen die landwirtschaftliche Praxis heute gegenübergestellt ist.

Als wichtigste Aufgabe, die der Bodenkunde von der landwirtschaftlichen Praxis gestellt wird, ergibt sich hieraus die Ausarbeitung von Methoden, um trotz einer Bewirtschaftung, die aus dem Acker die höchstmöglichen Erträge herausholt, den Boden gesund und fruchtbar zu erhalten. Bei der Planung der landwirtschaftlichen Erzeugung darf daher nicht ein solches System der Bewirtschaftung zugrunde gelegt werden, das nur den höchstmöglichen augenblicklichen Nutzen anstrebt, sondern es muß eine Bewirtschaftung verlangt werden, die das Leistungsvermögen des Bodens erhält und sogar verbessert. Die Erfüllung dieser Forderung darf auch an der Kostenfrage nicht scheitern; die Preise, die dem Landwirt für seine Erzeugnisse zugebilligt werden, müssen daher im Interesse der Allgemeinheit so beschaffen sein, daß er in der Lage ist, die Fruchtbarkeit des Bodens zu erhalten.

Im Verlaufe ungezählter Generationen haben sich die Bauern der alten Kulturländer ein System der Bodenpflege empirisch erarbeitet, das, vom Vater auf den Sohn vererbt, allmählich den jetzigen Stand des Ackerbaus ermöglicht hat. Manche Einzelheiten dieser bäuerlichen Arbeitsweisen haben bisher noch keine wissenschaftlich befriedigende Erklärung gefunden; zahlreiche Kunstgriffe werden rein gefühlsmäßig von dem, der eine „glückliche Hand“ hat, mit Erfolg angewandt, während andere keinen Vorteil aus ihnen zu ziehen vermögen. Es liegt hier eine Stufe der Entwicklung vor, wie wir sie auf dem Gebiete der Technik bereits hinter uns haben. Früher war es das Geheimnis einiger geschickter Meister, einen besonders guten Stahl zu schmieden, ein schönes, klares Glas zu schmelzen oder ein Tuch besonders leuchtend und echt zu färben. Heute kann die Technik dank der Aufklärung durch die Wissenschaft, die den Schleier des Geheimnisses gelüftet hat, von vornherein zielbewußt darauf ausgehen, die Arbeitsprozesse so zu leiten, daß die jeweils mögliche Höchstleistung erreicht wird. So muß es auch die wissenschaftliche Durchdringung der Landwirtschaft erreichen, daß jedem Landwirt Arbeitsvorschriften gegeben werden können, die einen sicheren Erfolg verbürgen.

Die großen wirtschaftlichen Erfolge, welche die Durchdringung industrieller Tätigkeit mit wissenschaftlich begründeten Arbeitsmethoden mit sich gebracht hat, haben es der Industrie ermöglicht, die Arbeit der in ihr tätigen Menschen besser zu entlohnen, als es die Landwirtschaft zu tun vermag. Eine der wichtigsten Zukunftsaufgaben wird es sein, der Landwirtschaft die Möglichkeit zu geben, diesen Vorsprung einzuholen, indem man auch ihr den Weg zu einer verbesserten Produktion freilegt. Dazu gehört vor allem ein noch stärkeres Einspannen der Wissenschaft in den Dienst der landwirtschaftlichen Praxis, damit die reichen Erfahrungsschätze, die sich heute zum Teil als eine Art von Geheimlehre im Besitz einer verhältnismäßig geringen Zahl von praktischen Landwirten befinden, der gesamten Landwirtschaft zugänglich gemacht werden können. Die Probleme, die in der Landwirtschaft auftreten, sind freilich weit schwieriger zu lösen als die Aufgaben, die der Wissenschaft von der Industrie gestellt werden; denn die letztere hat nur mit der leblosen Materie, die sich der Anwendung physikalisch-chemischer Gesetze ohne weiteres unterwirft, zu tun, die erstere dagegen mit dem Lebendigen, mit Mensch, Tier und Pflanze. Um so notwendiger ist daher der verstärkte Einsatz der Wissenschaft zur Aufklärung der Kräfte, welche den Boden befähigen, Träger des Lebens zu sein.

Der Teil des Bodens, der für alle seine Eigenschaften ausschlaggebend ist, sind die Bodenkolloide, die den sogenannten Adsorptionskomplex des Bodens bilden. Die Erkenntnis des Aufbaues und Verhaltens dieses Komplexes tritt somit in den Mittelpunkt der bodenkundlichen Forschung. Nur wenn die Struktur dieses Komplexes bekannt ist, ist uns die Möglichkeit gegeben, Mittel zu finden, die ihn vor der Zerstörung bewahren oder womöglich noch verbessern, also die Hauptaufgabe der intensiven Landwirtschaft zu lösen, den Boden trotz äußerster Beanspruchung gesund zu erhalten. Was den mineralischen Teil des Adsorptionskomplexes, die Tonmineralien, betrifft, so hat die Bodenkunde mit den Hilfsmitteln der physikalischen Chemie, insbesondere der Röntgenspektrographie und der Anwendung des Elektronenmikroskops, in den letzten beiden Jahrzehnten bereits beachtliche Erfolge erzielt. Schwieriger ist dagegen die Lösung der Humusfrage.

In den letzten Jahren sind aber auch auf dem Gebiete der Humuschemie wesentliche Fortschritte gemacht worden, die durch eine Aufklärung der Bildungsweise und der chemischen Konstitution des Humus den Weg weisen, um zielbewußt an der Verbesserung des Humuszustandes der Böden zu arbeiten. Der Humus wird zwar nicht für den Aufbau der Pflanzensubstanz benötigt, da diese aus der Kohlensäure der Luft entsteht, und eine Steigerung des Ertrages, wie sie z. B. durch Mineraldünger bewirkt wird, wirkt daher nicht humuszehrend. Eine ständige Verminderung des Humusgehaltes des Bodens erfolgt aber im Ackerbau dadurch, daß durch die Bodenbearbeitung, um ein günstiges Saatbett zu schaffen, aërobe Bedingungen geschaffen werden, die dazu führen, daß der Humus zu Kohlendioxyd und Wasser abgebaut wird. Es müssen also Mittel und Wege gefunden werden, um dem Boden geeignete Humusformen wieder zuzuführen. Diesem Ziele dienen die Arbeiten über die Konstitution, die Ausgangsstoffe und die Bildungsweise der Humusstoffe, über die Vorgänge beim Rotteprozeß des Stallmistes sowie über die Bindung von Humus an bestimmte Tonmineralien bei der Kompostierung. Da selbst bei bester Pflege die in Form von Stallmist und Kompost zu gewinnenden Mengen von Humusstoffen nicht ausreichend erscheinen, kommt eine große Bedeutung auch den Bestrebungen zu, durch eine Änderung der Fruchtfolge eine Vermehrung des Humusgehaltes des Bodens zu bewirken.

Auch die Frage des vollen Nährstoffersatzes ist noch nicht restlos geklärt. In den letzten Jahrzehnten sind Schnellmethoden zur Bestimmung des Gehaltes der Böden an pflanzenaufnehmbaren Nährstoffen in starkem Umfange zur Ermittlung des Düngerbedarfes der Böden herangezogen worden. Diese Untersuchungen, die jährlich zu Hunderttausenden durchgeführt wurden, haben eine laufende Nährstoffkontrolle ermöglicht. Dabei hat sich ergeben, daß der Prozentsatz an verarmten Böden in ständiger Zunahme begriffen ist, daß also die bisher übliche Höhe der Düngergaben den Anforderungen, welche unsere intensive Landwirtschaft an den Boden stellt, nicht genügt. Die Ergebnisse der Bodenuntersuchungen geben dem Landwirt die Möglichkeit, durch Verstärkung der Düngung rechtzeitig Abhilfe zu schaffen, ehe die Fruchtbarkeit seines Bodens so weit geschädigt ist, daß fühlbare Rückgänge in den Erträgen eintreten.

Die neuzeitlichen Methoden der Bodenuntersuchung machen es zwar möglich, eine ausreichende Versorgung des Bodens mit Kalk, Kali, Phosphorsäure und Magnesia anzustreben, für den Stickstoff besteht aber eine derartige Möglichkeit nicht.

Bei der hervorragenden Bedeutung, die der Stickstoff für die Ernährung der Pflanzen hat, und der Schwierigkeit, diesen Nährstoff aus industrieller Erzeugung in ausreichender Menge zu beschaffen, ist eine stärkere Beachtung der biologischen Möglichkeiten einer Verbesserung der Stickstoffversorgung unserer Böden notwendig. Der Stickstoffgehalt des Bodens ist wegen der Veränderlichkeit der Stickstoffverbindungen nicht einfach zu bestimmen und aus diesem Grund bisher im allgemeinen noch nicht erfaßt worden. Es wäre erwünscht, auch den Stickstoffhaushalt der Böden zu kennzeichnen und zu verfolgen, aus welchen Quellen der von den Pflanzen aufgenommene Stickstoff stammt und auf welche Weise die Umwandlung des im Boden in organischer Bindung enthaltenen Stickstoffs in eine pflanzenaufnehmbare Form vor sich geht. Auch auf diesem Gebiet muß selbstverständlich über eine rein statische Betrachtung hinausgegangen werden.

Recht stiefmütterlich ist bisher von der angewandten Bodenkunde der wichtigste Nährstoff der Pflanze, das Wasser, behandelt worden. Erst neuerdings hat die reine Bodenkunde begonnen, die verschiedenen Bindungsformen des Wassers im Boden, von deren Art die Menge des statisch verfügbaren Wassers abhängt, zu erfassen und auch auf die Nachlieferungsgeschwindigkeit, mit welcher der Boden Wasser an die Pflanzen abgibt, also auf das dynamisch verfügbare Wasser, zu achten. Das Wasser ist der Minimumfaktor, der die Höhe unserer Ernten, insbesondere auch die Möglichkeit des Zwischenfruchtbaus, begrenzt. Während wir dem Boden Nährstoffe in Form von Handelsdüngern in beliebiger Menge zuführen können, ist dies beim Wasser nur in recht bescheidenem Umfange möglich; denn allen Bewässerungsplänen sind dadurch Grenzen gezogen, daß mit dem verfügbaren Wasser gerechnet werden muß. Eine Verbesserung der Wasserversorgung hängt daher in erster Linie davon ab, ob es uns gelingt, mit dem Wassergehalt, der durch die Niederschläge in den Boden gelangt, haushälterisch umzugehen, ihn aufs beste auszunutzen und Verluste zu vermeiden.

Der Ton- und Humusgehalt ist nicht nur für den Nährstoff- und Wasserhaushalt des Bodens, sondern auch für sein physikalisches Verhalten, insbesondere seine Fähigkeit zur Bildung und Erhaltung der Krümelstruktur, maßgebend. Hier tut sich für den Bodenkundler ein dankbares Arbeitsgebiet auf, das ganz besonders für die Aufklärung der Wirkung und Bedeutung von Maßnahmen der Bodenbearbeitung, die bei weitem noch nicht so gründlich erforscht sind wie die Maßnahmen der Düngung, von Wichtigkeit ist. Die Bodenbearbeitung soll im Boden diejenige Struktur herstellen, welche die besten Vorbedingungen für ein gutes Wachstum der Pflanzen schafft, und ein klarer Einblick in die Gesetzmäßigkeiten, die das Auftreten dieser günstigen Krümelstruktur beherrschen, ist die unerläßliche Voraussetzung dafür, daß jeweils die richtigen Maßnahmen getroffen und die zweckmäßigsten Geräte für die Bodenbearbeitung gewählt werden.

Als ein letztes großes und vielleicht wichtigstes Aufgabengebiet der angewandten Bodenkunde ist schließlich die Bodenbiologie zu bezeichnen; denn erst durch das im Boden wirkende Leben ist aus toten Mineralstoffen und organischen Resten der gare, lebendige Boden entstanden. Auch auf diesem Gebiet hat die reine Bodenkunde hinsichtlich der Erforschung der von den Bodenbakterien geforderten Lebensbedingungen und der Bedeutung, die den von den Mikroorganismen ausgeschiedenen Stoffwechselprodukten sowohl für die Bildung von Humus als auch für die Beständigkeit der Krümelbildung und vielleicht sogar unmittelbar für das Wachstum der Pflanze zukommt, wertvolle Einzelerkenntnisse erzielt; eine Verbreiterung dieser theoretischen Grundlagen ist als Vorbedingung für eine praktische Anwendungsmöglichkeit dieser Erkenntnisse unerläßlich.

Wenn wir rückblickend überschauen, was die Bodenkunde bisher erreicht hat, so ist sicherlich die Hoffnung nicht unberechtigt, daß es ihr auch in Zukunft gelingen wird, ihren Beitrag zur Lösung des Grundproblems der Sicherung der Ernährung der Menschheit zu liefern, nämlich alle Stoffe und Kräfte, die aus dem Boden in den Kreislauf Boden—Pflanze—Tier—Mensch eintreten, dem Boden wieder zurückzuerstatten.

SCHRIFTTUM

1. *Mattson, S.*, Lantbruks-Högskolans Ann. *4*, 1—53 (1937).
2. *Blanck, E.*, Ernährung der Pflanze *29*, 41—43 (1933).
3. *Meyer, L.*, Bodenkunde und Pflanzenernährung *29*, (74), 119—140 (1943).
4. *Blanck, E.*, Handbuch der Bodenlehre *3*, 362—436.
5. *Kuron, H.*, Bodenkunde und Pflanzenernährung *21/22*, 181—194 (1940).
6. *Kubiena, W.*, Entwicklungslehre des Bodens, S. 203, Wien 1948.
7. *Jacob, A.*, und *Loofmann, H.*, Bodenkunde und Pflanzenernährung *21/22*, 66—72, 1940.
8. *Vageler, P.*, und *Alten, F.*, Arbeiten über Kalidüngung *II*, *86* (1953); Ernährung der Pflanze *29*, 121 (1933).
9. *Sekera, F.*, Z. Pflanzenernährung, Düngung und Bodenkunde A *30*, 26 (1933); Die Phosphorsäure *10*, H. 3, 257—300 (1941).
10. *Nitzsch, W. von* und *Czeratzki, W.*, Bodenkunde und Pflanzenernährung *18*, I (1940).
11. *Kubiena, W.*, Z. Pflanzenernährung, Düngung und Bodenkunde A *31*, 255 (1933); Forschungsdienst *11*, 104 (1938).
12. *Albert, R.*, Z. Forst- und Jagdwesen *57*, 129—139, 1925.
13. *Wittich, W.*, Z. Forst- und Jagdwesen *74*, 1—42, 1942.
14. *Scamoni, A.*, Z. Forst- und Jagdwesen *49*, 573—606, 1937.
15. *Ramann, E.*, Bodenkunde, Berlin 1919; *Schucht, Fr.*, Grundzüge der Bodenkunde, Berlin 1930.
16. *Hofmann, U.*, *Endell, K.*, und *Wilm, D.*, Angewandte Chemie *47*, 539 (1934); *Jacob, A.*, *Hofmann, U.*, *Loofmann, H.*, und *Maegdefrau, E.*, Chemische und röntgenographische Untersuchungen über die mineralische Sorptionssubstanz im Boden, Beihefte zu den Zeitschriften des Vereins deutscher Chemiker, Nr. 21, Berlin 1935.
17. *Jacob, A.*, Bodenkunde und Pflanzenernährung *25* (70), 257—271 (1941).
18. *Jacob, A.*, Bodenkunde und Pflanzenernährung *29* (74), 219—232 (1943).

18a. *Mattson, S.*, *E. G. Williams*, *E. Eriksson* und *K. Vahtras*, Annalen der Kgl. Landw. Hochschule Schweden, *17*, 64, 1950.

19. *Laatsch, W.*, Dynamik der deutschen Acker- und Waldböden, Dresden-Leipzig, 1944.
20. *Tamm, O.*, Transact, 2nd Comm. Intern. Soil Sci, *88*, Helsinki 1938.
21. *Way, John T.*, Journal Royal Agr. Soc. *13*, 123—143 (1852).
22. *Wiegner, G.*, J. Landw. *60*, 110—157, 197—222 (1922); Trans. 3rd International Congress of Soil Science *3*, 5—28 (1935).
23. *Vageler, P.*, Der Kationen- und Wasserhaushalt der Böden, Berlin 1932.
24. *Wiegner, G.*, Ionenumtausch und Struktur. Trans. 3rd International Congress of Soil Science *3*, 5—28 (1935).

25. *Møller, J.*, Koll. Beihefte *46*, 1, 1937.
26. *Schachtschabel, P.*, Landw. Jahrb. *91*, 355, 1941.
27. *Schachtschabel, P.*, Bodenkunde und Pflanzenernährung *3*, 107, 1937.
28. *Wiegner, G.*, Journ. Soc. Chem. Industry *53*, 750, 1934.
29. *Ehrenberg, P.*, Landw. Jahrbücher *54*, H. 1, 1—159, 1919.
30. *Vageler, P.*, Der Kationen- und Wasserhaushalt der Böden, Berlin 1932.
31. *Kletschkowski, W.*, und *Sherdetzkaja, G.*, Doklady Akad. Nauk, UdSSR *76*, 717—720, 1951.
32. *Waksman, S.*, Humus, Baltimore 1936.
33. *Scheffer, F.*, Agrikulturchemie, Teil C, Humus und Humusdüngung, Stuttgart 1941.
34. *Kubiena, W.*, Entwicklungslehre des Bodens, *203*, Wien 1948.
35. *Müller, P.*, Studien über die natürlichen Humusformen und deren Einwirkung auf den Boden, Berlin 1887.
36. *Springer, U.*, Bodenkunde und Pflanzenernährung *16*, 312 (1938); Forschungsdienst, Sonderheft 7 (1938).
37. *Laatsch, W.*, Z. Acker- u. Pflanzenbau *91*, 491, 1950.
38. *Barbier, G.*, *M. Maroger* u. *L. Gachon*, Ann. Inst. Nation Rech. Agron. Ser. A, 2, 317—33, 195.
39. *Meyer, L.*, Ernährung der Pflanze *36*, 109 (1940).
40. *Mattson, S.*, und *Gustafson, Y.*, Lantbruks Högskolans Ann. *4*, 1—54, Upsala 1937.
41. *Forsyth, W.*, Biochem. Journ. *41*, 176, 1947).
42. *Springer, U.*, Bodenkunde u. Pflanzenernährung *18* (63), 129, 1940.
43. *Tjulin, A. F.*, Chemis. soz. semled. *8*, H. 5, 58—59 (1939).
44. *Hock, A.*, Bodenkunde und Pflanzenernährung *13*, 124, 1939.
45. *Sedletzki, J. D.*, Doklady, Moskau *23*, H. 3, 258—266 (1939).
46. *Jung, E.*, Z. Pflanzenernähr., Düng. u. Bodenkunde *37* (82), 1, 1946.
47. *Flaig, W.* und *Beutelspacher, H.*, Z. Pflanzenernähr., Düng. u. Bodenkunde *52* (97) 1, 1951.
48. *Odén, Sven*, Intern. Mitt. f. BKde, 1916, *6*, 81—109.
49. *Mattson, S.*, und *Koutler-Andersson, E.*, Lantbruks Högskol. Ann. *11*, 107, 1943.
Laatsch, W., *Bauer, L.* und *Bieneck, O.*, Landw. Forsch. II, Heft 1.
Flaig, W., Z. für Pflanzenernährung, Düngung und Bodenkunde *55* (100), 1—4, 1951.
50. *Plotho, O. v.*, Arch. für Mikrobiol. *14*, 142, 1947.
51. *Tschasstuchin, W. Ja.*, Agrobiologia 1952, 12—25.
52. *Wittich, W.*, Forstarchiv 19, 1—18, 1943; 20, 78, 80 (1944).
53. *Wiljams, W. R.*, Bodenkunde, Moskau 1949, 69—82.
54. *Christewa, L. A.*, und *Manoilowa, A. W.*, Dokl. Akad. Nauk d. UdSSR, 15, Nr. II, 10—16, 1950.
55. *Chaminade, R.*, und *Blanchet, R.*, C. R. Acad. Sci Paris, 234, 878, 1952.
56. *Flaig, W.*, Z. Pflanzenernähr., Düng. u. Bodenkunde 51 (96) 193, 1950.
57. *Otto, H.*, Z. Pflanzenernähr., Düng. u. Bodenkunde 56 (101), 46, 1952.
58. citiert nach *Behrens, W. U.*, Phosphorsäure, *15*, H. 4, 203—07, 1955.
59. *Mattson, S.*, *Williams, E. G.*, *Erikson, E.* und *Vahtras, K.*, Z. Pflanzenernähr., Düng. u. Bodenkunde *50* (95) 39, 1950.
59a. *Jahn, W.*, Phosphorsäure *15*, H. 4, 197—202, 1955.
60. *Trömel, M.*, Phosphorsäure *12*, H. 1 und 2, 1952.
61. *Alten, F.*, und *Rathje, W.*, 3me Congrès Mondial Engrais Chim., Rom 1951.
62. *Noack, K.*, Ernährung der Pflanze *32*, H. 21, 354—361 (1936); Angewandte Chemie *49*, H. 38, 673 (1936).
63. *Mulder, E.*, De Magnesiumvoeding van Landbouwgewassen in Verband met de Stickstoffbemesting, s'Gravenhage 1951.

64. *Scharrer, K.*, Biochemie der Spurenelemente, Berlin 1941.
65. *Buchner, A.*, Mittlg. der DLG., 1952, H. 17, 257—277.
66. *Prianischnikow, D.*, Der Stickstoff, 92—118, Moskau-Leningrad, 1945.
67. *Trenel,M.*, und *Alten, F.*, Z. Angw. Chemie *47*, 813 (1934); Ergebnisse der Agrikulturchemie, *3*, 54 (1934).
68. *Aso, K.*, Zweiter Internationaler Kongreß für Bodenkunde, Moskau 1932, *4*, 14—18.
69. *Hiltner, L.*, Praktische Blätter für Pflanzenbau und Pflanzenschutz, H. 5, 53—59 (1915); *Scholz, W.*, Z. Pflanzenernährung, Düngung und Bodenkunde, A. *28*, H. 5/6, 257—298 (1944); Dasselbe A. *35*, H. 5/6, 287—293 (1932). Der Forschungsdienst, Sonderheft 6 (1937).
70. *Hofmann, E.*, Biochemische Zeitschrift *322*, 174—179, 1951.
71. *Maximow, A.*, Kratkii kurs physiologii rastenii, S. 14, Moskau 1948.
72. *Jacob, A.*, Beiträge der Bodenkunde zur Chemie des Tons. Habilitationsschrift, Dresden 1943.
73. *Hardy, F.*, Journ. Agric. Sci. *13*, 243—261, 1923.
74. *Buckingham, E.*, Studies on the Movement of Soil Moisture, U. S. Dept. of Agriculture Bulletin 38 (1907).
75. *Schofield, R.*, Trans. 3rd International Congress of Soil Science. 38—48, London 1935.
76. *Vageler, P.*, Actes et Comptes Rendus 5. Congres International de la Science du Sol, Leopoldsville, II, 22—34, 1954.
77. *Lebedow, A.*, Z. für Pflanzenernährung, Düngung und Bodenkunde. *10* A, 1—36, 1927.
78. *Trénel, M.*, Sitzungsberichte der Deutschen Akademie der Landwirtschaftswissenschaften zu Berlin, III, Heft 6, 1954.
79. *Shaw, C.*, Soil Sci. *23*, 303—317, 1927.
80. *Maximow, A.*, Kratkii kurs physiologii rastenii. S. 132, Moskau 1948.
81. *Dhar, N.*, und *Mukerdjee, S.*, Proc. Nat. Acad. Sci *6*, 3; dasselbe *7*, 140 (1937).
82. *Fraps, G.*, und *Steiger, A.*, Soil Sci. *39*, 85 (1935).
83. *Stoklasa, J.*, Ernährung der Pflanze *25*, H. 5, 97—105 (1929).
84. *Fehér, D.*, Kizlemetek, *44*, 1942; Heft 9, Sopron 1943.
85. *Löhnis, F.*, Handbuch der Landwirtschaftlichen Bakteriologie.
86. *Fehér, D.*, Archiv für Mikrobiologie *8*, 249, 1937.
87. *Afanassjewa, A.*, Agrobiologia 1950, 60—72.
88. *Reinau, E.*, Technik in der Landwirtschaft *19*, 69 (1938).
89. *Issakowa, A.*, und *Anisskina, S.*, Sowjetskaja Agronomia 1950, *8*, 35—43.
90. *Geller, J.*, und *Chariton*, Mikrobiologia 1951, 113—119.
91. *Russell, Sir John*, E. Boden und Pflanze (Soil and Plant Growth), Dresden und Leipzig 1936 (2. Auflage übersetzt nach der 6. englischen Auflage).
92. *Stöckli, A.*, Z. für Bodenkunde, Pflanzenernährung und Düngung *45*, *41*, (1949).
93. *Jacob, A.*, und *Wiegand, K.*, Z. f. Pflanzenernähr., Düng. u. Bodenkunde *59* (104), 48—60, 1952.
94. *Winter, A.*, und *Willeke, L.*, Naturwissenschaften *39*, 45—46 (1952).
95. *Dokutschajew, V. V.*, Arbt. St. Petersburger Naturforschergesellschaft, 1870, 10.
96. *Hilgard, E. W.*, Soils. Macmillan Co., New York.
97. *Sibirtzew, N. M.* (nach K. Glinka, Typen der Bodenbildung).
98. *Ramann, E.*, Bodenkunde, Berlin 1919.
99. *Glinka, K. D.*, Die Typen der Bodenbildung, Berlin 1914.

100. *Milne, G.*, Bodenkundliche Forschungen (Beihefte zu Mitt. Internat. Bodenkundl. Ges.) *4*, 183 (1935).
101. *Mückenhausen, E.*, Actes et Comptes Rendus 5. Congrès International de la Science du Sol, Leopoldville, IV, 210, 1954.
102. *Robinson, G.*, Soils, London 1949.
103. *Wiljams, W.*, Potschwowedenije, Moskau (1949).
104. *Kossowitsch*, Internationale Mitteilungen für Bodenkunde *1*, 199 (1911).
105. *Puustjärvi, V.*, und *Junsela, T.*, Acta Agriculturae Scandinavica, II, 2, 1952.
106. *Stremme, H.*, nach *Krische*, Mensch und Scholle, S. 57ft., Berlin (1939).
107. *Krische, Paul*, Mensch und Scholle, S. 88, Berlin (1939).
108. *Janert, H.*, Bodenkundliches Praktikum, Berlin, 64—74, 1953.
109. *Roemer, Tb.*, Der Feldversuch. Arbeiten der Deutschen Landwirtschafts-Gesellschaft, H. 302 (1930).
110. *Odén, Sven*, Int. Mitt. Bodenkunde *5*, 257—211 (1915).
111. *Wiegner, G.*, Z. Pflanzenernährung,Düngung und Bodenkunde A *11*, 185—228 (1928).
112. *Köhn, M.*, Bodenkunde und Pflanzenernährung *11*, 50 (1928).
113. *Köttgen, P.*, Zeitschrift für Pflanzenernährung, Düngung, Bodenkunde A *94*, 35 (1927).
114. *Vageler, P.*, und *Alten, F.*, Arbeiten über Kalidüngung *II*, 40—50 Berlin 1935.
115. *Janert, H.*, Auszüge der Verhandlungen des II. Internationalen Kongresses für Bodenkunde, Moskau 1930, S. 12, Z. Pflanzenernährung, Düngung, Bodenkunde A *19*, 281 (1931).
116. *Mitscherlich, E. A.*, Landwirtschaftliche Jahrbücher 1902, 578, oder Die Landwirtschaftliche Versuchsstation 1903, 433—441.
117. *Vageler, P.*, Arbeiten über Kalidüngung *II*, 40—50, Berlin 1935.
118. *Kappen, H.*, Die Bodenazidität, Berlin 1929.
119. *Jensen, S. T.*, Internat. Mitt. Bodenkunde *14*, H. 3/6 (1924).
120. *Goy, S.*, und *Roos, O.*, Bodenkunde und Pflanzenernährung *2*, (47), 166 (1937).
121. *Schachtschabel, P.*, Fortschritte der landwirtschaftlichen chemischen Forschung, Forschungsdienst, Sonderheft *15*, 93—107 (1941).
122. *Flaig, W.*, *Scharrer, K.* und *Judel, G.*, Z. f. Pflanzenernährung, Düngung und Bodenkunde *68*, (113), 203—18, 1955.
123. *Dyer, B.*, Zentralblatt für Agrikulturchemie S. 799, 1894.
124. *König, J.*, und *Hasenbäumer, J.*, Landwirtschaftliche Jahrbücher *19*, H. 1, 97—126.
125. *Dirks, B.*, und *Scheffer, F.*, Landwirtschaftliche Jahrbücher 1930, 73—99.
126. *Wrangell-Andronikow, M. von*, Landwirtschaftliche Jahrbücher 1930, 149—169.
127. *Vageler, P.*, Arbeiten über Kalidüngung *II*, 55ff., Berlin 1935.
128. *Lemmermann, O.*, Fortschritte der Landwirtschaft *5*, 81 (1930).
129. *Köttgen, P.*, Forschungsdienst, Sonderheft *6*, 80—84 (1937).
130. *Sigmond, A. v.*, Internat. Mitt. Bodenkunde *5* (1915).
131. *Egner, H.*, *Köhler* und *Nydahl*, Lantbruks-Högskolans Ann. *6*, 253—298 (1938). *Riehm, H.*, Forschungsdienst *17*, H. 1, 32—39 (1944).
132. *Schachtschabel, P.*, Z. f. Pflanzenernährung, Düngung und Bodenkunde *67* (112), 9—23, 1955.
133. *Neubauer, H.*, Die Keimpflanzenmethode, Berlin 1939.
134. *Niklas, H.*, und *Toursel, O.*, Bodenkunde und Pflanzenernährung *18*, (63), H. 1/2, 79—107 (1940).
135. *Sekera, F.*, Die Phosphorsäure *10*, H. 2, 229—246 (1941).
136. *Mitscherlich, E. A.*, Die Bestimmung des Düngebedürfnisses des Bodens 1910.
137. *Lagatu, H.*, Le progrès agricole et viticole, H. *36* (1922) und H. *27—29* (1927). Ernährung der Pflanze *26*, 109—110 (1930).

138. *Lundegårdh, H.*, nach Ernährung der Pflanze *38*, 39—42 (1942).
139. *Hoffer, G.*, Purdue Univ. Agr. Exp. Bull. *298*, 1930.
140. *Krantz, A.*, *Nelson, W.*, *Burkhart, L.*, Diagnostic Technics for Soils and Crops, 138—155, Washington 1948.
141. *Torstensson, G.*, Bodenkunde und Pflanzenernährung *29*, 162—168, 1943.
142. *Wolff, E. v.*, und *Stutzer, S.*, nach *Hoffmann-Bütow*, Düngerfibel, Berlin, Reichsnährstand.
143. *Gerlach, M.*, Landwirtschaftliche Jahrbücher *64*, 701.

NAMENVERZEICHNIS

SACHVERZEICHNIS

FSC
www.fsc.org
MIX
Papier | Fördert
gute Waldnutzung
FSC® C083411

Zeitfracht Medien GmbH
Ferdinand-Jühlke-Straße 7
99095 Erfurt, Deutschland
produktsicherheit@kolibri360.de